21世纪经济管理新形态教材·冷链物流系列

食品冷链加工与包装

双　全◎主　编
夏亚男　杨　杨◎副主编

清华大学出版社
北　京

内 容 简 介

本书是在广泛吸收与借鉴国内外冷链食品加工、物流理论与实践的基础上，立足于当代冷链食品物流发展理念与“物联网＋”的大背景，撰写的一部应用型专业教科书。全书分为8章，包括冷链食品及其特性、冷链食品加工与技术原理、冷链食品加工技术的应用、冷链食品的包装与技术原理、冷链食品包装技术的应用、冷链食品加工及包装的安全性、冷链食品加工与包装设施、冷链食品加工与包装的质量控制。本书力求将冷链食品加工技术与冷链物流管理实践有机地结合起来，以建立起冷链食品加工与冷链物流管理的桥梁和纽带。

本书可作为食品科学与工程、食品质量与安全、物流管理（或冷链物流方向）、物流工程管理等专业本科、研究生的教学用书或参考书，也可作为冷链食品加工、物流管理、物流工程等领域管理人员的参考书或工具书。

图书在版编目(CIP)数据

食品冷链加工与包装 / 双全主编. —北京：清华大学出版社，2021.6
21世纪经济管理新形态教材·冷链物流系列
ISBN 978-7-302-57345-6

Ⅰ.①食… Ⅱ.①双… Ⅲ.①食品冷加工—高等学校—教材 ②冷冻食品—食品包装—高等学校—教材 Ⅳ.①TS27

中国版本图书馆CIP数据核字(2021)第018193号

责任编辑：张 伟
封面设计：汉风唐韵
责任校对：宋玉莲
责任印制：宋 林

出版发行：清华大学出版社
网　　址：http://www.tup.com.cn，http://www.wqbook.com
地　　址：北京清华大学学研大厦A座　　**邮　　编：**100084
社 总 机：010-62770175　　**邮　　购：**010-62786544
投稿与读者服务：010-62776969，c-service@tup.tsinghua.edu.cn
质量反馈：010-62772015，zhiliang@tup.tsinghua.edu.cn
课件下载：http://www.tup.com.cn，010-83470332
印 装 者：三河市君旺印务有限公司
经　　销：全国新华书店
开　　本：185mm×260mm　　**印　　张：**16.25　　**字　　数：**368千字
版　　次：2021年6月第1版　　**印　　次：**2021年6月第1次印刷
定　　价：49.00元

产品编号：084350-01

丛书序

根据物流管理与物流工程专业教学的需要，由李学工、魏国辰、田长青、兰洪杰、曹献存、岳喜庆、陆国权等组成的教材编委会，组织国内高等院校的专业教师共同编写冷链物流系列教材，共十余本。这是多个大学、多个学科领域的学者联手合作，覆盖冷链物流的方方面面，特别注重理论与实践结合的一次很有价值的尝试，对物流教育的高质量发展一定会起到很好的推动作用。

讲到冷链，一定与食品与药品有关。而食品与药品是民生工程，民以食为天，食以安为先，而安一定与冷链有直接关系，所以，在《物流业调整和振兴规划》《农产品冷链物流发展规划》《物流业发展中长期规划》中，都把冷链物流列为重点工程，每年的中央1号文件，都十分关注生鲜农产品的冷链发展。

讲到冷链，一定与国民经济的发展有关。在国民经济处于温饱型阶段，冷链是一种奢望，高不可及。但进入小康阶段，人们对生活质量的要求有极大的提升，冷链必须加速发展，目前中国正处于冷链产业发展的黄金时代。

讲到冷链，一定与冷链物流的系统工程有关。在这个系统工程中，有冷链对象即冷链商品学，有冷链基础设施，有冷链技术与装备，有冷链流通，有冷链企业，有冷链行政管理以及冷链消费。哪个环节出了问题都会影响全局。

讲到冷链，一定与互联网、供应链有关。现在是互联网、供应链时代，正是互联网与供应链从技术到模式改变着人们的生产与生活方式。产业链是基础，价值链是根本，而供应链是灵魂。

讲到冷链，一定与人才有关。人才是国民经济发展的第一资源，目前对冷链物流人才的需求很大，但在校与在职冷链教育都比较滞后，所以，必须有一支高素质的冷链教师队伍、一批高质量的教材和一些高水平的教学实践基地。

我深信，在习近平总书记国民经济高质量发展的召唤下，冷链产业、冷链物流、冷链教育都会有一个高质量的发展。

丁俊发

中国物流与采购联合会原常务副会长、教授、研究员

2019年5月1日

前言

食品是一种特殊的商品，不管是生鲜农产品、加工食品还是药品生物制剂，都具有鲜活性、保质性和易腐性等特点，易受温度等外界环境条件的影响，需要在适当的条件下储藏和运输。随着社会经济的发展和人民生活水平的提高以及人民消费观念的变化，越来越多的人开始注重食物的安全、品质及营养等要素，对其要求也越来越高。但是，一些新鲜食品的原辅料、产品加工产区，远离消费人群的居住地区，必须通过物流或冷链物流来满足其新鲜要求，冷链物流应运而生，食品或者农产品的生产、储藏、运输、销售、配送到消费前各环节，都可以控制在一定的温度下，防止食品的腐败以及营养损失。因此，冷链加工、冷链物流越来越对食品卫生安全保障、食品质量品质提升、人们生活质量及幸福感的提高起到关键作用。

基于长期从事食品加工、质量安全控制、冷链物流管理的教学与研究工作，以及近年来为食品生产业、冷链物流行业及组织进行咨询和规划所积累与沉淀的相关实践经验，我们编写了本书。本书主体结构设计了8章内容，包括冷链食品及其特性、冷链食品加工与技术原理、冷链食品加工技术的应用、冷链食品的包装与技术原理、冷链食品包装技术的应用、冷链食品加工及包装的安全性、冷链食品加工与包装设施、冷链食品加工与包装的质量控制。此外，为更好地了解和掌握冷链食品加工与包装的理论体系，本书收集整理了冷链食品加工与包装领域最新的经典案例，以便于教学使用。

本书主要特色如下。

(1) 在全面阐述冷链食品的种类、特性、加工及包装技术原理及其应用的基础上，注重学生实践应用与操作能力的培养，具有极强的实用性和实战性。

(2) 结合当前发展与环境形势，对冷链食品加工与包装及其质量安全相关领域进行了系统深入的介绍和阐述。例如，冷链加工同界的协同创新与冷链跨界的融合发展之理念贯穿于全书。

(3) 部分内容设计具有显著的前瞻性和原创性。本书针对食品加工、物流管理专业特点及冷链加工与冷链物流领域发展的新业态，将冷链加工与包装、冷链物流、中央厨房冷链、冷链标准与法规等内容安排其中。

本书由多家高校的学者共同完成。本书的主编双全和副主编夏亚男、杨杨共同负责选题策划、结构设计及撰写定位，以及书稿的校对、审阅及统稿。编写分工如下：双全(内蒙古农业大学)负责绪论第三部分、第一章；夏亚男(内蒙古农业大学)负责第八章，第五章第三节和第六章第二、三节；杨杨(内蒙古农业大学)负责第二章和第三章第一、四节；成培芳(内蒙古农业大学)负责第四章前三节和第五章第一节；刘汉涛(内蒙古农业大学)负责第四章第四节和第七章二、三、四节；郭壮(湖北文理学院)负责绪论第一、二部分，第六章

第一节;武俊瑞(沈阳农业大学)负责第三章第二节;淑英(河北农业大学)负责第三章第三节和第五章第二节;赵瑞平(河北北方学院)和刘媛(河北北方学院)负责第六章第四节、第七章第一节。此外,张萌萌、刘皓、苗伟刚等也做了大量的资料收集、整理工作,在此对他们的辛勤工作表示由衷的感谢!

本书配有电子教学课件,可从清华大学出版社网站(http:∥www.tup.com.cn)下载。

本节在撰写和修改的过程中借鉴了国内外在该领域的最新研究成果,除注明出处的部分以外,还有部分参考文献未能一一列出,在此,对相关文献和资料的原作者表示诚挚的感谢!

尽管我们在本书的撰写以及特色构建方面做出了一些努力,但由于本书成稿时间比较仓促、水平所限,加上新冠肺炎疫情的影响,书中不当之处在所难免,恳请大家不吝赐教,以便在今后的教学研究工作中加以改进和完善。

双　全

2020年11月于内蒙古农业大学(呼和浩特)

目录

绪　论

一、冷链食品概述

冷链是指配备专门设施、设备的，能够始终维持产品品质所需低温环境的，由生产、储藏、运输、销售、配送到消费前各环节组成的低温保障体系。冷链物流是指在生产、储运、销售，直到最终消费前的各个环节中，将产品始终保持在规定的低温环境下，以最佳物流手段保证其质量，减少损耗的一种物流体系。按照对货物的温度要求，物流一般可以分为以下几种。①超低温物流：适用温度范围一般要求在−50℃下。②冷冻物流：适用温度范围一般要求在−18℃下。③冰温物流：适用温度范围一般要求在−2～2℃。④冰藏物流：适用温度范围一般要求在0～10℃。⑤控制常温物流：适用温度范围一般要求在10～25℃。

冷链食品是指在生产、储运、销售，直到最终消费前的各个环节都必须保持在规定的冷链环境中的食品。它主要是指以农产品、畜禽、水产品、果蔬等为主要原料，经前处理或进一步混配、调制后，在低温（10℃以下，冷却、冷冻、速冻等）工艺下生产，并在消费者使用之前始终保持在冷链状态下储存、运输、销售、配送的包装食品（或农产品）。根据美国农业部的调查结果显示，冷冻蔬果和新鲜蔬果相比，在营养成分上基本没有差异，甚至在某些情况下，冷冻蔬果里的维生素保存率可能会更高。因此，冷链食品越来越受到人们的欢迎。

二、冷链食品的发展历程

食品是一种特殊的商品，不管是生鲜农产品还是加工食品，都有鲜活性、保质性和易腐性等特点，受温度等环境条件的影响很大。所谓“民以食为天，食以安为先”，食物是人们赖以生存的物质基础，食品的安全直接关系到人民的健康和幸福，也关系到国家的稳定和富强。随着经济的发展、人民生活水平的提高，人们的消费观念也发生了很大的变化，越来越多的人开始注重食物的安全和品质以及营养，对食品的要求也越来越高。因此，冷链物流应运而生，食品或者农产品的生产、储藏、运输、销售、配送到消费前各环节，都可以控制在一定的温度下，从而避免食品的腐败和营养元素的流失，而这些都与制冷技术的发展与进步密不可分。

（一）冷却与冻结技术的发展历程简介

冷链食品的生产、运输、存储以及货架销售，需要在规定的低温环境中进行，因此制冷技术的发展奠定了冷链食品行业发展的基础。没有制冷技术的进步，就没有现在的整个冷链食品工业。

从发展进程来看，主要有两种制冷技术：一种是利用自然界中的天然冷源制冷，如使用天然的冰或者深井水吸热，使一定的空间保持低温，用来存储食品。我国很早以前就有了使用冰来冷藏食物的记载：《周礼》中有用鉴盛冰，储藏膳馐和酒浆的记载，表明中国古代很早就已使用冷藏技术；宋代开始利用天然冰来保藏黄花鱼，当时称之为“冰鲜”；冷藏水果出现于明代，《群芳谱》称当时用冰窖储藏的苹果“至夏月味尤美”；和冷藏性质相近的冻藏方法出现于宋代。另一种则是通过一定的技术与设备进行人工制冷。人工制冷与天然冷源相比有许多优点：能实现比天然冷源更低的温度，并且有宽广的温度调节范围。目前人工制冷技术在冷链食品行业应用最多，发展也最快。为了使用方便，国际上对人工制冷所能实现的低温做了温区划分，温度低于 0.3K 的温区为超低温区，一般用于基础理论研究和某些特殊试验；温度低于 120K(−153℃)的温区称为低温区，多用于工业气体的分离与气体的液化；把温度高于 120K 的温度区称为冷冻温区，这一温区广泛应用于冷链食品。例如多数食品冻结储藏温度−25～−18℃，常用食品冷却储藏温度 0～10℃。

最初主要应用天然冷源如天然冰来冷藏夏季食品和防暑降温。14 世纪后，人们开始使用冰和氯化钠的混合物来冷藏食品。16 世纪，出现了水蒸气法冷却空气。1775 年可以看作人工制冷史的起点，苏格兰化学家库伦利用乙醚蒸发使水结冰，解释了融化和汽化现象，提出了潜热的概念，并发明了第一台采用减压水蒸法的制冷机，同时发表了“液体蒸发制冷”论文，开创了人工制冷的新纪元。

19 世纪中叶，制冷技术进入人工环境时代。1809 年，美国人发现了压缩式制冷的原理；1824 年，德国人发现了吸收式制冷的原理；1834 年，法国人波尔金斯发现了热电制冷，又称为半导体制冷，造出了第一台用乙醚为制冷剂的蒸汽压缩式制冷机；1844 年，约翰·高里制成了世界上第一台制冷和空调用的空气制冷机。1856 年，以 CO_2、SO_2、NH_3 为制冷剂的制冷机相继问世；1858 年，尼斯取得了冷库设计的第一个美国专利；1859 年，卡列设计制造了第一台氨水吸收式制冷机；1874 年，皮特成功开发 SO_2 制冷机；1875 年，德国人林德成功设计氨制冷机。以氨为制冷剂大大减小了制冷设备的体积，使得压缩式制冷机在制冷装置的生产与应用中占据了统治地位，时至今日仍然是制冷行业中使用最为广泛的一种方法。

20 世纪以后，制冷技术有了更大的发展。1910 年发明家用冰箱，1918 年发明自动冰箱，1923 年食品快速冻结技术问世，1927 年生产出空调器、空气源热泵。1928 年通用公司发现了氟利昂，氟利昂的出现极大地推动了制冷装置的发展，为制冷技术带来了新的变革，制冷技术得以迅速发展。1930 年汽车空调逐渐发展，1935 年出现卡车自动冷藏装置、飞机发动机低温试验装置。

1928 年氟利昂问世后，满足了人类对制冷剂的各种要求。这样人类从采用天然冰发展到采用人造冰，从采用天然冷源迈向采用人造冷源，但其中空调所需求的制冷量只接近总人工制冷产量的 10%。直至 20 世纪 70 年代以后，随着科学技术的发展，特别是信息技术的迅猛发展，民用与工业空调所消耗的制冷量达到总人工制冷产量的 60%，人类生活才发生了重大变化。

（二）冷链物流发展历程简介

1. 世界冷链物流发展历程

冷链物流(cold chain logistics)是指以制冷技术为基础，以冷冻工艺为手段，使冷链物品从生产、流通、销售到消费者的各个环节中始终处于规定的温度环境下，以保证冷链物品质量，减少冷链物品损耗的物流活动。

冷链在国外发展得较为成熟。美国人 Albert Barrier 和英国人 J. A. Ruddich 于 1894 年先后提出了冷藏链(cold chain)的概念。但直到 20 世纪 40 年代，冷链才得到足够的重视，并迅速发展。1943 年世界食品物流组织(World Food Logistics Organization)的成立大大推动了冷链物流行业的发展，该组织主要目的是改善食品及其他货物在仓储、配送过程中的冷藏技术、人才培训、信息沟通等。

20 世纪 50 年代，美国学者 Arsdel、Zaur 等提出的 3C 和 3Q 原则标志着冷链的系统理论逐渐形成。经过将近一个世纪的发展，西方学术界已经形成了比较完整的冷链理论体系。美国于 2003 年 2 月成立了冷链协会(CCA)，该协会由航空公司、卡车运输商、地面搬运商和设备生产商组成，是业内主要研究易腐货物的非营利组织，为运输温控货物提供标准化的指导原则，其宗旨是控制易腐和对温度敏感产品的运输。2004 年，美国冷链协会发布了《冷链质量指标》(CCQI)，并指出这一标准可以用来检验运输、处理和储存易腐货物企业的可靠性、质量和熟练程度，并为整个易腐货物供应链的认证奠定了基础。

2007 年，全球冷链物流联盟(Global Cold Chain Alliance，GCCA)正式成立，协会会员包括全球 65 个国家的 1 300 多家公司和组织。全球冷链物流联盟从 2005 年开始启动。2005 年底，国际冷藏仓库协会(International Association of Refrigerated Warehouses，IARW)和世界粮食物流组织(World Food Logistics Organization，WFLO)在得到国际制冷运输协会(International Refrigerated Transportation Association，IRTA)和控制环境建设协会(Controlled Environment Building Association，CEBA)的支持与认可后，开始正式讨论推动建立全球冷链联盟。到 2006 年底，上述组织的董事会联合筹建全球冷链物流联盟，并于 2007 年 4 月正式成立，目前已经成为全球冷链物流产业的核心代言机构，以及全球冷链物流各个环节的沟通、网络协作、理论研究、应用技术工艺研发和行业教育的综合平台。

2. 我国冷链物流发展历程

冷链物流服务一直被物流行业公认为是行业服务的难点之一。冷链物流系统比一般常温物流系统的要求更高，建设投资更多，是一个庞大的系统工程。加之国内一线城市的交通流量所限，较高的冷链物流成本让很多想进军该领域的企业望而却步。据业内人士推算，生鲜食品大多需要冷链配送，成本是普通常温配送的 130%，可能需要商家每单付出数十元的配送成本。

我国物流发展起步较晚，直到 20 世纪 80 年代才从日本引进了“物流”的概念，而冷链则是进入 21 世纪才得到重视。2001 年国家标准《物流术语》(GB/T 18354—2001)将冷链定义为“保持新鲜食品及冷冻食品等的品质，使其在从生产到消费的过程中，始终处于低温状态的配有专门设备的物流网络”。全国物流标准化技术委员会冷链物流分技术委员会(简称“冷标委”)于2009年11月30日在北京揭牌成立。中国冷链物流最早致力于冷冻和冷藏服务,始建于20世纪60年代,当时的肉禽类和水产类产品需要满足市场的有序供应和淡旺季的调节,属于计划经济时期的产物。而到了20世纪90年代,中国开始实行市场经济,北、上、广等大城市相继出现了大型的连锁商业超市,它们对产品的保鲜需求有了更高的要求,从而进一步推动了冷藏链环节的进步。而相较于国外19世纪中期兴起的冷藏运输,发展时间的差距决定了我国冷链物流发展的态势——初期起步阶段。有数据显示,我国综合冷链流通率在19%左右,不足发达国家的1/5。因此,在我国冷链物流的发展过程中,国家出台一系列的政策规划,为冷链物流的发展提供了积极的产业环境和政策支持。综合来看,我国冷链物流发展历程可以大概分为以下三个阶段。

第一阶段:新中国成立后至改革开放初期,包括生鲜产品在内,我国生活和生产资料的运销绝大多数时间处于计划经济体制系统内。在新中国成立初期,大中城市的蔬菜水果主要由城市周边的农民就近运销,小城镇则主要依赖集贸市场。我国在当时实行高度集中的计划经济体制,流通体制与之配套,逐步建立了商业、粮食、供销合作、外贸等流通组织系统,生鲜产品的流通也纳入其中。随着城市人口的增加,蔬菜供不应求的矛盾日益突出,在一些大城市开始有国营商业、供销合作社经营蔬菜,改变了当时蔬菜基本由私营商人经营的状况。随着中国食品公司和中国蔬菜公司的相继成立,大中城市对果品、蔬菜采取了国营公司统购包销的政策,取消生产者的自产自销,关闭了城乡农贸市场。在这一阶段,生鲜商品流通体系由中央一级采购供应站、各省(地、市)的二级采购批发站和县级的商业机构组成。各级商业机构对生鲜产品包购包销;我国的商品供应按一、二、三级批发逐级调拨;商业批发企业根据各行政区的划分设置,全国商业流通主要依靠国营渠道。

这种流通结构决定了当时生鲜产品的收货方主要是各级批发企业,生鲜物流服务主要侧重干线运输整车发运和收货,生鲜产品的冷库也以储存为主。物流结构决定物流装备技术,冷链技术和装备主要依靠长途干线冷链运输车辆和大型储存型冷库。

第二阶段:改革开放初期直至2010年。我国经济经历了30多年的高速发展,城市人口和规模都迅速增长。随着我国改革开放的不断深入和经济体制的整体转型,我国的商品流通体制也打破了计划经济体制形成的一、二、三级批发的流通格局和计划调拨商品的供给模式,商品生产者开始自己选择销售对象,形成了渠道多样化、环节逐步减少的商品流通体制。同时随着商品流通领域政策的放开,大量的行业外资源进入商品流通领域,商品批发的中间商大量增加。

这个阶段在物流运作方面,随着城市化的发展和城镇化潮流,连锁零售和连锁餐饮等新型商业模式崛起,连锁零售门店和连锁餐馆成为生鲜产品的重要收货对象,这使得城市配送成为生鲜冷链物流服务的重要内容。生鲜产品的城市配送,要求把生鲜产品配送至连锁零售或连锁餐饮的门店。经销生鲜产品的城市经销商,其仓库不仅仅要承担存储型冷库的功能,更需要拥有配送中心的职能。这种生鲜物流服务决定了当时需要的冷链技术和装备主要是城市型冷链配送车辆,车型需要符合城市通行规则,一般拥有侧开门和尾板,以方便在城市门店装卸货。这个时期称得上真正意义上的现代食品冷藏链开始在中国出现和发展。

第三阶段:2010年至今,从发达国家的历史数据看,当人均GDP(国内生产总值)达到

4 000 美元的时候，冷链物流行业开始进入快速发展期，我国在 2010 年正式突破人均 GDP 4 000 美元大关，这一年也被称作我国的冷链元年。在这一阶段，以互联网为代表的信息技术革命带领我国经济进入一个全新的发展时期，电子商务作为全新的销售方式和销售渠道，带动了物流行业的爆炸式发展。由于在 2012 年众多电商和快递巨头开展生鲜产品的电商销售业务，因此这一年也被国内媒体称为“中国生鲜电商元年”。当年，电商巨头淘宝、京东、亚马逊纷纷推出生鲜电商销售频道，快递巨头顺丰速递旗下电商食品商城“顺丰优选”也正式宣布上线。生鲜电商竞争的背后是冷链物流服务能力的较量。

网络信息化的发展，使冷链物流进入一个全新的时期。2013 年，许多电商巨头宣布介入冷链物流，天猫、苏宁易购、京东、顺丰优选等企业纷纷斥巨资建设冷链物流。广大消费者只需要上网轻点鼠标，就可以获得自己需要的新鲜食品。冷链物流和信息技术的融合，冷链物流网络的发展，冷链物流技术的不断完善，直接推动了我国新鲜农产品和加工食品的跨地区流通与反季节销售，人们可消费的食品种类也变得多样化起来。近 10 年，我国冷链事业在政府、行业、下游企业各维度的合力推进下，有了较为长足的发展。

（三）冷链食品的发展历程简介

19 世纪上半叶，冷冻剂被发明出来，电冰箱开始出现，这时各种保鲜和冷冻食品开始进入市场及消费者家庭。到 20 世纪 30 年代，欧洲的食品冷链物流体系已经初步建立。20 世纪 50 年代，世界各地有了直接以商品形式出现的冷冻食品。

伯宰（Birdseye）于 1927 年和 1928 年分别申请了多板冷冻机和双皮带冷冻机的专利。1928 年，冷冻食品在美国诞生。1930 年，第一批冷冻食品开始公开发售。在第二次世界大战期间，罐头食品被送往海外供给士兵，美国政府鼓励国民购买冷冻食品。随着冻鱼条和电视餐的出现，冷冻食品成为美国的主要食品。在 1945 年至 1946 年之间，美国销售了 8 亿磅冷冻食品。

1942 年，美国冷冻食品的销售量已达 28.32 万 t，金额达 1.62 亿美元。1948—1958 年，美国 Arsdel 提出 T. T. T. 概念，制定了《冷冻食品制造法规》，冷冻食品实现了工业化生产。经过近百年的发展，美国冷冻食品年产量达 2 000 万 t，品种达 3 500 多个，人均年占有量 60kg 以上；欧洲冷冻食品年产量也有 1 000 万 t，品种达 2 500 多个，人均年占有量 30kg；而日本为 500 多万 t，品种 3 500 多个，人均年占有量 20kg。全球冷冻食品市场 1999 年为 804 亿美元，2000 年为 835 亿美元，2003 年达到 920 亿美元，2008 年为 1 148 亿美元，2013 年达到了 1 360 亿美元，2017 年达 1 601 亿美元。由此可见，冷冻食品在食品工业中的重要性。

但是，冷冻食品在我国只有近 50 年的历史。20 世纪八九十年代，我国冷冻食品行业处于萌芽期。国内开始出现冷冻食品，主要以初加工的肉制品为主。最初沿海城市大型罐头厂试产外销出口，采用冻藏间代替冻结间，且大部分工序采用人工操作。制冷能力有限，冻结时间大多在几小时，实际还是“慢冻食品”，生产发展十分缓慢。1973 年，北京、青岛、上海等冷冻食品厂从日本引进螺旋式冷冻机，开始了我国冷冻食品的实质性发展。最初只是冷冻肉制品、水产品、冷饮制品。

20 世纪 90 年代到 2004 年，是我国冷冻食品的快速发展期。1980 年后，设备和工艺水平得到改进,行业加工工艺进步巨大,逐渐发展到冷链保鲜与鲜切果蔬、冷鲜肉及调理肉制品、冷冻面米及调制配餐食品、乳制品等。1992年,国内第一颗冷冻汤圆诞生。冷链食品逐渐成为我国食品工业的重要组成部分,占据全国食品市场的1/4以上。2013年冷冻食品规模以上企业销售收入达649.81亿元左右,行业增速达18%以上(食品平均13.87%),2014年715.39亿元,2015年879.91亿元。

2005年到2017年是我国冷冻食品的整合发展期。消费者对冷冻食品的需求日趋旺盛,并且变成日常消费;冷链的逐渐完善使得冷冻食品安全与健康更有保障;市场快速扩张并且进一步细分。中国的冷冻食品企业98%以上为民企和外企,市场要素非常鲜明。冷冻禽制品在2015年的销售额达到1 159.69亿元。冷冻面米产量由2005年129万t扩增至2014年528万t,年均复合增速为16.96%,2013年冷冻面米制品行业的产值约为400亿元。中国冷冻面米制品行业发展势头较为迅猛。2017年我国冷冻面米食品行业需求量约618.5万t,同比2016年的569.1万t增长了8.68%。

2018年以后,我国冷冻食品行业进入高速发展期。消费者消费水平进一步提高,城镇化的不断推进,在各个产业链有突破性的进展,冷冻食品行业将会进入高速发展期,但是行业发展也会面临挑战。2018年,我国冷冻食品行业产量达1 035万t,销售收入为960亿元,国内冷冻食品制造行业规模以上企业数量达到了461家,资产总额达到了628.83亿元,同比增长8.66%。据前瞻预计,到2024年,中国冷冻食品行业销售收入将突破1 600亿元。目前国内冷冻米面行业,三全、思念、湾仔码头三大品牌通过改进生产工艺、创新产品种类脱颖而出,三者的市场占有率总和接近70%。三全自2013年成功收购龙凤之后,市场占有率跃升至34%,稳居同行业龙头地位。

三、冷链食品的产业现状及发展趋势

(一)我国冷链食品概况

我国冷链食品起步于20世纪初,最初只是冷冻肉制品、水产品、冷饮制品。1980年后逐渐发展到冷链保鲜与鲜切果蔬、冷鲜肉及调理肉制品、速冻面米及调制配餐食品、乳制品等。2000年以后,人们饮食向方便快捷化、个性多元化、绿色安全化、健康营养化方向发展,不但要求食品种类多样、配送迅速,还要求新鲜、健康、安全、无污染,冷链食品成为人们追求的新热点,发展迅速。随着社会经济的发展和社会生活节奏的加快,人们对冷链食品的需求越来越大,冷链食品已成为我国农产品加工业和食品工业的重要组成部分,占据全国食品市场的25%~30%。冷链食品也是世界上发展最快的产业之一,在世界发达国家其市场销量已占全部食品的60%~70%。2015年,全国冷冻冷藏食品行业规模达8 000亿元,其中,速冻米面销售额为879.91亿元,冷冻禽制品的销售额达到1 159.69亿元,冰淇淋的产销量达到451.42万t,产值1 123.16亿元。

(二)我国食品发展形势与需求

“十三五”时期,我国对食品科技研发的支持力度明显增强,取得了一批重大科技成果,制定了一系列新标准,建设了一批创新基地,培育了一批优秀人才,组建了一批产业技术创新联盟，食品科技创新能力不断增强，食品装备行业整体技术水平显著提高，食品安全保障能力稳步提升，有力支撑了食品产业持续健康发展，实现了食品产业科技创新发展大好局面。

1. 产业自主创新能力明显增强

我国食品产业科技发展迅速，产业自主创新能力明显增强，方便营养的谷物食品、果蔬制品及低温肉制品等一批关系国计民生、量大面广的大宗食品的产业化开发，大幅度提高了农产品的加工转化率和附加值。

2. 食品产业科技水平大幅提升

我国食品科技研发实力不断增强，基础研究水平显著提高，高新技术领域的研究开发能力与世界先进水平的整体差距明显缩小，在超高压杀菌、无菌灌装、自动化屠宰、在线品质监控和可降解食品包装材料等方面研究取得重大突破，开发了一批具有自主知识产权的核心技术与先进装备，食品物流从"静态保鲜"向"动态保鲜"转变，在快速预冷保鲜、气调包装保藏、适温冷链配送等方面取得了显著成效，有效支撑了新兴物流产业的快速发展。

3. 品质监控全程追溯，保障食品质量安全

我国食品产业在食品安全监测检测、风险评估、追溯预警、安全控制等方面取得了系列突破，全面加强了食品质量安全标准体系建设。食品加工制造与物流配送的全过程质量安全控制技术开发，成为国际食品安全科技领域的研发热点。食品品质变化新型评价和货架期预测，快速精确和标准化的食品质量安全检测，食源性致病微生物高通量精准鉴别与监控，简捷高效的溯源技术及全产业链的食品质量安全追溯体系构建等，成为保障食品安全的关键。

4. 不断突破前沿技术，培育食品新兴产业

食品生物加工、分子修饰、高效浓缩、质构重组、膜分离与冷杀菌及超低温液氮急冻等前沿技术不断突破，为食品生物工程开发和先进制造提供了新途径。依靠科技进步，全球食品产业向高品质、高技术、智能化和低碳化方向发展，并不断推出创新产品，持续打造和培育食品新兴产业。

5. 绿色加工、低碳制造保障产业持续发展

面对资源、能源及环境约束日益严峻的形势，传统的食品加工生产方式正经历深刻的变化。高效分离、物性修饰、超微粉碎、非热加工、组合干燥、蛋白工程、发酵工程、酶工程、细胞工程、基因工程和分子食品等现代食品绿色加工与低碳制造技术的创新发展，已成为跨国食品企业参与全球化市场扩张的核心竞争力和实现可持续发展的不竭驱动力。

6. 智能高效全程冷链实现物流保质减损

高效低碳制冷新技术、绿色防腐保鲜新方法、环境友好包装新材料、智能化信息处理与实时监控技术装备开发受到全球性的高度关注。构建"产地分级预冷—机械冷库储藏—冷藏车配送—批发站冷库转存—商场冷柜销售—家庭冰箱保存"的全程冷链物流体系，保障食品从"农田到餐桌"全程处于适宜环境条件，实现食品物流保质减损成为全球物流产业的共识。

（三）中国食品产业未来发展目标

1. 食品科技自主创新能力进一步提高

着力推进食品科技新方法建立、新技术突破、新装备配备、新标准支撑和新产品创新，显著增强食品科学基础研究和前沿技术研究的综合实力，取得引领产业发展、突破产业瓶颈的科技成果。食品科技研发水平和创新能力进一步接近世界先进水平，食品加工转化率和资源利用率大幅度提高，中华传统食品加工制造等领域达到世界领先水平。

2. 食品科技创新驱动产业发展能力进一步增强

食品加工关键技术与装备制造水平显著提高，重点装备自给率大幅度提升。初步构建覆盖“从农田到餐桌”的现代食品物流技术与标准体系，食品物流损耗和能耗显著降低。食品全产业链质量安全检测技术和追溯技术取得突破，膳食营养干预的健康食品科技保障体系不断完善，提升全国居民健康水平，为推进健康中国建设提供坚实的科技支撑。

3. 食品安全综合保障能力进一步提升

围绕全产业链危害风险的迁移转化、监测检测、追溯预警、过程控制等构建食品安全有效保障的科技创新体系，实现快速检测试剂与装备国产化率全面提升，风险因子筛查实现定向检测和非定向筛查的双突破，基于风险评估的食品安全标准科学性得到加强，大数据技术在食品安全智能化监管中广泛应用，全产业链食品安全风险控制能力进一步加强。

4. 食品科技创新基础条件进一步完善

构建高水平的科技创新基地平台，建设一批国家重点实验室、国家食品安全检测与评价实验室、国家工程技术研究中心和食品产业科技创新中心等食品科技孵化和创新基地。培养一批食品科技领军人才与创新团队，积极推进国际交流与合作。

5. 食品加工制造共性关键技术研究有新突破

重点突破高效分离、靶向萃取、分子修饰、质构重组、超微粉碎、组合干燥、新型杀菌、快速钝酶、低温浓缩、节能速冻、生物工程、绿色制造和综合利用等现代食品制造共性关键技术，提升中华传统食品和民族特色食品等新兴食品产业的标准化、连续化和工程化技术水平，开发方便美味、营养安全的新型健康食品。

6. 成套装备研发及示范

开展高效处理、品质检测、在线监控、远程诊断和网络管理等装备制造研究，开发智能绿色食品制造系统设备、成套工程装备、环保型绿色包装材料与智能化包装机械，研发粮油、果蔬、薯类、畜(禽)产品、水产品综合加工及传统食品工业化专用成套装备。

7. 冷链物流转型升级

围绕食品冷链物流核心工艺技术、物流包装与技术装备、全供应链智能化物流管理与产品质量安全溯源和标准系统、“互联网＋电商”等现代食品物流产业技术需求，开展物流保质减损新工艺与新技术、包装新材料和新装备研发，构建基于信息技术的智能化物流管理平台、微环境智能化监控和品质质量及安全溯源技术体系。开展“互联网＋电商”物流及其配套保质减损与包装新技术开发研究，集成相关技术装备，构建技术标准体系，开展规模化示范应用，全面提升我国食品冷链物流科技水平，促进食品物流产业转型升级。

（四）中国冷链食品产业的发展动力

1. 市场需求强劲

我国是农产品生产与消费大国，但冷链生鲜食品的规模远低于世界发达国家。目前果蔬、肉类和水产品冷链流通率分别在15%、25%和30%左右，其冷藏运输率分别为20%、40%和50%左右，而欧、美、加、日等发达国家和地区的果蔬、水产冷链流通率均达到95%以上，肉禽则达到近100%。未来5～10年，我国冷链食品的发展仍将保持15%～20%的增速。

2. 民生迫切要求

（1）我国经济快速发展、消费者收入持续增加，这为冷链食品的消费提供了良好的经济基础。

（2）食品加工工艺、装备、杀菌、包装技术的改进以及从农田到餐桌的全程质量安全控制与溯源体系、全程冷链流通体系的建立和完善，为冷链食品的发展提供了技术保障。

（3）我国城乡居民生活方式的改变、乡村小超市的壮大，以及微波炉、冰箱等家用电器的普及，为冷链食品跃升提供了环境基础。

（4）社会主义新农村城镇化建设、餐饮及团餐原料的标准化与集中采购、冷链配送及终端市场的延伸，为冷链食品的高速发展提供了广阔的消费空间。

（5）融合互联网信息化技术、大数据与云平台、现代冷链体系的生鲜电子商务的加速发展，为冷链食品的跨越发展提供了现实途径。

（五）中国冷链食品产业存在的问题

1. 食品全产业链的安全控制水平有待提高

食以安为先，冷链食品产品种类多、工艺环节多、原料品种多、手工作业多、流通环节多，食品安全事件时有发生，暴露出我国冷链食品安全并不乐观，迫切需要建立起一套从原料到产品的质量控制、安全风险监测、评估、预警、应急与溯源体系以及快速检测体系。如原料非热减菌技术、生产过程中安全控制栅栏技术、快速高通量微生物检测技术、冷链流通安全保障溯源技术。

2. 品质稳定性控制技术薄弱

现有食品质量波动和缺陷严重制约着行业的发展，如果蔬失水、馒头皱缩、肉类汁液流失、风味退化、质构老化等工业化特征明显，“家庭厨房”品质缺失。加强行业共性技术研究，有利于解决制约行业发展的瓶颈问题，促进产业层次的升级。

3. 行业智能化工程技术水平亟待提高

中小型食品企业主要依靠手工作业、人海战术组织生产，其机械化水平低、劳动效率低、产品质量稳定性差、食品安全控制困难，亟待推进行业机械化、自动化、智能化技术研究，促进产业装备升级。

4. 新技术研发、应用和推广滞后

冷链食品加工新型技术的应用滞后，新型冷链技术应用不足，新型节能冷冻技术，如真空预冷技术，电位水减菌技术，深层冻结技术，液氮、液化二氧化碳冻结技术，裸冻技术，冰点冻结，分段冻结等，应用缓慢。

5. 创新能力弱，产品同质化严重

绝大多数速冻食品企业研发投入占销售额的比例不足1%，新产品研发不足、传统特色食品现代化工业化程度不够，速冻面、米食品产品主要集中在饺子、汤圆、面点、粽子等几个大类，市场规模大的革命性新产品、突破性新产品暂时还没有出现。

6. 冷链储运流通（物流）体系滞后

虽然冷链食品行业的冷链已基本覆盖从生产到流通销售各个环节，但从食品整体冷链体系而言，我国的食品冷链还未形成从农田到餐桌的完整体系，无论是从我国经济发展的消费内需来看，还是与发达国家相比，我国冷链储运流通（物流）体系均处于落后阶段。

7. 冷链基础设备设施落后

目前我国缺乏冷链食品标准，企业执行力度差，冷链理念薄弱，食品安全意识还不够强。谈及食品安全，现在更多是强调生产环节以及终端零售和餐饮，但冷链物流与配送安全一直是被忽略的。我国食品冷链流通不完善，导致产品销售半径有限、适宜货架期短、品质保证与安全等风险较大。

（六）我国冷链食品新技术与创新

以传统食品工业化自主创新为重点，加强国际合作与交流，引进国际前沿技术研究，加强食品装备自动化、智能化、信息化融合，开发新型安全、方便、营养、健康的冷链食品，重点发展速冻面、米及调制食品，大力发展低温畜禽肉制品和乳制品食品，强化冷链果蔬食品，积极拓展冷鲜团膳食品、可微波套餐食品、有机食品等方便快捷的冷链食品等。

我国冷链食品的新技术与创新体现在以下几方面。

1. 冷链食品调理新工艺技术

液氮喷淋深冷速冻技术、阻抗重结晶技术、微胶囊风味保真技术、速冻馄饨真空和面技术、速冻馄饨快速均匀复热技术、生物酶制剂、复合胶体对速冻馄饨皮的耐煮性、真空油炸技术、速冻春卷复热保脆技术、油炸后剩余油的澄清循环利用技术。

2. 冷链食品产品质量评价技术

通过感官评价与物性测定、人体生理反应与食用心理学等基础研究，逐步建立了以物性检测为主的速冻调理食品客观评价体系。

3. 冷链食品品质提升工程化技术

（1）冷链食品质构品质劣化控制技术。冷链过程中水分物态变化及重结晶控制，减少对皮、馅质构的破坏、汁液流失造成的营养损失。

（2）冷链食品风味变化控制技术。利用配料加工优化技术控制风味裂变，天然风味提取物对产品的风味稳定和增味技术。

4. 冷链食品安全控制工程化技术研究

（1）开展金黄色葡萄球菌、沙门氏菌等多种有害微生物高通量检测技术研究。

（2）开发冷链食品品质实时跟踪、监控预警与溯源工程技术。

（3）开发冷链食品原料、接触物和包装材料有害物质检测控制工程技术。

5. 传统食品工程化装备研发与推广

开发速冻面点连续醒发工程技术与装备,开发速冻水饺自动化包装系统,开发速冻粽子、馄饨自动化成型生产技术与装备,开发食品生产在线机器人应用技术。

6. 新技术研发及推广

真空预冷技术、电位水减菌技术、深层冻结技术、液态冻结技术、裸冻技术、冰点冻结、分段冻结。

7. 冷链食品新产品开发

开发传统、特色食品菜肴工业化关键生产技术。提升现有主导产品的品质,开发突破性创新产品。开发可微波方便食品、有机食品及产业化示范。开发团膳套餐食品,满足社会快节奏生活需求。

8. 冷链流通过程控制技术

智能温度仪与冷藏车载GPS(全球定位系统),RFID(射频识别)监测技术,实时监控和预警,品质可视化实时表征技术。建立冷链物流、低温配送标准体系,构建生产、仓储、运输、加工、集采、交易、配送一体化可追溯温控冷链体系。

(七)我国冷链食品行业发展趋势

1. 消费升级带动行业发展

我国人口城镇化进程进一步加快,促进消费者购买力提高。截至2018年末,我国的城镇化率已经达到59.58%。未来15年,中国将有2.8亿人口从农村进入城市。在中国,城市人口的人均收入大约是农村人口人均收入的3倍,城市化进程将因此大幅提高全国人均收入水平,为总体消费者购买力提供巨大的助推力。随着人们生活水平的不断提高和生活节奏的加快,消费者对营养价值高、食用便利、安全卫生的速冻食品的需求越来越大。根据亚洲国家发展速冻食品的经验,人均年收入1 500美元是消费速冻食品的临界点。它意味着只有达到这样的收入水平,国民才会对消费速冻食品有更多的需求。据国家统计局数据显示,2018年我国居民人均可支配收入为2.8万元人民币,远远超过1 500美元的速冻食品消费临界点,伴随着我国国民经济的持续快速增长,主要消费群体阶层发展壮大,我国消费者购买能力大大提高,速冻食品行业在我国已经进入快速发展期。

2. 速冻食品行业的发展机遇

速冻技术的出现,延长了食品的保质期,速冻食品风靡食品市场,成为食品行业不可忽视的一股力量。随着现代社会城镇化水平的不断提高、家庭规模的进一步缩小,以及生活节奏的加快,越来越多的消费者选择将速冻食品纳入日常饮食的一部分。虽然近些年我国速冻食品行业发展速度快,但我国速冻食品行业起步较发达国家晚,目前我国人均年消费量不足10 kg,与美国、日本等发达国家相比,仍存在一定的差距。而且速冻食品行业尚未形成较为清晰的市场格局,行业内缺乏较为明确的全国品牌,区域性特征明显。

3. 行业市场空间日趋扩大

随着中国经济的不断发展,居民的生活消费水平不断提升,加之城镇化进程的推进,社会分工细化,生活节奏日益加快,速冻食品被越来越多的人接受并成为日常饮食的一部分，我国对速冻食品的消费需求将逐渐与发达国家靠拢。

4. 行业日益规范

我国速冻食品行业发展初期管理的不规范，也导致各类产品质量参差不齐，问题食品时有出现，严重影响整个行业的健康发展。随着行业的日益成熟，《速冻面米食品》(SB/T 10412—2007)、《速冻调制食品》(SB/T 10379—2012)、《食品安全国家标准速冻面米制品》(GB 19295—2011)等国家标准、行业标准和各类规范陆续出台，提高了速冻食品的市场准入门槛，有效阻挡了劣质食品进入市场。《中华人民共和国食品安全法》的实施，使人们能够在法律框架内解决食品安全问题，对速冻食品企业在产品加工、销售中的质量安全提出了更高的要求，也提高了速冻食品行业运行的整体水平。

5. 市场竞争趋势

从发达国家速冻食品行业发展进程来看，行业竞争最终将呈现资源向大企业集中的趋势。由于食品安全直接关乎居民的身体健康，政府部门对于生产企业的监管和社会舆论监督日益严格，小企业将因为不达标以及缺乏有影响力的品牌而逐渐被市场淘汰。此外，消费者在选择速冻食品时虽然主要出于便利性的考虑，但是其对于口感和口味的要求并未因此而降低，这就要求企业不断进行研发，在提升产品口感的同时不断推出新品种，以迎合消费者的喜好。大企业由于具备产品质量好、品种多样化、管理规范的优势，在行业中的竞争优势将不断强化，市场份额将日趋集中。

6. 生产技术水平不断提升

随着行业的不断发展，我国速冻食品的生产技术水平将不断提升。早期的速冻食品生产以手工小作坊为主，生产效率低且安全卫生得不到保证。随着行业技术的不断发展，各种机器设备的先进程度不断加深，行业自动化水平将不断提高，使全行业的生产效率得到快速提升，产品质量安全也更加可控。随着速冻产品的普及化，速冻技术还将向提高速冻食品的口感及营养价值的方向发展。

第一章

冷链食品及其特性

【本章学习目标】

1. 掌握冷链食品的分类、冷链食品的特征和新型冷链食品；

2. 掌握生鲜农产品、调制加工类食品的主要种类及其特征，了解冷冻调理食品、速冻菜肴、超低温冷鲜水产品、快餐盒饭等新鲜冷链食品。

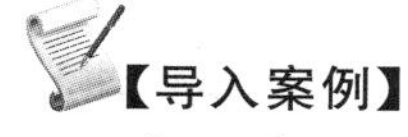

【导入案例】

冷链食品使我生活快捷、丰富

中秋节是中国的传统节日，沿海及水源丰富地区的人们有中秋节吃田螺的习俗。清咸丰年间的《顺德县志》有记："八月望日，尚芋食螺。"民间认为，中秋吃田螺，可以明目。而且，这个时节田螺空怀，腹内无小螺，肉质特别肥美，是食田螺的最佳时节。但在过去，只有沿海地区的人们才能吃到新鲜的田螺。而如今通过冷链加工、冷链物流、密封包装等技术，北方干旱地区的人们也能够吃到新鲜的田螺。这是物联网、冷链物流、食品企业通过大数据密切配合的结果。

第一节　冷链食品的分类

冷链食品(cold chain food)是指以农产品、畜禽、水产品、果蔬等为主要原料，经前处理或进一步混配、调制后，在低温(10℃以下，冷却、冷冻、速冻等)工艺下生产，并在消费者食用之前始终保持在冷链状态下储存、运输、销售、配送的包装食品(或农产品)，也指易腐食品原料在产地收购、宰杀或捕捞之后，在其生产加工、储藏运输、分销零售直到消费等整个过程中，必须保持在规定的冷链环境中的食品。冷链环境可保障食品的营养品质、质量安全，延长货架期和减少损耗。

冷链食品从加工的温度分为冷藏食品、冷冻食品、速冻食品，从加工程度分为生鲜农产品(粮谷、薯、豆类；果蔬、花卉；畜禽肉、水产品)和调制加工食品等，从社会消费角度分为宅食品、餐饮厨房食品、团膳食品、交通旅游食品等，从产品种类分为米面制品、肉制品、奶制品、水产制品、果蔬制品、冷饮、菜肴、配餐食品等。

一、生鲜农产品

生鲜农产品是指供食用的源于农业的初级产品，即在农业活动中获得的、供人食用的植物、动物、微生物及其产品。“农业活动”既包括传统的种植、养殖、采摘、捕捞等农业活动，也包括设施农业、生物工程等现代农业活动。“植物、动物、微生物及其产品”是指在农业活动中直接获得以及经过分拣、去皮、剥壳、粉碎、清洗、切割、冷冻、打蜡、分级、包装等加工，但未改变其基本自然性状和化学性质的产品。生鲜农产品分为植物类初级生鲜农产品、畜牧类初级食用产品和渔业类初级产品三大类。

（一）植物类初级生鲜农产品

植物类初级生鲜农产品是指天然和人工种植的各种植物，经简单加工的供食用的农产品。其范围包括：粮谷、薯、豆类等粮油生鲜农产品，果蔬、毛茶、食用菌、药材、花卉等果蔬生鲜农产品。

1. 粮油类农产品

粮油是谷类、豆类、油料及其初加工品的统称。粮油产品是关系到国计民生的农产品，它不仅是人体营养和能量的主要来源，也是轻工业的主要原料，还是畜牧业和饲养业的主要饲料。按粮油植物学科属或主要性状、用途可将粮油分为原粮、成品粮、油料、油脂（食用油脂、非食用油脂）、粮油加工副产品、粮食制品和综合利用产品七大类。原粮亦称“自然粮”，一般是未经加工的粮食的统称，如稻谷、小麦、玉米、大豆、高粱、谷子等。原粮一般都是具有完整的外壳或保护组织，在防虫、防霉及耐储存性能方面都比成品粮高。成品粮是指将原粮经过加工脱去皮壳或磨成粉状的粮食，如大米、小米、面粉等。由于原粮品种品质不同，成品粮的产粮率也不相同，一般为 70%～80%。粮油产品又可分为主粮和杂粮、粗粮和细粮、夏粮和秋粮、贸易粮、混合粮等。

2. 瓜、果、蔬菜

瓜、果、蔬菜是指自然生长和人工培植的瓜、果、蔬菜，包括农业生产者利用自己种植、采摘的产品进行连续简单加工的瓜、腌渍品和果干品。目前，水果已成为继粮食、蔬菜之后的第三大农业种植产业，我国果园总面积和水果总产量常年稳居全球首位。根据国家统计局数据，2018 年，全国果园面积约为 1 116.8 万公顷（1 公顷＝10 000 平方米），其中瓜类播种面积约 300.1 万公顷。2018 年，全国水果总产量约为 2.61 亿 t，占全球总产量的 31.50%，是全球第一大水果生产大国，其中园林水果产量约 1.91 亿 t。在各类水果中，苹果、香蕉、柑橘、梨、葡萄仍是主要种植及生产品种。在全国果园中，苹果园的面积占比为 18%，柑橘园的面积占比为 20%，二者是规模最大的两类果园，其产量分别为 4 139.0万 t 和 3 816.8 万 t，也是规模最大的两类果品。目前我国水果加工比较落后，以初级加工为主，精深加工不足 10%、国内人均果汁消费量仅是世界平均水平的 1/10、发达国家的 1/40，具有极大的消费增长空间。水果深加工将成为迎合消费升级、解决水果滞销难题的重要途径。而水果深加工产业的发展，会导致大量的水果原料需求。目前，我国水果产品加工行业主要有：水果加工（制汁）果汁行业市场占比约为 30.4%，水果加工（罐藏）水果罐头产品行业市场占比约为 21.7%，水果加工（干制）水果干行业市场占比约为 15.9%。

果蔬汁（浆）及果蔬汁饮料（品）类是指用新鲜或冷藏水果/蔬菜为原料，经加工制成的制品。果蔬汁（浆）及果蔬汁饮料（品）类也可以细分为果蔬汁、果蔬浆、浓缩果蔬浆、果肉饮料、果蔬汁饮料、果粒果汁饮料、果蔬饮料浓浆、水果饮料等，其加工工艺是将水果或蔬菜的可食部分进行打浆、调配而加工制成的发酵或未发酵的具有原水果果肉(蔬菜)色泽、风味的可溶性固形物含量的制品。果蔬汁饮料是指利用新鲜水果(蔬菜)榨汁，将一种或多种不同水果的果蔬汁调配、巴氏杀菌而成的含有各种维生素的对健康有益的饮料。各种常见果汁有苹果汁、葡萄柚汁、奇异果汁、杧果汁、凤梨汁、西瓜汁、葡萄汁、蔓越莓汁、柳橙汁、椰子汁、柠檬汁、哈密瓜汁、草莓汁、木瓜汁等。果汁饮料有鲜榨果汁、单一果汁、混合果汁、果蔬饮料、加奶果汁等。

3. 毛茶

毛茶是指从茶树上采摘下来的鲜叶和嫩芽(即茶青)，经吹干、揉拌、发酵、烘干等工序初制的茶，主要是指鲜叶加工后毛糙不精还需要再加工的产品。在制茶学上，凡需要精细再加工的制茶产品，泛称为“毛茶”，而其制成的加工产品则称“精茶”或者“成品茶”。

4. 食用菌

食用菌有自然生长和人工培植两类，包括农业生产者利用自己种植、采摘的产品连续进行简单保鲜、包装的鲜货。食用菌是指子实体硕大、可供食用的蕈菌(大型真菌)，通称为蘑菇。中国已知的食用菌有350多种，其中多属担子菌亚门，常见的有香菇、草菇、蘑菇、木耳、银耳、猴头、竹荪、松口蘑(松茸)、口蘑、红菇、灵芝、虫草、松露、白灵菇和牛肝菌等。少数属于子囊菌亚门，其中有羊肚菌、马鞍菌、块菌等。这些真菌类生长在不同的地区、不同的生态环境中。食用菌又是一类有机、营养、保健的绿色食品。发展食用菌产业符合人们消费增长和农业可持续发展的需要，是农民快速致富的有效途径。目前，食用菌产业已成为一项集经济效益、生态效益和社会效益于一体的短平快农村经济发展产业。

5. 药材

通过对各种药用植物的根、茎、皮、叶、花、果实等进行挑选、整理、捆扎、清洗、晾晒、切碎等处理过程，制成的片、丝、块、段等的中药材，属于农产品类别。

(二) 畜牧类初级食用产品

畜牧类初级食用产品是指人工饲养、繁殖和捕获取得的供食用的各种畜禽初级加工品。其包括以下几类。

1. 肉类产品

(1) 肉类产品即兽类、禽类和爬行类动物类初级产品，包括各类牲畜(牛、羊、猪、马、骆驼)、家禽(鸡、鸭、鹅)和人工驯养(鹿、野猪)等动物的肉产品。通过对畜禽类动物宰杀、放血、去头、去蹄、去皮、去内脏、分割、切块或切片、冷藏或冷冻等加工处理，可制成分割肉、热鲜肉、冷却肉(冷鲜肉)、冷冻肉、盐渍肉，肉馅、肉块、肉片、肉丁等。

(2) 兽类、禽类和爬行类动物的内脏、头、尾、蹄等组织。

(3) 各种兽类、禽类和爬行类动物的肉类生制品，如腊肉、腌肉、熏肉等。

2. 原料乳

乳是哺乳动物产子后为哺育幼儿从乳腺分泌的一种白色或微带黄色的不透明液体，是哺乳动物出生后最适宜的全价食物，能够提供能量及生长所需的基础营养。乳中含有保护幼小动物免受感染的多种抗体。动物乳房含有大量的腺泡(20 亿个)。乳是在腺泡内合成后通过乳导管输入乳池,并通过乳头挤出来的,每合成 1L 牛乳需要 800～900L 血液通过乳房。乳的种类主要有牛乳、羊乳、马乳、骆驼乳、驴乳。

3. 蛋类产品

(1) 蛋类产品是指各种禽类动物和爬行类动物的卵,包括鲜蛋、冷藏蛋。

(2) 通过对鲜蛋进行清洗、干燥、分级、包装、冷藏等加工处理,可制成各种分级、包装的鲜蛋、冷藏蛋等,属蛋类初加工品。

(3) 经加工的咸蛋、松花蛋、腌制的蛋等。

4. 蜂类产品

(1) 鲜蜂蜜是指采集的未经加工的天然蜂蜜、鲜蜂王浆等。

(2) 初级加工蜂蜜是指通过去杂、浓缩、熔化、磨碎、冷冻等加工处理,制成的蜂蜜、鲜王浆以及蜂蜡、蜂胶、蜂花粉等。

5. 其他畜牧产品

其他畜牧产品是指上述列举以外的可食用的兽类、禽类、爬行类动物的其他组织。如动物骨骼、动物血液、动物分泌物、动物脂肪等。

(三) 渔业类初级产品

中国是一个渔业大国,海洋鱼类有 1 700 多种,其中经济鱼类约有 300 种,最常见的有 70 多种,产量较高的有带鱼、大黄鱼、小黄鱼、马面鲀、银鳞鲳、太平洋鲱、蓝点马鲛、鲐鱼、鳗鱼、鲅鱼等。在甲壳类动物中,虾类有 300 余种,蟹类有 600 余种,有经济价值的有 40 多种,主要为对虾、梭子蟹等。头足类软体动物种类主要有乌贼科、枪乌贼科和柔鱼科等。我国淡水鱼类有 700 多种,经济鱼类有 140 余种,其中青鱼、草鱼、鲢鱼、鲤鱼、鳊鱼所占比例最大。

1. 水产动物产品

水产动物产品是指人工放养和人工捕捞的鱼、虾、蟹、鳖、贝类、棘皮类、软体类、腔肠类、两栖类、海兽类及其他水产动物类。其主要包括以下两类。

(1) 鱼、虾、蟹、鳖、贝类、棘皮类、软体类、腔肠类、海兽类、鱼苗(卵)、虾苗、蟹苗、贝苗(秧)等。

(2) 将水产动物整体或去头、去鳞(皮、壳)、去内脏、去骨(刺)、擂溃或切块、切片,经冰鲜、冷冻、冷藏、盐渍等保鲜防腐处理和包装的水产动物初加工品。

2. 水生植物

(1) 海带、裙带菜、紫菜、龙须菜、麒麟菜、江篱、浒苔、羊栖菜、莼菜等。

(2) 将上述水生植物整体或去根、去边梢、切段,经热烫、冷冻、冷藏等保鲜防腐处理和包装的产品,以及整体或去根、去边梢、切段,经晾晒、干燥(脱水)、粉碎等处理和包装的产品。

3. 水产综合利用初加工品

水产综合利用初加工品是指对食用价值较低的鱼类、虾类、贝类、藻类以及水产品加工下脚料等,进行压榨(分离)、浓缩、烘干、粉碎、冷冻、冷藏等加工处理制成的可食用的初制品，如鱼粉、鱼油、海藻胶、鱼鳞胶、鱼露(汁)、虾酱、鱼籽、鱼肝酱等。

二、调制加工类食品

根据水果、蔬菜、畜肉、禽肉、鱼、蛋等食用农产品的营养特性、生理生化特性、微生物易染性和加工特性，采用冷处理、加热、超高压、包装等方式进行加工处理的食品称为加工类食品。这类加工食品从原料采购、加工、储藏、运输、销售直至消费的整个环节必须在低温环境下运行，保证其质量安全，提高品质特性，减少微生物污染，延长保质期。目前西方发达国家居民主要以低温冷链加工食品为主，由于我国饮食习惯、基础设施、技术水平的限制，目前国内还是以高温加工食品为主。因此，冷链加工食品对原材料、加工工艺、存储方式、运输形式及销售环节的要求极为严格，要最大限度地保证产品的营养、风味、色泽、新鲜度，这类食品的价格也相对较高。加工类食品包括冷链生鲜果蔬产品、冷链粮油产品、冷链包装熟肉制品、水产冷冻食品、低温乳制品、快餐原料等。

(一) 冷链生鲜果蔬产品

根据加工储藏手段，将冷链生鲜果蔬产品分为冷冻冷藏生鲜果蔬产品和热加工生鲜果蔬产品。冷冻冷藏生鲜果蔬产品是指经过加工、冷却或速冷和包装，然后在2～4℃冷藏或－18℃以下储存、销售的产品。热加工生鲜果蔬产品是指进行热处理等深加工后的即食产品，如毛豆、花生、竹笋、混合蔬菜等。

(二) 冷链粮油产品

根据加工、储藏特点，冷链粮油产品可分为冷冻冷藏生鲜粮油产品和热加工生鲜粮油产品。冷冻冷藏生鲜粮油产品是指经过加工、冷却或速冷和包装，然后在2～4℃冷藏或－18℃以下储存、销售的产品，分为冷冻生面食和冷冻熟面食。冷冻生面食是生面食进行冷冻，食用时进行解冻、煮熟即可，包括汤圆、水饺、冷冻生面等。冷冻熟面食是将面食煮熟后进行冷冻和冷藏，食用时解冻、加热即食，包括烧卖、包子、炒饭、冷冻熟面、冷冻油条等。热加工生鲜粮油产品是指进行热处理等深加工后的即食产品，如馒头、面包、点心等，冷藏可提高品质和延长保质期。

(三) 冷链包装熟肉制品

冷链包装熟肉制品是指将各种肉类经预处理后在100℃以下的低温加热或非热加工(如超高压)处理的肉制品。这类肉制品必须处于较低温度(0～4℃)环境下抑制微生物生长，使肉制品最大限度地保持原有风味和品质，如火腿、酱卤制品、香肠制品、烤肉制品等。

(四) 水产冷冻食品

水产冷冻食品包括生鲜水产冷冻食品和调理水产冷冻食品。生鲜水产冷冻食品是指以水产品为原料，经分拣、去皮、清洗、切割、分级、速冻、包装的农产品，属于初级水产品，包括初级加工品、去壳的虾贝肉冷冻品、生调味品。调理水产冷冻食品是指初级水产品经烧、烤、炸、熏、煮、煎等工艺，经调味可直接食用的熟制水产品，包括油炸类、蒸煮类、烧烤类产品。

（五）低温乳制品

低温乳制品是指以新鲜乳为原料，经净化、配料、均质、巴氏杀菌等方法生产出来的，其全程都需要保持冷藏（2～4℃）或冷冻（－21～－18℃）的低温才能保质保鲜的乳制品。如活性酸奶、巴氏牛奶、延长货架期奶（超巴杀奶）、花色奶、奶酪、酸马奶、乳酸菌饮料、冰淇淋等。该类产品除生产全过程采取严格冷链外，出厂后的配送、销售等也需严格遵循全程低温条件，否则失衡环境下的产品极易变质，造成食品卫生安全隐患。

（六）快餐原料

快餐是指由商业企业快速供应、即刻食用、价格合理，以满足人们日常快节奏生活需要的大众化餐饮。其具有快速、方便、标准化、环保等特点。快餐最早出现于德国，英语称为“quickmeal”或“fastfood”。引入中国之后，中文名称为“快餐”，即烹饪好了的、能随时供应的饭食。快餐是由食品工厂生产或大中型餐饮企业加工的，具有大众化、节时、方便、可当主食等特点，但与便当有所区别。快餐是一次饮食革命，是饮食文化向工业化方向发展的表现，是社会分工细化的体系。快餐按其经营方式、工业化程度可分为传统快餐和现代快餐，按其菜品风味可分为中式快餐、西式快餐、中西合璧式快餐、其他快餐等，按其品种形式可分为单一品种快餐、组合品种快餐。

我国的快餐行业发展迅速，总体运行情况良好，市场稳步增长。我国快餐业的黄金时期已经到来，以一线大城市和发达地区为中心，逐渐向全国扩展开来，走向一个成熟的发展阶段。随着我国经济的不断发展以及人民生活水平的逐渐提高，快餐业加速发展的时机已经成熟，市场规模有望实现跨越式增长，我国快餐业的发展前景将更加广阔。我国的经济增长前景使得中国市场成为未来全球市场的黄金增长点，这也意味着我国快餐业将面临前所未有的激烈竞争。

第二节　冷链食品的特征

随着科学技术的进步和制冷技术的不断发展，以制冷技术为手段、以保鲜品质为目的、以原汁原味为特点的生鲜或熟制食品等冷链食品越来越受到人们的关注和青睐。冷链食品所涉及的原料生产、预处理、加工、运输、销售整个过程严格采用冷链技术，确保易腐食品在加工、运输和销售过程中的安全。冷链食品加工是一项具有高科技含量的低温系统工程，它应遵循“3T”原则，即产品最终质量取决于冷链的储藏与流通的时间（time）、温度（temperature）和产品耐藏性（tolerance）。这“3T”原则指出了冷链食品品质保持所允许的时间和产品温度之间存在的关系。由于冷链食品在加工、储藏、流通中因温度的变化而引起的品质降低的累积和不可逆性，对不同的产品品种和不同的品质要求都有相应的产品控制和储藏时间的技术经济指标。

一、生鲜农产品的特点

（一）植物类初级生鲜农产品的特点

1. 果蔬类生鲜产品的特点

蔬菜和水果含水量高、产后呼吸代谢旺盛、极易腐烂变质，大部分果蔬采后的最初一段时间均是由农户自行初加工或者储藏，其方法方式相对落后，不利于后期的储藏运输、精深加工。我国果蔬损失率一直居高不下，约为25%～30%，主要原因是缺少适宜于初加工及储藏的方法，储藏窖、库年久失修或设计不合理，冷藏设备简陋，甚至是缺乏。

1）果蔬生鲜产品的营养特性

果蔬生鲜产品的共同特点是水分含量很大，蛋白质、脂肪含量很低，含有一定量的碳水化合物、矿物质，一些维生素（维生素C、胡萝卜素）含量丰富，含有各种有机酸和膳食纤维。果蔬中常含有各种芳香物质和色素，使其具有特殊的香味和颜色，可赋予果蔬良好的感官性状，对增进食欲、帮助消化、维持肠道正常功能及丰富膳食的多样化等方面具有重要意义。此外，果蔬生鲜产品中还含有一些酶类、杀菌物质和具有特殊功能的生理活性成分。

2）果蔬的采后生理特点

果蔬采后仍然是活的生命体，在储藏和运输过程中仍然继续进行着呼吸、蒸发等生理活动，以维持其生命。

（1）呼吸。呼吸指生命细胞经过某些代谢途径使有机物质分解并释放出能量的过程，分有氧呼吸和无氧呼吸。果蔬采后的无氧呼吸是一个营养消耗过程，消耗果蔬体内的干物质而使果蔬逐渐丧失新鲜度，直至衰老死亡，耐储性也随之丧失。因此，在储藏过程中应防止产生无氧呼吸。

（2）水分蒸发与失重。新鲜果蔬含水量很高，达65%～96%，在储运过程中，环境湿度低、缺少包装等原因往往会使果蔬生鲜产品体内的水分蒸发散失，使产品逐渐失去鲜度，并带来一系列的不良影响，造成失重、失鲜，破坏正常的代谢过程，降低耐储性和抗病性，加速腐烂。

（3）成熟期。成熟期的果蔬充分长大，养分充分积累，已经完成发育并达到生理成熟。采收后，物质供应停止，干物质不再增加，但由于生命活动的需要，体内物质不断转化，使固有的色、香、味、质地及营养价值发生变化，细胞结构的变化、细胞膜透性和功能的变化，导致细胞衰老死亡。

（4）休眠。果蔬在储藏过程中，有的处于休眠状态，有些则处于生长状态。休眠状态对果蔬储藏十分有利，而采收后的细胞、器官或整个有机体数目的生长可造成果蔬品质下降，储藏期缩短，不利于储藏。因此，我们可以采用低温、低氧、低湿和适当增加二氧化碳浓度等方式来改变环境条件，延长休眠期，增加保鲜期。

（5）冷害与冻伤。在果蔬储藏过程中，采用低温储藏时，必须注意适宜的低温管理，若管理不当，易引起果蔬生理代谢失调而发生冷害或冻结等低温伤害，引起生理生化变化和储藏性丧失。

总之，果蔬在储藏过程中，不断地进行着生命活动。因此，果蔬储藏保鲜的基本原理就是创造最适宜的低温储藏条件，将果蔬的生命活动控制在最小的限度，以延长果蔬储藏期。

3）季节性

季节性是果蔬生鲜产品的一个生长特性，果蔬生鲜产品品种多样、种植区域广，但其自身具备的自然特性和其生长所需的光照、降雨量等条件决定了它的生产具有较强的季节性。虽然随着科技的不断发展，已经实现了部分果蔬产品的反季节种植，如一些蔬菜水果采取温室大棚种植，但这也只是小面积的，产量小，无法实现大规模种植。

4）易腐易损性

果蔬生鲜产品因其生理特性导致其在装卸、运输等过程中容易受损。果蔬生鲜产品的鲜活性和时效性导致果蔬生鲜产品会随着时间的推移而出现腐蚀现象。据报道，我国每年由于保鲜和流通环节的落后所造成的果蔬损耗量近 2.5 亿 t，损耗率约为 25%～30%，浪费总值约 700 亿元，是美国果蔬损耗率的 5～6 倍。据统计，若将中国果蔬损耗率降至 5%左右，就相当于节约 1 亿亩（1 亩≈666.67 平方米）的农田，也相当于节约 20 亿人一年所需的果蔬量。

5）时效性

果蔬生鲜产品本身具有一定的生命周期，保鲜期很短，果蔬生鲜产品随着时间的推移，其产品损耗程度会越来越高，产品质量也会越来越低。要尽可能保持果蔬生鲜产品原有的鲜活程度、色泽和营养，就必须进行冷链加工、冷链储藏、冷链运输。

6）环境敏感性

温度和湿度是影响果蔬生鲜产品质量安全的两大重要因素，果蔬生鲜产品必须严格按照其所需的温度和湿度进行存储、加工、运输，任一条件不达标就会出现质量安全问题。一般果蔬所处环境的温度应该控制在 0～8℃，湿度应该控制在 90%～95%。例如，番茄储藏温度为 10～12℃、甜椒为 7～9℃、黄瓜为 10～13℃、萝卜为 1～3℃、胡萝卜为 0～1℃、马铃薯为 3～5℃、菠菜为－6～0℃、菜花为 0～0.5℃、洋葱为－3～0℃、大蒜为－1～0℃等。

2. 粮油类生鲜产品的特点

1）粮食产品特点

（1）稻谷产品特点。根据稻谷的粒形和粒质可分为籼稻谷、粳稻谷、籼糯稻谷、粳糯稻谷四种类型。根据稻谷子粒的形态结构将稻谷子粒分为稻壳和颖果（稻谷脱去壳后的果实，又称糙米）。颖果由皮层、胚乳和胚三部分组成。

（2）小麦产品特点。小麦按小麦播种季节可分为春小麦和冬小麦，按皮色可分为白皮小麦和红皮小麦，按胚乳结构中角质或粉质的多少可分为硬质小麦和软质小麦。

（3）玉米产品特点。玉米可分为黄玉米、白玉米、杂玉米和糯玉米四类。

2）油料产品特点

油料子料是指具有制油价值的种子和果肉。油料子粒的形态结构是鉴别油料种类、评价油料品质、选择油脂制取工艺与设备的重要依据之一。粮油子粒的物理性质包括色泽、气味、形状、大小、密度、千粒重、孔隙度、腹白度和爆腰率。这些物理性质的变化对油料的性质、质量、风味、保藏性有很大的影响。

粮食和油料的化学成分很复杂，主要由糖类、脂肪、蛋白质、水分、矿物质组成，另外还有少量的酶、维生素、色素等物质。粮油在储藏过程中引起品质变化的因素有粮食的呼吸、后熟、陈化、微生物、脂肪氧化等。

3. 毛茶的特点

1）形态特征

在外形上，毛茶一般含有不同程度的次质茶和非茶类夹杂物。次质茶可包括鱼叶、老叶、茶梗、黄片、茶籽以及被虫害侵蚀过的叶片等。非茶类夹杂物则是采摘或者加工过程中不小心夹带的东西，诸如其他作物的叶子、谷壳甚至是沙子等，饮食卫生要求不能含有这类物质，而对中高档茶叶则要求不能含有次质茶物质，需要全部剔除。各类茶的外形要求不一样，如红茶要紧直（红碎茶除外）、珠茶要圆滑，而龙井要扁平，等等。毛茶形态一般复杂不一，条索有紧结的、疏松的、变形的等，加工时需要对其进行一定的处理才能符合外形要求。例如祁门红茶的工艺中通过揉捻和切断等工艺技术，使红茶形成了其条索紧秀匀齐、色泽乌黑油润、金毫特显的外形特点，同时，也因为其分级和干燥等工艺形成了祁红醇厚、香气馥郁的内质特点。

2）品质特性

毛茶的特性决定成茶品质，但毛茶也需要根据其特性采取合理的技术措施，达到提高成茶品质的目的。毛茶的特性主要是指其比重、吸湿性、吸附性、散落性、自动分级和黏稠性及导热性。

毛茶经过初制，一般会吸收空气中水蒸气，称之为吸湿性。吸湿后，不但对品质影响较大，甚至会给微生物创造良好的繁殖条件，造成霉变，需要对其进行再干燥，以达到保持优良品质的目的。例如祁门红茶在精制过程中，需要经过补火工艺，其温度一般在 80～85℃，目的在于透发香气，并保证水分含量符合标准。

毛茶还有吸附性，能够吸附空气周围的气体。例如，在茉莉花茶的加工过程中，会利用这种特性，采用窨制的技术，来制作茉莉花茶。利用茶叶的黏稠性，可以压造成形状不同的块状团茶。例如，在精制普洱毛茶的过程中一般会在毛茶分级后，采取蒸压、紧压干燥等工艺生产出普洱生茶，这便是利用茶叶的黏稠性较为典型的生产实例。

此外，毛茶还具有散落性、导热性等特点。茶叶的形状不同、重量不同而导致其散落性不同，生产上常常利用茶叶阻力不同、散落性大小而统一划分形状。毛茶一般疏松多孔，导热性强，而经过干燥后，这些孔隙会充满空气，导热性下降，干燥过程也就是利用毛茶的导热性很快排出多余水分的过程。

4. 食用菌的特点

食用菌的菌丝体呈白色或浅色，在含有丰富有机质的场所生长，条件适宜时形成子实体，成为人类喜食的佳品。菌丝体和子实体是一般食用菌生长发育的两个主要阶段。各种食用菌是根据子实体的形态如菇形、菇盖、菌褶或子实层体、孢子和菇柄的特征，再结合生态、生理等的差别来分类识别的。有些食用菌生长在枯树干或木段上，如香菇、木耳、银耳、平菇、猴头、金针菇和滑菇；有些生长在草本植物的茎秆和畜、禽的粪便上，如蘑菇、草菇等；还有的与植物根共同生长，被称为菌根真菌，如松口蘑、牛肝菌等。上述特性也决定着各种野生食用菌在自然生态条件中的分布。食用菌在菌丝生长阶段并不严格要求潮湿条件，但在出菇或出耳时，环境中的相对湿度则需在85%以上，而且需要适合的温度、通风和光照。如蘑菇、香菇、金针菇、松口蘑等适合在温度较低的春、秋季节或在低温地带（15℃左右）出菇，草菇、木耳等则适合在夏季或热带、亚热带地区的高温条件下结实。

食用菌含有丰富的蛋白质和氨基酸，其含量是一般蔬菜和水果的几倍到几十倍。如鲜蘑菇含蛋白质为1.5%～3.5%，是大白菜的3倍、萝卜的6倍、苹果的17倍。1kg干蘑菇所含蛋白质相当于2kg瘦肉、3kg鸡蛋或12kg牛奶的蛋白量。食用菌中赖氨酸含量很丰富，含有组成蛋白质的18种氨基酸和人体所必需的8种微量元素。谷物食品中含量少的赖氨酸，食用菌中含量也相当丰富。食用菌脂肪含量很低，占干品重量的0.2%～3.6%，而其中74%～83%是对人体健康有益的不饱和脂肪酸。食用菌富含的VB_1、VB_{12}都高于肉类，草菇VC含量为辣椒的1.2～2.8倍，是柚、橙的2～5倍。银耳含有较多的磷，有助于恢复和提高大脑功能。香菇、木耳含铁量高。香菇的灰分元素中钾占65%，是碱性食物中的高级食品，可中和肉类食品产生的酸类物质。

食用菌不仅味美，而且营养丰富，常被人们称作健康食品，如香菇不仅含有人体必需的各种氨基酸，还具有降低血液中的胆固醇、治疗高血压的作用，还发现香菇、蘑菇、金针菇、猴头中含有增强人体抗癌能力的物质。

食用菌中富含高分子多糖、β-葡萄糖和RNA复合体、天然有机锗、核酸降解物、cAMP和三萜类化合物等维护人体健康的生物活性物质。食用菌中的多糖体具有抗癌作用，能刺激抗体的形成，提高并调整机体内部的防御能力，能降低某些物质诱发肿瘤的概率，并对多种化疗药物有增效作用；食用菌还具有抗菌、抗病毒作用，降血压、降血脂作用，健胃、助消化作用，止咳平喘、祛痰作用，利胆、保肝、解毒作用，降血糖、通便利尿作用。

（二）畜牧类初级食用产品的特点

1. 生鲜肉的特性

肉是经检验合格的健康畜禽屠宰放血后，除去头蹄、皮毛、内脏后的肉尸，叫"胴体"，再剔去骨的胴体叫"净肉"。根据胴体的处理状态还可分热鲜肉、冷却肉（冷鲜肉）和冷冻肉。

热鲜肉是指屠宰后温度还没有完全散失状态的肉，即我们熟知的"凌晨屠宰，清早上市"的畜肉。由于其本身温度较高，容易受微生物污染，极易变质，货架期一般不超过1d。

冷却肉（冷鲜肉）是指宰后的畜禽胴体迅速进行冷却处理，使胴体温度在24h内降为0～4℃，并在后续加工、流通、销售全过程中始终保持0～4℃的生鲜肉，更加卫生、安全、营养、味美，是今后生肉消费的主流。

冷冻肉是指将屠宰排酸后的肉，放入－30℃以下的冷库中冻结，然后在－18℃保藏，并以冻结状态销售的肉。冷冻肉的卫生品质较好，但在解冻过程中会出现较严重的汁液流失，使肉的营养价值和感官品质有所下降。

肉由肌肉组织、脂肪组织、结缔组织和骨组织四大组织构成，肉的基本特性包括营养特性、食用品质特性、加工品质特性、安全品质特性。

1）肉的营养特性（nutritional quality）

肉中含有水分（70%～74%）、蛋白质（16%～22%）、脂肪（6%～9%）、浸出物（2%～

5%)、矿物质(0.8%~1.2%)和维生素六大营养素。肉中氨基酸和脂肪酸含量丰富,特别是必需氨基酸和必需脂肪酸组成全面,其含量比例接近人类需求。

2)食用品质特性(eating quality)

肉的食用品质包括色泽、嫩度、风味、多汁性。肉呈现不同程度的红色,是由肉中肌红蛋白(Mb)和血红蛋白(Hb)的珠蛋白与血红素含量所决定的,每一血红素分子中含有1个铁离子(Fe^{2+})。肉的红色在放置过程或加工过程中会发生变化,肉的颜色刚开始时呈还原态的紫红色,在放置过程中与空气中的氧气结合,形成氧合肌红蛋白(MbO_2),呈现鲜红色,如果继续与空气中的氧气结合形成氧化肌红蛋白(MMb),呈褐红色(图1-1)。肉的颜色本身对肉的营养价值和风味并无多大影响,但它是肉的生理、生化、微生物学变化的外部表现,从肉的颜色变化可以判断出其品质变化。

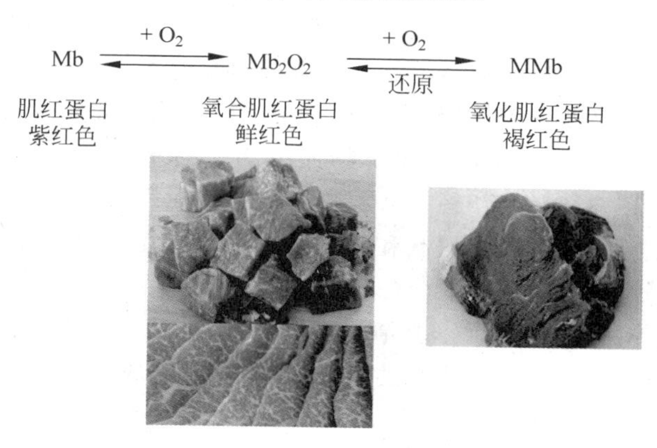

图1-1 肉在存放过程中的颜色变化

肉的风味是肉品质的重要指标之一,主要是通过烹调后产生,生肉一般只有咸味、金属味和血腥味,当肉加热后,风味前体物质反应生成各种呈味物质,赋予肉以滋味和气味。气味是肉中具有挥发性物质进入鼻腔刺激嗅觉细胞通过神经传到大脑产生的感觉,分香味和臭味。滋味是肉中可溶性的呈味物质刺激人的舌面味蕾(味觉器官)通过神经传导到大脑反应出味感。肉的风味成分有1 000多种,来自脂肪、蛋白质等。

肉的嫩度(tenderness)是指肉在咀嚼或切割时所需的剪切力,是指肉在被咀嚼时柔软、多汁和容易嚼烂的程度。肉的嫩度与其保水性有关,保水性是指肉在压榨、加热、切碎、搅拌、冷冻、解冻、储存、加工过程中保持原有水分或添加水分的能力。肉的嫩度与保水性与畜禽种类、品种、年龄、部位、宰前状况、加工处理等因素有关。

3)肉的技术与加工特性(technological quality)

在畜禽屠宰后的排酸、冷却、冷冻、冻藏、解冻过程中,必须根据肉的宰后变化规律,采用先进的科学技术手段,合理掌握与调控肉的尸僵、肉的解僵、肉的成熟,防止冷收缩和热收缩,提高系水力,调控pH值,降低蛋白质变性程度,减少结缔组织含量,提高抗氧化能力。

肉的尸僵是指屠宰后的肉尸经过一定时间,由于糖酵解产酸、肌质网体破裂,进而钙离子释放,引起肌肉收缩,肉的伸展性消失,由弛缓变为紧张,关节失去活动性,呈现僵硬状态。尸僵的肉硬度大、保水性差、缺乏风味。肉的尸僵过程与环境温度有关,温度越高,尸僵产生速度越快，且温度高使微生物更容易生长繁殖，使肉腐败变质。环境温度过低时，尸僵发生得较慢，而且容易引起冷收缩(肉中 pH 下降到 6 以下之前肉的温度降到 10℃以下时易产生不可逆收缩)现象。因此，为了加快尸僵形成又要防止微生物生长，要采取科学合理的冷处理技术，保证肉的品质。

4）肉的安全品质(safety quality)

肉在成熟后如果不加以控制就很容易转变成肉的腐败，这是由于肉中的酶类、入侵的微生物和环境温度不当的原因，肉中蛋白质水解、脂肪酸败导致肉的腐败变质，而且致病微生物的繁殖及其产生的毒素含量、在饲料中农药残留、抗生素残留、重金属残留、生长促进剂残留物及治疗用的抗生素、激素等药物残留都影响肉的安全性，必须严控、严禁。

2. 生鲜乳的特性

乳中含有多种成分，其中水是分散剂，其他各种成分如脂肪、蛋白质、乳糖、无机盐等呈分散质分散在其中，形成一种复杂的具有胶体特性的生物学液体分散体系。乳中脂肪以乳浊液、蛋白质以悬浮液和胶体液、乳糖和矿物质以真溶液的形式存在。乳中富含营养物质，乳中水分、脂肪、蛋白质、乳糖和矿物质五大营养素的含量分别为 87%～88%、3.3%～4.0%、3.1%～3.3%、4.5%～4.8%和 0.8%～1.0%。乳中微生物数量是影响乳质量的重要因素之一，必须严格控制和减少乳中微生物的混入与繁殖。根据结构和性质可将乳中蛋白质分为酪蛋白、乳清蛋白、脂肪球膜蛋白，其中酪蛋白具有热稳定性和在 pH4.6 和凝乳酶的作用下凝固特性，乳清蛋白具有水溶性和热不稳定的特性。乳脂肪中富含挥发性(14%)和水溶性(8%)脂肪酸，因此具有特殊的香味和柔软的质地，5℃以下呈固态，11℃以下呈半固态形式，还具有易氧化、易水解、吸收异味特性。乳糖是乳特有的成分，由葡萄糖和半乳糖结合而成的双糖，不被直接吸收，必须通过体内乳糖酶分解成单糖被人体吸收，如果人体内缺乏乳糖分解酶，喝牛奶后会产生腹泻、呕吐等不适症状，叫乳糖不耐症。可经过发酵或酶处理来减轻这种状况。

3. 生鲜蛋的特性

禽蛋是一种营养丰富又易被人体消化吸收的食品，是人们日常生活中天然的、全价的营养食品之一。禽蛋提供极为均衡的蛋白质、脂类、糖类、矿物质和维生素。禽蛋含有较高的蛋白质含量(11%～15%)，且是全价蛋白质，其消化率为 98%，生物效价为 94%，必需氨基酸含量、构成比例与人体的需要比较接近。禽蛋中脂类含量为 11%～16%，并富含磷脂类和固醇等特别重要的营养素。禽蛋里还含有丰富的铁、磷、钙、维生素和溶菌酶，是儿童、成年人、老人不可缺少的营养食品，被人们誉为“理想的滋补食品”。禽蛋由外蛋壳膜、蛋壳、蛋白、蛋黄组成。蛋壳及外蛋壳膜起保护蛋品质的作用，防止水分蒸发和微生物侵入。禽蛋具有凝固性(热凝和酸碱凝胶化)、乳化性、起泡性，还具有孵育性、易潮性、冻裂性、吸味性、易腐性、易碎性等储运特点。因此，对于新鲜禽蛋，存放温度以－1～0℃为宜，因为低温有利于抑制蛋内微生物和酶的活性，使鲜蛋呼吸作用缓慢，水分蒸发减少，有利于保持鲜蛋营养价值和鲜度。通过对鲜蛋进行清洗、干燥、分级、包装、冷藏等加工处理，可制成各种分级、包装的鲜蛋、冷藏蛋等。

4. 蜂类产品的特性

天然蜂蜜是蜜蜂采集花蜜酿造而成的。它们来源于植物的花内蜜腺或在外蜜腺，通常我们所说的蜂蜜就是天然蜜，因来源于不同的蜜源植物，又分为某一植物花期为主体的各种单花蜜（如菊花蜜、油菜蜜、玫瑰花蜜等）、杂花蜜（几种植物的花粉或花蜜）或“百花”蜜。蜂蜜储存时应放在阴凉、干燥、清洁、通风处，温度保持在5～10℃。空气湿度不超过75%的环境中。装蜂蜜的容器要盖严，防止漏气，减少蜂蜜与空气接触。蜂蜜具有护肤美容、抗菌消炎、促进消化、提高免疫力、促进长寿、改善睡眠、护肝润肺、抗疲劳、促进儿童生长发育蜂、保护心血管、促进钙吸收等功效。可通过去杂、浓缩、磨碎、冷冻等加工处理，制成蜂蜜、鲜蜂王浆以及蜂蜡、蜂胶、蜂花粉等。

（三）渔业类初级产品的特点

渔业产品（鱼、虾、贝类）的营养物质由60%～85%水分、20%左右蛋白质、0.5%～30%脂肪、1%以下糖类、1%～2%灰分组成，还含有多种维生素，特别是富含维生素A。水产品含有丰富的蛋白质和水分，肌肉组织比肉柔软、细嫩，为微生物的入侵和繁殖创造了极好的条件。水产类经捕获致死后，其体内由于酶在被侵微生物的作用仍进行着各种复杂的变化，其变化大体分为死后僵硬、自溶和腐败变质三个阶段。水产品体内的酶类（如蛋白酶、脂肪酶、淀粉酶）在常温下活性较强，易发生自溶，蛋白质被分解为游离氨基酸，成为微生物的营养物。此外，在一定条件下，附着在鱼体表面、鳃及肠道内的腐败菌大量繁殖，并对鱼体进行分解，从而会加速腐败变质过程。水产的腐败过程与其种类、保藏温度和体内组织的pH有关。其中，温度仍然是主要因素。因为温度越高，变化过程就越快。在低温保藏中，酶的活性和微生物的繁殖受到抑制，从而使体内变化受到抑制。

渔业类营养丰富、味道鲜美，除了具有优质高蛋白质、高度不饱和脂肪酸、丰富的微量元素、膳食纤维等营养和功能成分外，还含有大量的水溶性物质，从而构成了鱼类产品特有的风味，成为人们摄取动物性蛋白质的重要来源之一。但由于鱼肉组织脆弱，水分含量高，在酶和微生物的作用下，会造成鱼类的腐败变质。要想保持鱼类的鲜度或减缓腐败速率，可以采取多种措施，目前应用最广泛的是低温冷藏保鲜技术。

二、冷链加工类食品的特点

（一）植物性加工食品的特点

1. 冷链生鲜果蔬产品的特点

冷链生鲜果蔬利用低温来抑制果蔬呼吸和酵素活动，保证果蔬新鲜度，延长保质期。但是不同的冷鲜果蔬要求在不同的冷鲜环境下保存，如白菜、菠菜、芹菜、胡萝卜、桃、葡萄、苹果等适宜在0℃保存，但是香蕉、柠檬、南瓜等的适宜储藏温度是13～15℃，低温储存容易使之变黑、腐烂。去皮果蔬存放在空气中时易于氧化褐变，如土豆、苹果，如果将削皮的水果或蔬菜浸泡在凉开水中或稀盐水中，可防止氧化而保持原有色泽，还可使水果清脆香甜。

果蔬汁在榨汁过程中容易受到污染，因没有防腐剂，也不易存放，适合随榨随饮。果蔬汁含有丰富的维生素、矿物质、糖分和膳食纤维中的果胶，具有助消化、润肠道、增强免疫等功能，适合各年龄段的人。果蔬汁加工过程中基本除去了纤维素，产品中缺乏纤维素，加热杀菌方法也会使水果的营养成分受损，某些易氧化的维生素被破坏掉。

冷冻水果与蔬菜产品时，对生鲜果蔬进行冷处理，使果蔬中水分很快结成规则而细小的冰晶，均匀地散布在细胞内，不破坏果蔬组织，抑制酶活性、生物化学过程、微生物活力。速冻果蔬食用非常方便，因其大部分的产品都已蒸煮过，有的已经加入盐之类的调味类物质，无须洗、切等工序，稍加解冻，用急火烹饪，转瞬即熟，其味道、色泽和维生素含量等，与鲜菜相差无几。冷冻果蔬产品不仅仅是单个品种，很多时候会混合多种果蔬，通过搭配各种产品，其营养价值更合理。冷冻果蔬的保鲜期可延长至1～2个月，还能大大节约烹饪备料时间。据报道，冷冻果蔬所含的维生素C和B族维生素远远高于新鲜果蔬。新鲜状态下，时间越久，营养与水分流失越多。相反，冷冻果蔬加工时会选用最新鲜且成熟的果蔬，冷冻时果蔬营养与水分被最大限度地锁住，低温会减缓果蔬的成熟和腐化进程，使其更长时间地保持在最佳状态。由于冷冻果蔬保质期和销售期更长，其价格也应该比新鲜果蔬便宜一些。

2. 冷冻面食产品的特点

冷冻面食产品是随着经济社会的发展和人们生活节奏的加快而盛行的新型消费形式，冷冻面食是经过原料处理、调理加工、冻结与包装、储藏而成的食品。在国家“十四五”规划和产业结构调整的大方针下，冷冻面食产品的市场前景良好。冷冻面食很容易出现淀粉老化和蛋白质变性，解冻后容易发生萎缩开裂、表面发干、粗糙、失重等现象。带馅的速冻食品如饺子、春卷、烧卖、汤圆等表皮易出现裂纹或表皮脱落等现象。在食用品质上，易出现表皮脆化、失去弹性、内部组织结构变差、质地变粗、硬化掉渣、失去原有的蓬松感、风味减退等缺陷。此外，在加工时，在面粉中添加些面粉改良剂、选用快速冻结等手段可以保持产品的品质，而且应及时加工，及时包装、冻藏，在冻藏过程中尽可能使其处于−18℃以下的恒定温度，避免温度、湿度的波动。

（二）畜、禽肉类加工产品的特点

1. 冷鲜分割包装生鲜肉及其特点

冷鲜肉(冷却肉)是指畜禽屠宰后经冷却排酸、剔骨、切片或绞碎、分割包装的肉，并在分割加工、流通和销售过程中始终保持0～4℃范围内(图1-2)。冷鲜肉具有表面形成皮膜、呈酸性、质地柔软有弹性、口感好、滋味鲜美等特性，由于始终处于低温控制下，大多数微生物的生长繁殖被抑制，肉毒梭菌和金黄色葡萄球菌等病原菌分泌毒素的速度大大降低。

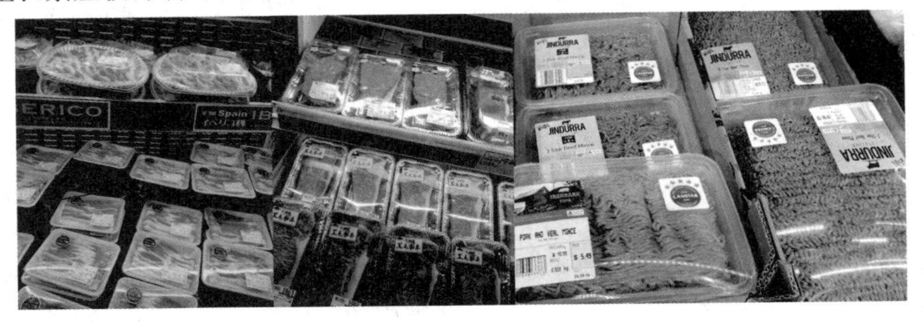

图1-2　冷鲜猪肉和冷鲜牛肉及市售冷鲜肉馅

2. 冷冻分割肉的特点

冷冻分割肉是指畜禽屠宰后经冷却排酸、剔骨、切块、真空包装、冻结(−21℃以下)、冻藏的肉品。在很低的冷藏温度下,肉中酶和微生物的活动停止。在冻结过程中,肉的组织结构和胶体性质发生一些变化,并且这些变化受冻结速度和后期储藏时间的影响。肉的组织结构的变化主要包括肉中形成的冰结晶的机械破坏,主要受冻结温度与速度影响。冻结速度快(快速冷冻)时所形成的冰晶数量多、粒径小且均匀,对肉的机械损伤少;如果冻结温度高、冻结速度慢(慢速冷冻),冰晶体粒径大、数量少且不均匀,对肉的机械损伤较大,解冻时的汁液流失就多。因此,在生产实践中尽量采取快速冷冻手段,将肉中温度快速下降,特别是肉中温度在−5~−1℃的通过时间在30min以内时,称为快速冷冻,冻结肉品质好,汁液流失少。肉在冻结冷藏过程中水分蒸发,会出现干缩、肉逐渐变暗、脂肪氧化变黄现象。

3. 冷链熟肉制品的特点

将原料肉进行腌制、切块、配料、蒸煮、烘烤、烟熏、包装等过程加工而成的肉制品,以冷藏或冷冻等形式储藏、销售、消费的产品称为冷链熟肉制品。冷链熟肉制品的蒸煮一般采用100℃以下的温度进行杀菌(低温杀菌),因此产品必须在冷链条件下储藏和运输。如果加工环节、储藏或运输不当,影响产品保质期,则易出现食品安全问题。

【案例1-1】　锡林郭勒大庄园肉业有限公司的草原生态羊深加工产品之路

锡林郭勒大庄园肉业有限公司成立于2014年,在锡林浩特市郊外总投资20亿元的中国牛羊肉产业示范园项目,引进德国、韩国屠宰、分割生产线,全过程采用世界顶级加工生产工艺,经64道工序和18道关键点管控,执行着比肩欧盟标准的安全监管措施,打造锡林郭勒牛羊肉高端品牌。该企业不断追求高品质、高附加值的精深加工发展,目前,二期工程中央厨房厂房建设完毕开始启用,每天要进行8 000只左右生态羊的屠宰、排酸、分割、深加工,产品种类达到上千种,并销往全国各地,从而将锡林郭勒羊肉深加工产品带向全国,提高牧民的收入。

锡林郭勒大庄园肉业有限公司充分发挥锡林郭勒天然草场资源和高品质畜产品优势,发挥龙头企业的示范带动作用,着力推进"中国生态高端畜产业之都"建设,拥有智能化工厂、国际标准化冷链仓储及物流体系、安全追溯体系等先进生产系统,采用国际标准加工工艺,加工全程质量可控,全方位保证肉类安全品质。

资料来源:锡林郭勒大庄园肉业有限公司官网,https://www.11467.com/qiye/41052063.htm,有改动

(三)乳制品加工产品的特点

1. 巴氏牛奶的特点

巴氏牛奶是指以鲜奶为原料,采用巴氏杀菌法加工而成的纯鲜牛奶,其特点是采用72~85℃的低温杀菌,在杀灭牛奶中有害菌群的同时完好地保存了牛奶营养物质和纯正

口感。巴氏鲜奶具有营养价值高、新鲜、味美、安全等特点。巴氏鲜牛奶产品不添加任何添加剂，需要2～6℃冷藏，保质期短，只有5～7d。为了保证质量，巴氏奶的生产、储藏、配送、销售、消费全程需要冷链运行。

2. 酸奶的特点

酸奶是以生牛(羊)乳或乳粉为原料，经杀菌、接种嗜热链球菌和保加利亚乳杆菌(德氏乳杆菌保加利亚亚种)发酵制成的产品。发酵乳是指以生牛(羊)乳或乳粉为原料，经杀菌、发酵后制成的pH值降低的产品。酸奶中有活性的乳酸菌的生长对乳中的乳糖、蛋白质、脂肪进行分解产生低级代谢产物，因此酸奶的营养价值高，组织细腻稠滑、口感酸甜，具有促消化、改善肠道菌群平衡、防便秘、降低乳糖不耐症、防癌抗癌、提高免疫力、美容等功能。酸奶需要2～6℃冷藏，保质期一般只有14～21d。为了保证质量和乳酸菌的活力，酸奶的生产、储藏、配送、销售、消费全程需要冷藏链运行(图1-3)。

图1-3 市售酸牛奶和奶酪

3. 奶酪的特点

奶酪是指在凝乳酶或凝乳剂的作用下，使乳、脱脂乳、部分脱脂乳、稀奶油、乳清稀奶油、酪乳中一种或几种原料的蛋白质凝固或部分凝固，排出凝块中的部分乳清而得到的新鲜或发酵的乳制品。根据奶酪中水分含量可分为软质奶酪、半硬质奶酪、硬质奶酪或特硬质奶酪。奶酪是乳制品中的“精华”，含有丰富的蛋白质、钙、脂肪、磷和维生素等营养成分，是纯天然食品。食用奶酪能增进体内钙吸收、人体抵抗疾病的能力，促进肠道蠕动，预防心血管疾病，保护牙齿，保护视力以及滋润肌肤。奶酪的加工过程必须采用低温长时间巴氏杀菌(65℃、30min)，有利于酪蛋白的凝固和最大限度地保留乳中酶及活性物质的特性。因此，从奶酪的原料奶选择、加工、发酵、储藏、运输、销售、消费全程需要冷藏链运行，这样才能保证奶酪质量品质、口感、保质期。

冷冻饮品是以饮用水、乳品、甜味料、果品、豆品、食用油脂等为主要原料，添加适量的香料、着色剂、稳定剂、乳化剂等，经配料、灭菌、凝冻、包装等工序而制成的产品，我国将冷冻饮品分为冰淇淋、雪泥、雪糕、冰棍、甜味冰、食用冰以及其他冷冻饮品。随着人们生活水平的不断提高，冷饮食品不仅在夏季为人们所饮用，而且已发展为一年四季人们经常饮用的食品。特别在夏天，由于天气酷热，人体出汗较多，容易导致精神不振、食欲减退。若食用一些清凉滑爽、生津止渴的冷饮食品，对人体消除疲劳是非常有益的。

（四）水产冷冻食品的特点

水产食品中的脂肪多为不饱和脂肪酸，营养价值很高，但是极易氧化，氧化后会有哈喇味。水产食品的氧化反应会引起食品变质，其中色素氧化会使食品失去原来的颜色，芳香物质氧化会使食品失去香味，维生素等营养物质氧化会使食品失去营养价值。水产品的冷藏（冻）加工是水产品冷链物流中的关键环节，直接影响水产食品的质量。

（五）快餐食材的特点

快餐引入中国之后，发展非常迅速，市场前景广阔。快餐食材质量是快餐品质的关键，不管是西餐食材还是中餐食材，必须按各种食材的保鲜要求，进行控温储藏、控温运送、及时配送、保证质量，并做好食材来源详细信息记录，如农药检测结果、供货商流通证明、产地等，实现可追溯。

【案例 1-2】 食品质量与冷链物流一体化

伊藤食品（北京）有限公司（以下简称“伊藤”）是 2002 年由日本伊藤火腿和中国食品企业合资新办的肉食品深加工企业，其产品定位在高档，主要有火腿、通脊肉、培根、香肠等，均需要冷藏保存及运输。伊藤火腿比市场中普通火腿价格高出许多，但是其口感非常好，靠的是从生产到运输的各环境严格要求。

北京松冷冷链物流有限公司（以下简称“松冷”）与伊藤的合作始于 2007 年，当时正是伊藤业务扩大的时候，伊藤在西安、济南等地均增加了新的客户。由于初步合作，客户对伊藤产品的需求量并不大，每次货物量从几十千克到几百千克不等，每周要求发货一两次。这给伊藤的运输带来了难题。这种多次少量的货物配送使用冷藏车存在很大的制约性，昂贵的物流成本自不必说，发货的灵活性也大受限制。但是如果使用普通运输方式，“冷链”一旦断掉，势必会影响其产品的品质，品牌形象一定大打折扣。寻找一种适合少批量多批次的灵活的冷藏运输方式成为伊藤解决瓶颈的首要问题。在这种形势下，伊藤和松冷走到了一起。松冷是我国最早采用蓄冷技术、产品开发生产的专业化冷链物流企业之一，融合了世界先进的蓄冷技术和现代物流技术，运输模式为采用优质冷链物流专用保温箱，配备高效蓄冷剂，通过多式联运的方式实现冷链运输。公司主要经营生物制品、高档食品等高附加值的冷链物流业务，可为国内外高档食品企业、大型生物制品企业等提供冷链货物运输、区域配送服务以及包括保温包装、装卸、配送、蓄冷技术研发、方案制订、温度监测信息咨询、增值服务于一体的全程冷链物流服务。随着伊藤业务的不断扩大，更多优质的冷鲜产品通过优质的冷链物流，快速送到客户手中。伊藤和松冷的合作也变得愈加紧密，出现了一个共赢的局面。食品生产、加工、销售企业和冷链物流企业合作，共同致力于我国冷链产业的健康、持续、快速发展。

资料来源：中国冷链产业经典案例[EB/OL].(2017-02-06)[2020-10-01]https://max.book118.com/html/2017/0206/88710523.shtm,有改动

第三节 新型冷链食品

一、冷冻调理食品

（一）冷冻调理食品的概念

冷冻调理食品(frozen prepared foods)是指以农产品、畜禽、水产品等为主要原料，经前处理及配制加工后，采用速冻工艺，并在冻结状态下（产品中心温度在－18℃以下）储存、运输和销售的包装食品。冷冻调理食品是冷冻食品五大类之一，是继冷冻畜产品、冷冻副产品、冷冻水产品、冷冻果蔬产品之后又一个冷冻食品的主要大类。冷冻调理食品的种类主要有点心类、调理分割肉和肉制品类、调味配菜类等。

（二）冷冻调理食品市场分析

全球经济结构调整为中国企业利用国际创新资源、参与国际兼并重组、扩展国内市场创造了条件；城镇化步伐加快，居民消费结构升级加速，为冷冻调理食品市场发展提供了广阔空间；"两化"融合（信息化与工业化融合）不断深化，新技术不断突破，为中国冷冻调理食品行业发展方式转变提供了有力支撑。

随着竞争日益激烈，冷冻调理食品产业链各阶段的利润空间均在压缩，降价的空间日趋减少。通过对冷冻调理食品行业价格现状的分析，越来越多的企业认识到单靠价格竞争不能建立核心竞争力，不是长远发展的方向，从而努力探索新的发展道路。许多冷冻调理食品企业加大了研发投入，开发新的具有高技术含量的产品，将产品的差异化作为企业发展的长久之计，寻求新的市场需求，建立新的经济增长点（进入相近行业），以实现企业的可持续发展。

国内冷冻调理食品企业为了提高自身实力，更快地拓展国际市场，将通过多种手段加快和国外企业的融合以提高产品质量、竞争力。

由于社会生活节奏加快，备餐时间和用餐时间都在减少，但家庭用餐仍是大多数家庭非常重要和宝贵的团聚方式，它对于家庭成员的幸福感获取、压力释放、感情沟通和生活品质提升都是不可或缺的，因此产生了对食品便利性的强势需求，并逐渐形成消费依赖。冷冻调理食品的出现，可以减少琐碎家务，还能节约时间享用美食。

二、速冻菜肴

在经济快速发展的国家和地区，调理食品和家庭替代餐的主要目标顾客群是不断扩大的白领阶层或者中产阶级，他们的生活节奏较快，又具有一定的消费能力。

中式菜肴配料繁多、工艺复杂，因此上市的速冻菜肴食品不多，深受消费者喜爱的我

国传统口味菜肴速冻调理产品口味较单一，偏向清淡，而具有我国特色的五香、麻辣、怪味等口味很少。目前，中式速冻菜肴产品处于试验、开发阶段，主要有速冻鱼香肉丝、速冻宫保鸡丁、速冻青椒肉丝、速冻咕咾肉、速冻梅菜扣肉、速冻榨菜肉丝等。速冻菜肴包装应注意安全性、实用性、方便性，积极开发小包装、套餐包装、易拉易开包装、自动加热包装、微波包装等。速冻好的产品一般放在－18℃冷库内储藏。试验表明，冷冻干煸四季豆在－18℃下储藏6个月，硫代巴比妥酸值（TBA）变化很小，具有很好的冻藏稳定性。而冷冻调理粉蒸肉、冷冻榨菜肉丝、冷冻青椒肉丝在－18℃下冻藏4个月，虽然有缓慢的脂肪氧化作用，但制品仍然有相当高的感观可接受性。

三、超低温冷鲜水产品

以金枪鱼等为首的海产品需要以超低温来维持其鲜度。在日本除了在渔船上需要以超低温（－70～－50℃）对水产品进行管理外，在陆地上依然需要进行必要的温度管理保证鲜度。随着日本海产品在全球范围内的出口，日本打造了全面、广泛的超低温环球性的冷链运输体系。

四、快餐盒饭

随着产业发展与工业化进程，人们的工作分工更细化及生活节奏更快，白领工作者在自家做饭用餐的传统观念被抛弃，在有限的时间内快速用餐的模式兴起，催生了快餐盒饭新型产业，叫“外食业”，也叫便当业。这种快餐盒饭具有食用方便、快捷、安全、卫生、营养、实惠、可冷食等特点。快餐盒饭的制作工艺比较简单，即将烹调、加工好的各种食品依次分装于饭盒中，其关键是各种食品的合理配合。在加工过程中配备营养师，通过各营养成分的计算与平衡，选择合适的菜肴与主食，采用机械化流水作业完成加工。快餐盒饭的容器形状较多，最常用的是长方形。一般都有隔层，以便在一个盒饭中盛放不同的食物。

快餐盒饭携带方便，可作为工作者、学习者的主食，由专门的食品加工厂加工后作为商品提供给消费者。按其对象的不同可分为职工快餐盒饭、学生快餐盒饭、幼儿快餐盒饭、娱乐快餐盒饭、特殊快餐盒饭等。

（1）职工快餐盒饭。职工快餐盒饭一般是供职工做午餐的，由于食用场所不同，盒饭配制物亦有所不同。例如在食堂里食用时，可以另外配以咖啡、牛奶及蛋汤等。如果有困难的话，可另添小塑料瓶装的饮料。职工快餐盒饭一般按一天所必需的营养素量的1/3配备，但专门供青年与老年人用的盒饭可有所区别。盒饭中有时还配以水果或装入小袋的果酱。

（2）学生快餐盒饭。由于学生（中学、大学生）处于发育期，因此作为午餐的快餐盒饭的营养素量可占一天必需量的1/3以上，对于从事体育运动的学生，快餐盒饭配成可分两次食用。学生快餐盒饭的主食不只有米饭，还有三明治、馒头、饺子、肉馅炸点心、通心粉等。配方举例：酱煮牛肉（撒白芝麻）、甘蓝丝、西红柿片、奶油烧煮蛋、海带、小馒头。每天可以更换菜单组合。

（3）幼儿快餐盒饭。幼儿快餐盒饭主要供幼儿园幼儿食用。幼儿快餐盒饭一般以一天四餐的标准提供，因此每份盒饭的营养素量应为幼儿一天必需量的1/4左右。合理的餐量还可以防止幼儿养成剩饭的坏习惯。此外，幼儿快餐盒饭中，以菜肴为主，并辅以主食，选用易食的形态（如块形小、无刺骨），易散落的食物，以汤的形式供食。配方举例：热狗（夹维也纳香肠与干酪）、甘蓝丝、芹头、果汁牛乳（小瓶）。每天可以更换菜单组合。

（4）娱乐快餐盒饭。娱乐快餐盒饭主要供旅游等用，因此选用比较方便的食用形态，如饭团、紫菜饭团、三明治、热狗等，避免采用易碎、过软烂食物。容器通常都是一次性的，如重量轻的氧化铝涂膜盒、薄塑料盒、木片盒等。有时为了包装美观，还包上花花绿绿的包装纸，甚至盛放在小竹篮中。配方举例：饭团子、小块火腿、蛋卷、花椰菜、酱牛肉块（用铝箔另包）、荷兰芹、水果（如白兰瓜块与香蕉块杂串）、年糕（红豆馅）。

（5）特殊快餐盒饭。最常见的特殊快餐盒饭有宴会盒饭。其容器十分讲究，式样也较多，除了长方形以外，还有方形、圆形、半圆形，乃至葫芦形。还有做成上下两层或上中下加层的，分别盛放不同的食物。食物的品种也比普通快餐盒饭多，常被用于家宴或企业设宴，由专门的工厂加工，可以节约大量的筹备时间。

【本章小结】

冷链食品是指以农畜产品、水产品等为主要原料，经简单加工或低温加工而成，并在消费之前始终保持在冷链状态下储存、运输、销售、配送的包装食品（或农产品），也指易腐食品原料在产地收购、宰杀或捕捞之后，在其生产加工、储藏运输、分销零售直到消费等整个过程中，必须保持在规定的冷链环境中的食品。冷链环境可保障食品的营养品质、质量安全，延长货架期和减少损耗。

冷链食品是以制冷技术为手段、以保鲜品质为目的、以原汁原味为特点的生鲜或熟制的食品，越来越受到人们的关注和青睐。冷链食品所涉及的原料生产、预处理、加工、运输、销售整个过程中严格执行冷链技术，确保易腐食品在加工、储藏、运输和销售过程中的安全与品质。冷链食品的种类很多，从加工的温度分为冷藏食品、冷冻食品、速冻食品；从加工程度分为生鲜农产品和调制加工食品；从社会消费角度分为宅食品、餐饮厨房食品、团膳食品、交通旅游食品等；从产品种类分为米面制品、肉制品、奶制品、水产制品、果蔬制品、冷饮、菜肴、配餐食品等。

冷链食品加工与包装是一项具有高科技含量的低温系统工程，始终遵循“3T”原则，即加工、储藏、流通的时间、温度和耐藏性。冷鲜食品具有新鲜、营养、易腐败等特点。由于冷链食品的加工中主要采用巴氏杀菌方法，产品中仍然存在活的微生物和酶类活性，在储藏、流通中因温度变化会引起品质降低或变质，因此必须低温冷却或冷冻手段加以控制。

【本章习题】

一、名词解释

1. 冷链食品
2. 冷冻调理食品
3. 生鲜农产品

二、思考题

1. 食用菌的营养特点有哪些？
2. 肉的营养和品质特性有哪些？这些特性与冷链有什么样的联系？
3. 简述快餐盒饭、团餐等新型冷链食品业的发展趋势。

【即测即练】

第二章

冷链食品加工与技术原理

【本章学习目标】

1. 了解低温保藏的原理、冷链过程中食品的变化和常用的冷链加工设备；

2. 理解食品冷却和冷冻的过程；掌握食品冷却和冷冻相关参数的计算方法，以及常用冷却冷冻方法。

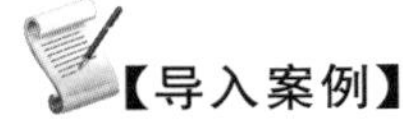

【导入案例】

低温储藏历史悠久

草莓、生蚝、猪肉等易腐食品在室温下的保质期仅为1d左右，夏天采购的鸡蛋在室温下放置10d左右便会出现严重的散黄、空壳等现象，但如果将这些食品置于家用冰箱中进行存放，其新鲜品质可以维持3～20d，甚至更久。人类利用低温条件延长食品存放期的历史可以追溯到公元前5世纪甚至更为久远，《诗经·豳风·七月》中便记载了我国古代人民冬天采冰藏冰的生产活动，“二之日凿冰冲冲，三之日纳于凌阴”，意思是十二月（夏历）凿取冰块，正月将冰块藏入冰窖。近现代以来，得益于制冷技术的长足进步，许多新鲜易腐食品的存放时间都得到了有效的延长，有些食品，如猪肉，甚至可以存放1年以上。2019年以来，生猪供应链出现问题，猪肉价格不断攀升，进而导致相关产业农副产品价格上涨，国家和地方紧急投放库存猪肉平抑物价，效果显著。库存猪肉置于低温冻藏条件下方能进行长期储藏以保障战略需求，低温技术是这一举措得以实施的基本保证。低温为什么能够延长食品的保存期？低温下的食品具有怎样的特征，又会发生怎样的变化？现代工业背景下低温条件又是通过怎样的技术得以实现？这些便是本章主要介绍的问题。

第一节　冷链食品加工原理

低温保存是人类最早使用的储存食品的方法之一。适当的低温环境能够有效降低化学反应和生化反应的发生速率，以及食品的水分活度，甚至改变食品的相态，进而延缓食品变质的进程；但是不适宜的低温环境又会引发食品的不良变化，因此要根据食品的特点和具体的目标需求来制定冷链食品的温度控制策略。商业上的低温存放条件和流通环境并不能完全阻抑食品变质，因此冷链食品也有货架期，温度是预测冷链食品货架期的主要依据。

一、温度与食品变质反应速率的关系

拓展阅读 2-1
温度与食品变质反应速率的关系

在不考虑由于力学原因所导致的机械性破坏的前提下，化学反应、生化反应、微生物的生长繁殖和部分农产品采收后的生理代谢是导致食品变质的几种主要原因，而化学、生物化学、微生物学和植物生理学的研究均表明，温度是上述变化速率函数的首要变量。

二、温度与食品水分活度的关系

水是食品的重要成分之一，也是影响食品稳定性的最重要的因素。水不仅可以参与食品内部的化学反应和生化反应，同时也为反应的发生提供必要的环境，水分在食品中起到扩散剂的作用，使得食品中的各类组分的分子相互接触，反应才能得以发生。水与食品稳定性的关系主要体现为食品的水分活度(Aw)，水分活度越高，则食品的稳定性越差。冷链食品的水分含量和水分活度普遍较高，在不改变食品组分的前提下，降低温度是控制食品水分活度的有效手段。

（一）食品中水分的存在状态

食品中存在许多亲水性的组分，这些组分的亲水基团可不同程度地对水分子产生束缚，从而改变水分子在食品体系中的流动性。按照水分与食品中亲水化学成分的关系，水在食品中的存在状态主要分为结合水和自由水。

拓展阅读 2-2
结合水与自由水

食品中自由水的含量和状态会影响食品的相态和储藏性能，因为自由水中所谓“自由”的含义并非自由流动，而是指能够作为反应物或溶剂自由地参与到化学反应和生化反应中。自由水可以被冻结，也可以被微生物所利用。因此决定食品稳定性的并非食品的水分含量，而是食品中自由水的保有量，这一情况可通过食品的水分活度反映出来。

（二）食品的水分活度

水分活度指溶液中溶剂的逸度(逸度是溶剂从溶液逃脱的趋势)与纯溶剂的逸度之比。由于在低压(如室温)下，这一比值与食品的“相对蒸汽压”(RVP，即食品表面蒸汽压与纯水蒸汽压之比)的差别小于1%，因此在理想溶液和热力学平衡的情况下，食品的水分活度可看作食品的“相对蒸汽压”，它与产品环境的百分平衡相对湿度(ERH)有关，如式(2-1)所示：

$$\mathrm{Aw} \approx \mathrm{RVP} = P/P_0 = \mathrm{ERH}/100 \tag{2-1}$$

式中，Aw 为水分活度；RVP 为相对蒸汽压；P 为食品表面蒸汽压；P_0 为纯水蒸汽压；ERH 为平衡相对湿度。

尽管水分活度并非一个完全可靠的指标，但是它与微生物生长和很多化学反应具有很好的相关性，因此依然是判断食品稳定性的有效参考指标。

（三）水分活度与温度的关系

1. 冰点以上水分活度与温度的关系

由于 Aw 与相对蒸汽压有关，根据克劳修斯-克拉佩龙（Clausius-Clapeyron）方程又可知 RVP 与温度有关，因此 Aw 与温度之间也存在相关性，二者之间的关系式经变形后可以得到 lnAw 与温度关系的直线方程，该方程显示在一定温度范围内 $1/T$ 与 Aw 具有负相关性。由此可知，对绝大多数食品而言，随着温度的降低，Aw 会相应减小。

马铃薯淀粉在不同含水量时的 lnAw-$1/T$ 直线图如图 2-1 所示，通过此图可以看到水分含量影响着 Aw 随温度变化的程度，水分含量越高，温度变化对 Aw 的影响越小。对于高碳水化合物或高蛋白质等富含亲水性组分的食品而言，Aw 的温度系数（温度范围 5～50℃，起始 Aw 为 0.5）一般在（0.003 4～0.02）/℃，即温度变化 1℃，可导致 Aw 变化 0.003 4～0.02。因此，10℃温度变化能导致食品的 Aw 的变化范围大致在 0.03～0.2 之间。

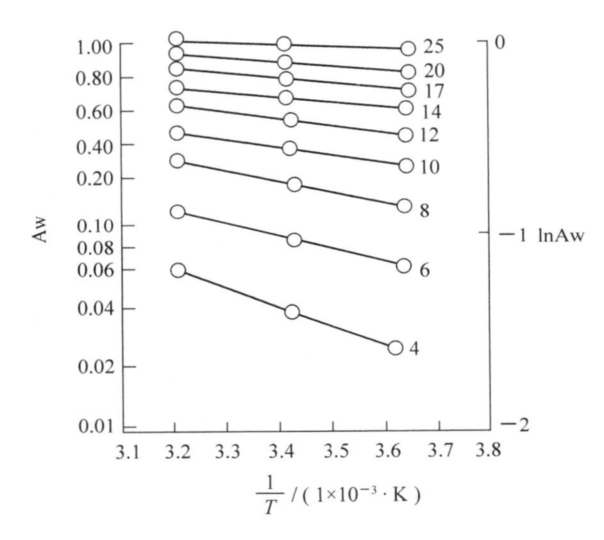

图 2-1 马铃薯淀粉在不同含水量时的 lnAw-$1/T$ 直线图

此外，密封包装食品的稳定性对温度的依赖程度大于未经包装的相同食品。原因如下：当食品和环境的水分交换达到平衡状态后，食品的水分活度和 RVP 可以近似地看作 EHR/100。密封包装内的环境孤立于外界环境，因此包装内的绝对湿度一般处于相对稳定的状态。根据相对湿度的计算公式：相对湿度（%）=（绝对湿度/饱和湿度）×100%，可知在此情况下密封包装内部的湿度由饱和湿度决定，而饱和湿度则受到空气温度的影响，随温度升高而增加，因此包装内的相对湿度、RVP 和食品的 Aw 均会随着温度发生变化。

2. 冰点以下水分活度与温度的关系

在冰点以下时，为了使 RVP 的冰点以上和冰点以下的比较有意义，同时也使 P/P_0 的比较计算有意义，分母项 P_0 是该温度下过冷水的蒸汽压而非相同温度下冰的蒸汽压。

这会使得 lnAw-1/T 图的直线在冰点处出现明显的折断。

温度对冰点以上和冰点以下食品的 Aw 值的影响力不同：当食品温度大于冰点时，Aw 同时受食品组分和温度的影响，且前者是更为主要的因素；食品温度小于冰点时，Aw 与食品的组分无关，仅取决于温度，即冰相存在时 Aw 不受溶质的种类或比例的影响。因此不能根据冰点以上的 Aw 预测受溶质影响的冰点以下发生的过程，也不能根据冰点以下的 Aw 预测冰点以上的 Aw。当温度分别处于冰点以上和冰点以下时，水分活度对食品稳定性的意义也不一样。例如，一个产品在－15℃(Aw＝0.86)时，微生物不能生长而化学反应能缓慢地进行；然而，在 20℃和 Aw＝0.86 时，一些化学反应能快速地进行而一些微生物能以中等速度生长。所谓食品的冰点，实质上是指食品中水分结冰的温度，冰点以下的水分以结晶状态存在，并不具有溶剂的性质，也无法参与化学反应，因此虽然能够测算水分活度，但实际上不具有自由水的本质特征。

（四）水分活度与食品稳定性

在估计不含冰的产品中微生物生长和非扩散限制的化学反应的速率时，水分活度是非常有效的参考指标，因为这些反应具有较高的活化能，并在低黏度介质中发生，如微生物的生长、脂肪的氧化、非酶褐变、酶催化的反应以及质构口感的变化等。但是由于水分活度是平衡状态下的参数，而食品在冷链过程中往往处于非平衡状态，因此在评估冷链食品加工、储藏和运输过程中的物理变化或化学性质时，水分活度指标便具有很大的局限性，需要提供寻找新的显示食品稳定的指标来评价食品品质的状态。

三、温度与食品的相态

食物在冷链环境下将可能发生相态变化，而相态变化往往关系到食物质量问题、货架期问题和食用安全问题。将食物控制在最佳相态下是保障食品品质的关键因素之一，相态与食品稳定性的关系，特别是玻璃化转变成为冷链食品领域近 10 年来的研究热点，而食品相态的转变则与食品的温度和温度变化速率有着十分密切的联系。

（一）食品的玻璃化转变

玻璃化理论是继水分活度概念之后，又一备受关注的与食品稳定性相关的理论问题。玻璃态最初是高分子物理化学中的概念，用于描述非晶态的高分子化合物的相态转变。非晶态高分子化合物形成的分子是呈非定向排列的无定型状态物质，但其相态也会随着温度的改变而发生改变，随着温度的降低，这类物质会发生如下顺序的相态转变：黏流态—高弹态(又称橡胶态)—玻璃态，三种状态流动性依次降低，黏度依次升高。与晶态化合物相态转变不同的是，非晶态化合物的相态转变不是发生在固定的温度下，而是在一段温度区间内，并且转变时并不伴随相变潜热的释放或吸收。

水在固态时以定向排列的晶体状态存在，冰是水的结晶。但由于许多食品中同时含有多种成分(包括水)，有可能形成更接近非晶态的无定型态物质。在冷链温度下，食品中的水可能是液态、结晶态或者玻璃态；蛋白质、多糖、脂肪等物质在冷链温度下可能是结晶态、液晶态、黏流态、高弹态或玻璃态。

玻璃态是一种近程有序、远程无序的分子分布状态，其分子分布的无序性与液态非常相似，因此，玻璃体也被视为液体或者过冷液体。但从宏观物理性质看，玻璃体与液体相比具有更高的硬度、脆性和黏度，这些性质使玻璃体的物理和化学稳定性均远远高于液体，更加接近固体，但同时玻璃态食品又具有固态食品不具备的优势。

首先，玻璃态食品与固体食品一样具有抵抗自身重力的能力，因而具有更加稳固的形态。其次，玻璃态食品的流动性极低，如果过冷液体达到 10^{14} Pa·s，那么其流动速度仅为 10^{-14} m/s；换言之，一个世纪仅能流动 30μm，这种低速流动阻滞了化学反应和生化反应的发生，抑制了食品存放过程中的微生物的繁殖和各类化学反应。此外，由于玻璃态不属于结晶体，便避免了水分结晶对细胞或组织结构造成的损伤，使得冻藏食品在解冻之后能够恢复到接近于冻结之前的状态。由此可见，玻璃化技术可以显著提高食品的稳定性和储藏效果，如何实现并控制食品的玻璃态转变是食品科学界研究的热点问题之一。

（二）食品的相图

控制食品的玻璃态形成需要明确玻璃态形成的过程和条件，食品的相图能够比较清晰反映上述问题。相图（图 2-2）展示了食品几种相态之间的转化关系以及转化条件，有助于预判食品稳定性、货架期等信息。*ABC* 为某溶液的冻结曲线，*BD* 为溶解度线，*EFS* 为玻璃化转变温度线。在食品降温的过程中，相态的转变过程如下：假设某物质的水溶液从 *A* 点开始冻结，此时发生结晶的是溶液体系中的溶剂，也就是水，在未达到 *B* 点前该体系是冰晶（水的结晶）与剩余溶液的混合体。当降温至 *B* 点时，水的结晶能力达到极限，剩余溶液中的固形物（溶质）开始结晶，形成冰晶、剩余溶液和固形物晶体的混合体系。当温度下降到 *C* 点后，剩余溶液中的固形物的结晶能力也达到了极限，此时能够结晶的水

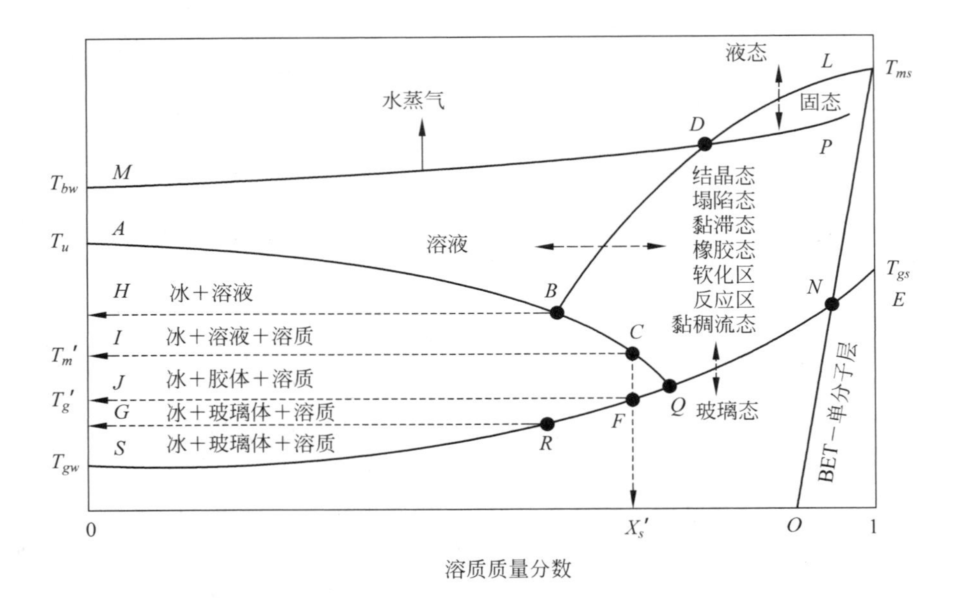

图 2-2　食品相图

和固形物已全部结晶，剩余的是不能结晶的水和固形物形成的混合体系，该体系呈橡胶态。C 点被称为最大冷冻浓缩点，所对应的温度为最大冷冻浓缩温度，在 C 点仍然不能结晶的水被视为不可冻结水，其含量为$(1-X'_s)$，它包括没有结晶的自由水和被固形物所吸附的束缚水。温度从 C 点到 F 点的过程中不会再有新的晶体（不论是水还是溶质）析出，而是随着温度的降低，剩余溶液从橡胶态转变为玻璃态。F 点称为玻璃化转变点，所对应的温度称为玻璃化转变温度。Q 点是冻结曲线与玻璃化转变曲线的交点，对应的温度和浓度分别为 T''_g 和 X''_s（图中未标出）。如果 C 点与 Q 点重合，则最大冷冻浓缩温度 T'_m 与玻璃化转变温度 T'_g 相同。

通过水溶液相图，对已知组分适当配比的模拟食品材料进行研究，还可得到关于蔗糖、果糖、麦芽糖、淀粉、明胶等多种单一物质或者一定比例的混合物的水溶液相图。由于实际食品组分和结构的复杂性，食品的相图绘制比较困难，研究者们报道的各种食品的玻璃化转变温度、最大冷冻浓缩温度等数据也有较大的差异。目前冷冻干燥草莓、冷冻甘蓝、红枣、苹果、金枪鱼肉和猕猴桃的相图绘制已经完成。图 2-3 为金枪鱼冻结温度与玻璃化转变温度相图。

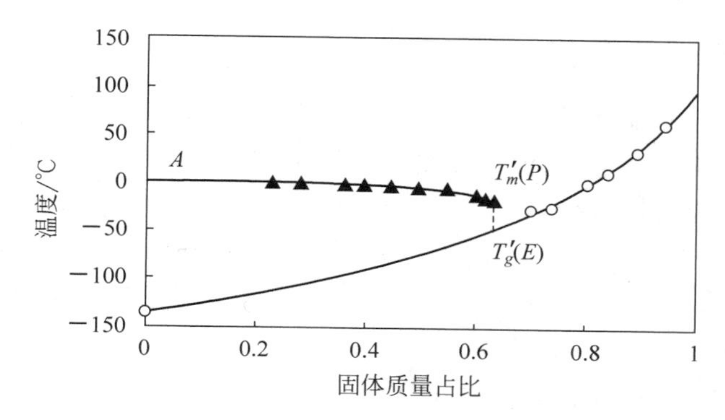

图 2-3　金枪鱼冻结温度与玻璃化转变温度相图

（三）影响玻璃化转变的因素

包括水和含水溶液在内的大部分凝聚态物质都具有从液体过冷到玻璃态的可能性，但必须具备两个条件：温度足够低，小于玻璃态转变温度 T_g；降温速度足够快，即体系降温到玻璃化转变温度 T_g 以下的时间足够短，使溶剂和溶质来不及结晶成核或晶体没有时间生长。

即便对于同一种物质，玻璃化转变温度（T_g）也有可能不同，影响 T_g 的因素主要有食品的水分含量、冷却速度和食品组分。

1. 水分含量

物质的分子量越小，玻璃化转变温度越低。由于水几乎是食品体系中分子量最小的组分，因此食品体系中水分含量越高，玻璃化转变温度越低。食品中水分含量每增加 1%，玻璃化转变温度便会降低 5～10℃；并且自由水更容易形成结晶，因此自由水含量高的食品要形成并且维持玻璃态需要足够低的存放温度。

2. 冷却速度

冷却速度越快，玻璃化转变温度越高；反之则越低。但由于实际操作中食品的体积、导热系数等问题，降温速度往往无法保证形成理想的玻璃化状态，因此冻藏状态下的食品往往是结晶和玻璃化共存的状态。

3. 食品组分

当分子量大于 3 000 时，物质的玻璃化转变温度与分子量无关，因此大多数蛋白质、多糖等物质(分子量均大于 3 000)具有非常接近的玻璃化转变曲线。但当物质的分子量小于 3 000 时，玻璃化转变温度会随着分子量的增加而升高。总而言之，食品的玻璃化转变温度会随着食品中非水组分含量的增加而升高。

(四) 玻璃化转变温度与食品稳定性

食品在玻璃态时的稳定性很高，也就是说，当食品的温度小于玻璃化转变温度时，食品体系具有最好的稳定性，因此食品的稳定性可采用($T-T_g$)值表示，差值越大，稳定性越小，这也是对食品进行冷链加工和储运的理论依据。

四、食品在冷链中的变化

低温条件会降低食品变质的速率，但并不意味着在低温条件下食品变质不会发生，缓慢的变质现象是冷链食品加工、流通和储藏过程中需要注意的问题。食品在常温下发生的变化在低温下均有可能发生，如水分蒸发、果蔬的成熟衰老、脂肪的氧化酸败和微生物的繁殖，但低温条件会延缓这些变化发生的进程。与此同时，低温条件也有可能使某些变质现象加剧，如冷藏条件下的淀粉老化；甚至引发一些常温条件不会出现的变质现象，如果蔬的冷害和肉类的冷冻烧伤。因此，了解食品在冷链条件下可能发生的变化并加以有效的控制是保证冷链食品品质的重要环节。

拓展阅读 2-3
食品在冷藏和冻藏过程中的变化

依据产品是否冻结，冷链食品可分为冷藏食品和冷冻食品两大类，这两类冷链食品的相态有着本质的差别，加工、运输和保藏的条件也不尽相同，因此冷链条件下变质的发生方式和具体表现也具有各自的特点，表现出了较大的差异。

第二节 冷链加工技术

一、制冷技术

制冷指制备并维持低温环境的操作。低温条件可以利用自然界存在的天然冷源获得，也可以利用制冷技术制备获得，前者称为天然制冷，后者称为人工制冷。人工制冷是指借助专用设备或装置通过消耗外界能量将热量从低温实体转移到高温实体的技术。由于天然状态下热量是从高温实体流向低温实体的，因此逆过程必须通过消耗一定的能量来实现，该能量可以是任何一种形式，目前较多采用的是机械能和电能。实现制冷目的的人工装置或设备称为制冷系统或制冷机，现代制冷机通常依靠一些流动的工作介质（简称工质）的内部循环达到能量转换和热量传递的目的，这种工作介质称为制冷剂。

根据制冷温度的不同，制冷技术大致可以分为三类：制冷温度高于120K（－153℃以上）的普通制冷、制冷温度介于120K和20K之间的深度制冷和制冷温度低于20K的低温（超低温）制冷。食品的玻璃化转变温度一般不低于－60℃（213K），因此食品冷链工程的温度要求属于普通制冷。

评价制冷系统性能最重要的参数是制冷量和制冷系数。制冷量也称制冷能力，用来描述制冷系统产生的冷效应，“指一定的操作条件下单位时间内制冷剂从被冷冻物体吸取的热量，缩写为Q，单位为W，常用形式是kW”。国外常用冷冻吨（简称冷吨，refrigerationton，R. T.）来表示制冷能力，1冷吨等于1吨0℃的水24h内变为0℃的冰所消耗的能量。因为采用不同的制冷剂和在不同的制冷条件下所消耗的能量不同，所以冷吨不是一个固定的数值。在美国1Q＝3.52kW，在日本1Q＝3.86kW。制冷系数，用ε来表示，指制冷循环中的制冷量Q与该循环所消耗功率P的比值，是评价制冷机循环性能优劣的一项重要技术经济指标。从制冷系数的定义中可以看出，该参数只与高温热源和低温热源的温差有关，随温差减小而提高，与工质的性质无关。

（一）人工制冷的方法

目前广泛使用的人工制冷方法主要有相变制冷、热电制冷、气体膨胀制冷和涡流管制冷。本节主要介绍应用最广泛的相变制冷。

物质在相变过程中会吸收或放出热量，这种热量称为相变潜热。物质的熔解（融化）、汽化和升华都必须吸收足够的相变潜热才能完成，相变制冷就是利用该原理，通过制冷剂相变带走热量来达到制冷目的的。

1. 蒸汽压缩式制冷

蒸汽压缩式制冷系统在普通制冷中应用最为普遍，属于液体汽化相变制冷，以消耗一定的电能或机械能为代价实现热量由低温物体向高温物体的转移。

蒸汽压缩式制冷系统以蒸发器、压缩机、冷凝器、膨胀阀为主要构件，由制冷剂流通管路部件连接为一个封闭的整体。其工作过程为：低温低压的制冷剂液体流过蒸发器，吸收被冷却物体的热量后汽化成为低温低压的制冷剂蒸汽，然后被吸入压缩机转换为高温高压的制冷剂蒸汽，蒸汽进入冷凝器将热量释放给冷却介质（通常为水或空气），遂被冷却为常温高压的制冷剂液体，冷剂液体再进入膨胀阀降压为低温低压的制冷剂液体（90％液体，10％气体），之后又进入蒸发器吸收被冷却物体的热量实现制冷，如此循环往复（图2-4）。

蒸汽压缩式制冷具有制冷系数大、单位制冷量大、传热系数大、设备尺寸小的优点，是目前家用冰箱最主流的制冷系统。该制冷系统采用单级压缩时蒸发温度为－30～－20℃，最低可以达到－40℃左右，如需要制取更低的温度（如－80℃）则需采用双级或复叠式蒸汽压缩机来完成。

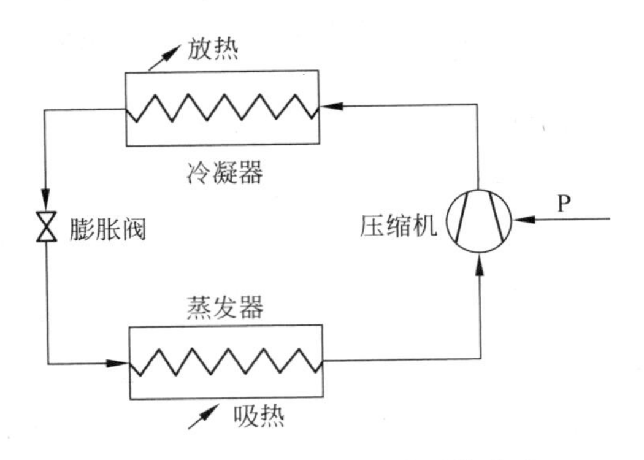

图 2-4 蒸汽压缩式制冷系统流程

2. 吸收式制冷

吸收式制冷系统是普通制冷中又一应用较为广泛的制冷系统，也是利用制冷剂液体在低温下吸热汽化潜热来实现制冷的，其与蒸汽压缩式制冷最主要的差别是消耗热能而非机械能，因此设备构造上与蒸汽压缩式制冷系统的最大不同在于使用了一个吸收器和一个发生器组成的吸收循环代替了蒸汽压缩系统的压缩机，其工作过程如图 2-5 所示。冷凝器、膨胀阀和蒸发器部分与蒸汽压缩式相同，不同之处在于吸收热量后的低温低压制冷剂蒸汽进入吸收器与吸收剂混合形成制冷剂的吸收剂溶液，该溶液再由泵输送至发生器，在发生器内通过吸收外界热量将制冷剂从制冷剂的吸收剂溶液中分离出来以气体的形式进入冷凝器。该系统一般采用沸点相差较大的制冷剂和吸收剂构成工质对，目前冰箱和冷库使用较多的主要是“氨-水”工质对。

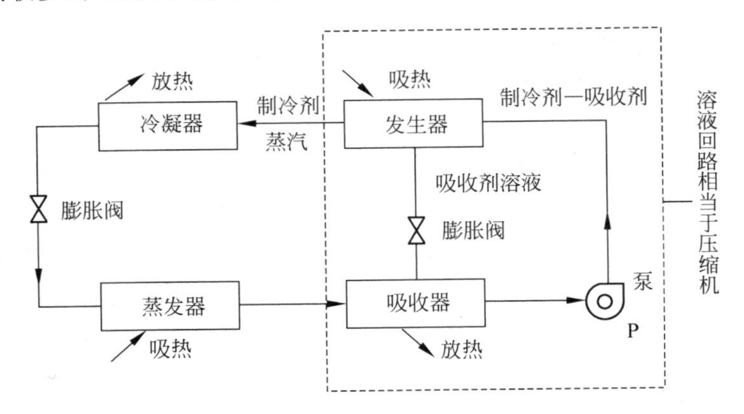

图 2-5 吸收式制冷的工作过程

吸收式制冷系统具有广泛利用能源、热补偿低、结构简单、运转平稳和震动噪声小等优点。常用热力系数 ζ（吸收式制冷机所获得的冷量 Q_0 与消耗的热量 Q_g 之比）作为其经济性评价指标。

3. 液化气体制冷

液化气体制冷本质上属于蒸发相变制冷，将低温低沸点的液化气体与食品直接接触，液化气体吸取食品中的热量汽化，同时食品完成降温。该方法设备简单，动力消耗少，降温速率非常快，可满足高端食品的单体速冻要求。但由于液化气体是一次性利用，可用于食品的液化气体相变潜热小，消耗大，因此总体成本较高，较少在大规模生产中使用。制冷食品的液化气体必须无毒并不与食品成分发生反应，常用液氮、液态 CO_2、液态 N_2O 等。

4. 融解和溶解制冷

固体吸热后变为液体称为融化，固体溶于溶剂称为溶解。这两种物理状态变化都可以被用来制造冷量。水与食盐或其他无机盐类混合时，冰的熔点将随盐量增加而降低，进而形成了 0℃以下的低温，可用于食品冻结。冷冻机发明以前，人们早就利用这种方法来完成如冰淇淋和鱼类的冻结作业。冰盐混合物所得到的最终低温因盐与水的比例不同而异，冰与食盐的比例达到最高的 3∶1 时，温度可降到－21℃左右。如果需要更低温度，可使用其他盐类，如氯化钙、氯化铵、硝酸钠等与食盐混合成复式混合物，如采用 $CaCl_2$ 最低可达到－54℃。

利用相变制冷原理的制冷系统还有蒸汽喷射式制冷和吸附式制冷，还可以利用固体升华制冷，如干冰，但由于这些制冷方式或对工作蒸汽的要求较高，效率比较低；或系统循环周期太长，制冷量相对较小；或制冷剂的相变潜热较小；目前还未被广泛应用于冷链食品的生产。

（二）直接式制冷和间接式制冷

按照蒸发器是否与被制冷对象（被冷却物质或环境）直接接触，制冷循环系统分为直接制冷和间接制冷。

1. 直接式制冷

蒸发器直接与被制冷对象接触吸收热量称为直接式制冷。直接式制冷系统的优点是冷却迅速，降温较低。但食品工业中，需要进行冷冻加工的场所往往较大或进行冷冻作业的机器台数较多，将制冷剂直接送往各作业场地成本较高。此外，直接式制冷系统的蒸发器往往结霜严重，制冷环境时效果不均匀，制冷剂泄漏会直接影响食品性质。

2. 间接式制冷

蒸发器不直接与被制冷对象接触，而是先制冷某种媒介，再以该介质与被制冷对象接触吸收热量称为间接式制冷。这种媒介载体称载冷剂，也称冷媒。它将从被冷却物体吸取的热量送到制冷装置后再传递给制冷剂，自身降温后循环使用。间接式制冷可避免制冷剂泄漏造成的不良影响，并缓解蒸发器结霜、制冷不均匀等问题，但冷量损耗较大，压缩机负荷重，此外不同的制冷媒介也有各自的局限性。

（三）制冷剂和载冷剂

1. 制冷剂

制冷剂又称制冷工质，指在制冷系统中循环并通过其自身的相变实现制冷的工作物质。制冷剂必须同时满足沸点低、临界温度高、凝固温度低、蒸发压力接近或略高于大气压力、冷凝压力和蒸发压力比值小、相变潜热大、绝热指数低等特点；同时臭氧衰减指数(ODP)和全球变暖指数(GWP)必须符合相关的国际标准(《蒙特利尔议定书》和《京都议定书》)。目前常用的有 NH_3(R717)、CO_2(R744)、氟利昂 22(R22)、氟利昂 134a(134a)、氟利昂 152a(152a)、氟利昂 407C(407C)、氟利昂 502(R502)、氟利昂 290(R290)、氟利昂 600a(R600a)等。

其中 NH_3(R717)是较为理想的制冷剂,且价格低廉,在大型制冷系统中使用较多,但毒性大、可燃爆,因此对设备制造与安装水平、操作人员业务水平、企业管理水平等要求比较高。CO_2(R744)的各方面性能也能很好地满足制冷剂的要求,但对设备的机械强度有一定要求。氟利昂 22(R22)各方面性质与 NH3 十分相似,且不燃爆,但有毒,同时不符合 ODP 指数要求,正在逐渐被新型的制冷剂替换。

2. 载冷剂

载冷剂又称冷媒,它是将制冷系统产生的冷量传递给被冷却物体的中间介质。载冷剂在蒸发器中被制冷剂冷却后,送到被冷却物体或冷却设备中,吸收被冷却物体的热量,再返回蒸发器将吸收的热量传递给制冷剂,载冷剂重新被冷却,如此不断循环达到制冷的目的。

在系统中采用载冷剂的优点在于:便于运行管理;便于对冷量进行分配和控制;减少制冷系统中制冷剂的充注量和运行中的泄漏量;被冷对象的温度易于保持稳定。其缺点是:整个系统比较复杂;增加了冷量损失。一般在大型集中式空调制冷系统,以及制冷工程中的盐水制冰系统和冰蓄冷系统中均采用载冷剂。

载冷剂应根据制冷装置的用途、容量、工作温度等来选择。选择载冷剂时,应考虑热容量大、工作温度下不易相变、密度小、黏度小、化学性能要求稳定、价格低廉、便于获得等因素。常用的载冷剂有水、盐水、有机溶液(如乙二醇、丙二醇)等,其中水主要用作制取 0℃以上冷量的载冷剂,当需求温度低于 0℃时则可采用盐水或有机溶液作为载冷剂。

二、食品的冷却与冷藏技术

冷却指使热物体的温度降低而不发生相变化的过程。冷链食品加工的冷却环节通常是将食品的温度逐步降低到略高于冰点的温度,食品中的水分尚不发生冻结。畜禽屠宰之后、果蔬采摘之后、食品热加工之后都需要快速冷却,通过这一食品的品温降低过程,化学反应速率、酶活性和生理代谢水平下降,微生物生长繁殖受到抑制,食品变质速度得以延缓,同时冷却还是冷冻、冷藏等后续工艺或处理的准备工作。因此冷却是所有冷链食品加工过程中都必须经历的环节。在实际加工过程中,冷却的终点温度不能低于食品的冰点温度,对于果蔬等可能发生冷害的食品,冷却温度不能低于冷害临界温度。冷却的速度应在食品能承受和生产工艺能达到的前提下尽可能快。将食品冷却到冰点以上的低温并继续保存称为冷藏。

(一)食品冷却的传热原理

冷却是一个热交换过程,其本质是热量从食品转移到冷却介质中,根据热力学第二定律,只要温差存在,热量就会从高温物体向低温物体转移,这一现象称为传热。传热有三种方式:对流、传导和辐射。对流是流体各部分之间发生相对位移,依靠冷热流体互相掺混和移动所引起的传热，主要发生在以气体或液体作为冷却介质的冷加工中。传导是热从物体温度较高的部分沿着物体传到温度较低的部分，是固体中热传递的主要方式，主要发生在食品的内部、包装材料以及用固体材料作为冷却介质的冷加工中。辐射是物体以电磁辐射的形式把热能向外散发的热传方式，不依赖任何外界条件而进行，主要发生在冷管与食品表面存在较大温差的冷藏中。食品冷却过程中采用的传热方式与食品种类、形状和所用冷却介质等有关，在实际生产中，往往以对流换热为主、其他为辅的传热方式。

食品的冷却过程如下：热量从食品表面传递给环境，从而在食品表面和内部形成温差，然后再由温差推动热量从食品内部向表面转移，如此循环往复直到食品内部、食品表面和环境三者温度相等。因此食品冷却降温的过程可以分解为下述两个步骤。

1. 食品表面的传量散失

(1) 对流。实际生产中的食品冷却通常采用气体或液体作为冷却介质，因此食品表面的热量通常是以对流的方式被带走的。单位时间内从食品表面传递给冷却介质的热流量可用式(2-2)计算得到：

$$\Phi = ka(\theta_1 - \theta_2) \tag{2-2}$$

式中：k 为冷却介质传热系数，W/(m^2 · K)或 W/(m^2 · ℃)；a 为食品的换热面积，m^2；θ_1 为食品表面的温度，K 或℃；θ_2 为冷却介质的温度，K 或℃。

对流换热系数与冷却介质种类、流动状态、食品表面状况等许多因素有关，表 2-1 为常见几种冷却方式下的对流换热系数。

表 2-1　常见几种冷却方式下的对流换热系数

冷却方式	α / [W/(m^2 · K)]
空气自然对流或微弱通风的库房	3～10
空气流速小于 1.0 m/s	17～23
空气流速大于 1.0 m/s	29～34
水自然对流	200～1 000
液氮喷淋	1 000～2 000
液氮浸渍	5 000

(2) 辐射。在空气自然对流环境下，用冷却排管冷却食品时，除对流所带走的热量之外，冷却排管与食品表面间的辐射换热必须予以考虑。在热平衡条件下，辐射换热的基本方程为

$$Q_{1-2} = \varepsilon_s A_1 F_{1-2} \sigma (T_1^4 - T_2^4) \tag{2-3}$$

式中：Q_{1-2} 为食品与冷却排管或冷却板间的辐射热流量，W；ε_s 为系统黑度，与两个辐射表面黑度及形状因数有关；A_1 为食品表面面积，m^2；F_{1-2} 为食品表面对冷却排管表面的形状因数，与辐射换热物体的形状、尺寸以及食品与冷却排管间的相对位置有关；σ 为黑体辐射常数，取 5.669×10^{-8} W/(m^2 · K^4)；T_1、T_2 分别为食品表面和冷却排管表面温度，K。表 2-2 为部分材料表面的黑度。

表 2-2 部分材料表面的黑度

材料	温度/℃	黑度 ε
冷表面上的霜	—	0.98
肉	—	0.86～0.92
水	32	0.96
玻璃	90	0.94
纸	95	0.92
抛光不锈钢	20	0.24
铝(光亮)	170	0.04
砖	20	0.93
木材	45	0.82～0.93

2. 食品内部的热量传递

绝大多数冷链食品内部热量的传递是以传导方式进行的。如图 2-6 所示，食品内部存在两个不同温度的截面，其温度各自为 θ_1 和 θ_2。假定 $\theta_1>\theta_2$，则热量就从温度为 θ_1 的截面传递到温度为 θ_2 的截面。单位时间内以热传导方式传递的热流量 Φ 可用式(2-4)表示：

$$\Phi=\lambda A(\theta_1-\theta_2)/l \tag{2-4}$$

式中：Φ 为通过截面 A 上的热流量，W；λ 为食品的导热率，W/(m·K)；A 为垂直于导热方向的截面积，m^2；l 为热量传递的垂直距离。因此热传导传递的热流量 Φ 与温度梯度$(\theta_1-\theta_2)/l$ 成正比。

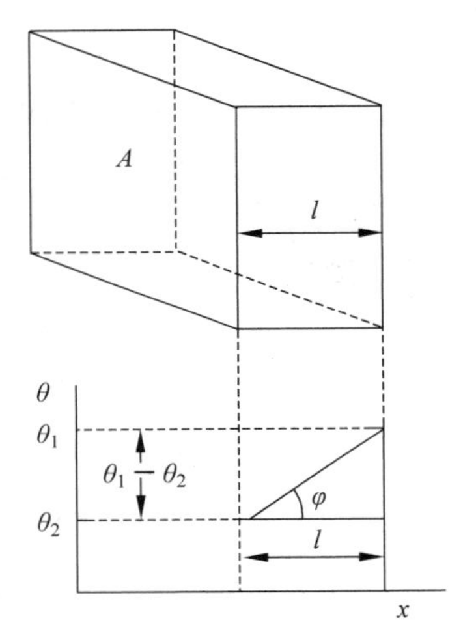

图 2-6 食品内部热量传递

在常见的食品组分中，冰的导热率最高[2.24 W/(m·K)]，水次之[0.6W/(m·K)]，大分子有机化合物的导热率均低于水，与水最接近的是碳水化合物[0.58W/(m·K)]，蛋白质和脂肪的导热率远远小于水[0.2W/(m·K)和 0.18W/(m·K)]。此外空气的导热率远远低于所有的食品组分[0.025W/(m·K)]。因此水分和碳水化合物含量高的食品导热率较高，如新鲜的水果蔬菜，而脂肪和蛋白质含量较高的食品导热率较低，如肉类和各种混合组分的加工食品，并且不同的温度条件下食品导热率也会发生变化，同样水分含量的食品，冰点以上的导热率小于冰点以下。

最后，带有包装的食品在冷却过程中不能忽略包装材料的导热问题，常用的包装材料的导热率由大到小依次是：金属>玻璃>高分子聚合材料(如聚乙烯)。

(二) 冷却速度与时间

食品冷却的速度就是食品温度下降的速度。由于食品的冷却是一个由外而内的过程，在没有到达冷却终点之前，食品各部位的温度和温度下降的速度都是不同的，因此整个食品的冷却速度只能以平均温度的下降来表示：

$$\bar{v}=\frac{\Delta\bar{\theta}}{\Delta t}=\frac{\lambda}{c\rho}\times\frac{\tan\varphi_B-\tan\varphi_A}{x}=\kappa\frac{\tan\varphi_B-\tan\varphi_A}{x} \tag{2-5}$$

式中：x 为食品厚度；$\kappa=\lambda/c\rho$ 为导温系数，m^2/s；$\tan\varphi_A$ 为高温面的温度梯度；$\tan\varphi_B$ 为低温面的温度梯度。

食品冷却到一定温度所需要的时间叫作冷却时间。可根据食品冷却的耗冷量与每 1 小时冷却介质从食品中所吸收的热量来计算，一般可采用以下公式：

$$t_{冷却}=\frac{mc}{Fan}\ln\frac{\theta_{初}-\theta_{介质}}{\theta_{终}-\theta_{介质}} \tag{2-6}$$

式中：F 为食品的表面积，m^2；a 为食品对冷却介质的散热系数；$\theta_{介质}$ 为冷却介质的温度，℃；n 为食品形状、厚薄、导热性能不同的修正系数。

【案例 2-1】有 10 吨橙子，比热容取 3.77kJ/(kg·K)，从 28℃冷却到 4℃，需要使用 2℃的冷却水多少吨？[水的比热为 4.2kJ/(kg·K)]

【案例 2-2】有 10 吨结球生菜，表面积约为 2 100 cm^2/kg，温度为 25℃，比热容为 3.77kJ/(kg·K)，要求冷却到 2℃，冷却室内空气温度为 0℃，散热系数为 11.6W/(m^2·K)，修正系数为 0.9，求冷却时间。

（三）冷却方式

冷链食品加工目前主要采用的冷却方式有空气冷却、水(冰)冷却、真空冷却、热交换冷却、金属表面接触冷却和低温介质接触冷却，这些冷却方式各有优缺点和适用范围，需根据具体情况选择使用一种或多种方式结合完成冷却。

1. 空气冷却

空气冷却是利用低温空气为食品降温的方法。根据冷却时低温空气的获得方式和空气循环方式可分为自然降温冷却、冷库冷却、强制冷风冷却和差压冷却。

(1) 自然降温冷却。自然降温冷却是指将食品或食品原料置于阴凉通风处使其自然降温，这是最简易的冷却方式，基本不用于工业生产，主要在农产品采收中使用，用以及时散去农产品的田间热。特点是简便易行、成本低廉，但冷却时间较长，难以达到要求预冷温度，往往作为其他冷却方式的准备操作。

(2) 冷库冷却。冷库冷却是指将食品或食品原料置于冷库中降温的冷却方式。冷库中有一定速度的空气低速流动以保证冷却效果，相比其他人工预冷方式，冷库冷却效率较低，冷却速度慢，但成本较低，常用于新鲜果蔬的预冷。预冷期间，库内应保证足够的湿度，堆垛和包装之间应留有适当的空气以保证气流通过。常见的果蔬冷库冷却工作条件是：空气流速 1～2m/s；冷却时间一般为 18～24h；相对湿度为 95%；堆码应留有适当的空隙。苹果、梨、柑橘、蒜薹等较常使用。

(3) 强制冷风冷却。强制冷风冷却是将人工制造的冷空气通过送风系统流经食品将热量带走从而达到降温目的的一种冷却方式，适用范围比较广泛。冷风机将被冷却的空气从风道中吹出，在库房中循环，吸收食品的热量。根据冷却对象的特点选择适宜的风速和空气温度以控制冷却速度。强制冷风冷却也是在冷库中实现的，但比一般冷库预冷的速度要快4～10倍。这种方式会导致产品失水速度增加，因此工作时要保持工作间内较高的相对湿度。冷风在堆垛缝隙中的分布状态直接影响预冷效果，冷风分布状态与包装结构有关，Castro等利用64个高分子材料制作的球模拟果蔬材料，对差压预冷箱的开孔率、径孔大小、孔的分布进行试验，通过对每个球的降温速率、风速等参数的分析，得出孔的数量和分布相同的情况下，孔径大，风速大，冷却速率高、冷风分布均匀，包装箱侧面开孔率受限制的情况下，建议在箱体顶部和底部开孔，以获得尽量大的开孔率。强制风冷技术在果蔬保鲜和肉品加工中应用都很普遍。在肉品加工中，猪、牛和羊等动物屠宰后胴体使用强制冷风冷却方式最为普遍。我国较少使用该方法冷却禽类，欧盟国家则使用较多，因为欧盟认为冷风加工的禽肉才是新鲜的禽肉。

(4) 差压冷却。差压冷却是指将差压遇冷装置安装在冷库中，当预冷装置中的鼓风机转动时，冷空气吸入预冷箱内，产生压力差，将产品快速冷却，其冷却速度比强制冷风冷却快。与正压力鼓风冷却方式相比，负压通风可使果蔬缝隙内冷风分布更均匀。

2. 水(冰)冷却

(1) 水冷却。水冷却是将被冷却对象浸没在冷水中，或采用冲、淋等方法使其降温的一种冷却方式。冷却水有低温水(通常为0～3℃)和自来水两种。水冷却降温速度快、成本低、占用空间少、避免干耗，对于某些产品而言成品的质量较好；但要防止冷却水造成的交叉污染，如禽类沙门氏菌、果蔬致病菌孢子等可能随流水传播。水冷却通常用于禽类、水产品、部分速冻食品、罐头和某些果蔬，特别是新鲜度下降较快的水果，但大多数产品不允许用液体冷却，否则产品的外观会受到损害，而且会失去冷却以后的储藏能力。在果蔬的水冷过程中冷却水通常是循环使用的，会导致水中腐败微生物的积累，使产品受到污染，因此生产过程中应在冷却水中加入防腐药剂，以减少病原微生物的交叉感染。

(2) 冰冷却。冰冷却是在装有产品的容器内加入细碎的冰块，通过冰融化吸收热量使产品温度降低。冰冷却操作十分简便，由于冰的相变潜热大，因此冷却能力也比较大，冰融化后变成水有助于避免产品干耗，但存在温度不易控制、冷却不均、占用空间大、初期投资高等限制性因素。该方法主要用于远洋渔业水产品的冷却保鲜和与冰接触后不会受到伤害的果蔬的冷却，如菠菜、花椰菜、抱子甘蓝、萝卜、葱等。如果将产品的温度从35℃降到2℃，所需的加冰量应占产品重量的38%。该方法一般作为其他冷却方式的辅助措施，在产品运输的时候使用较多。

在禽类预冷中，冰水混合预冷、含氯水溶液预冷以及水喷淋预冷都有应用。大量试验表明，含氯水溶液(20～25mg/L)对微生物具有明显的杀死作用(但欧盟国家不允许使用)。冰水冷却速率高，没有质量损失，早期冰水冷却可增重12%～15%，目前，采用逆流冷却方式，在冰含量、冷却时间以及冰水扰动速度等方面有较严格的控制，增重比例在2%～11.7%，取决于预冷时间。所有采用浸没式预冷的国家，对吸水率都有限定，欧盟国家允许吸水量为4.5%。

3. 真空预冷

真空冷却又称减压冷却，原理是利用真空降低水的沸点，促使食品中的水分蒸发吸收相变潜热使食品降温。随着汽化温度的降低，水的汽化潜热会增大，当压力为0.001MPa、温度为6.6491℃时，水的汽化潜热为2484.1kJ/kg，远大于0℃时冰的融化潜热(333.5kJ/kg)和冷空气的显热，因此真空冷却是目前冷却效率最高的一种方法。

【案例2-3】生菜的真空冷却法和冷风冷却法降温曲线对比(图2-7)：采用真空冷却法时纸箱包装的生菜可在30min内从21℃下降到2℃，而采用冷风冷却则需24h以上。

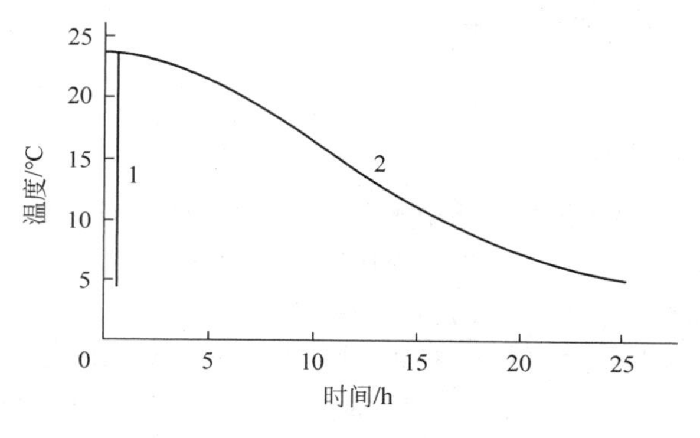

图2-7 生菜冷却曲线

1—真空冷却；2—冷风冷却

真空冷却的产品各部分是等量失水，实际生产中大约温度每降低5.6℃，产品失水量1%，大部分产品冷却到目标温度的失水量均不超过5%，基本不影响食品的饱满度。

真空冷却过程中失去的水分主要位于产品表面，所以冷却速度主要取决于产品的比表面积(表面积/体积)、组织致密程度和真空罐的抽真空速度，比表面积越大，产品组织结构越疏松，冷却速度越快。该方法最适合冷却表面积大、组织结构疏松的食品，如生菜、菠菜、莴苣、花椰菜、甘蓝、芹菜、葱、蘑菇和甜玉米等；比表面积小的产品如水果、根菜类、茄果类则不适宜。近年来真空预冷技术开始在方便食品领域中使用，如米饭、熟肉、汤汁、水产品、焙烤面制品等食品，这些产品烹饪加工后温度非常高，在食品安全和质量控制方面要求做到快速冷却。据报道，真空预冷是目前唯一能够满足欧洲许多国家对蒸煮肉冷却规范的方法。但由于真空冷产生的汽化水分会增加食品的内压，有可能影响食品的组织结构，因此在具体操作的过程中要根据食品的物理特性选择适当的冷却条件。需要注意的是，真空冷却法不能用于冷却低水分食品和液体。

4. 热交换冷却

热交换冷却主要用于冷却散装液体，如牛乳、液体乳制品、冰淇淋混合物、酒类和果汁等。热量通过固体壁从液体食品传递给循环的工质，工质既可以是制冷剂，也可以是载冷剂。液体冷却器主要有多管式、落膜式(或表面式)、套管式等几种形式。

5. 金属表面接触冷却

金属表面接触冷却是将食品置于厚度约1mm的钢制传送带上，对传送带下方进行冷却，食品中的热量通过传送带传递给冷却介质。冷却钢制传送带的介质一般是冷却水或冷盐水。该方法冷却速度高，主要用于半流体和厚度较小的固体。

6. 低温介质接触冷却

低温介质接触冷却是用液态的 CO_2 和 N_2 与被冷却食品直接接触对其进行降温的方

法。该方法速度快、转换时无残留，适用于碎肉加工或散装糕点类食品的冷却。

三、食品的冷冻与解冻技术

冷冻是将食品的温度降到低于冻结点温度的一种处理技术，在生产中冷冻在加工和保藏中都有广泛的应用。冷冻处理后的食品通常也需要在冷冻条件下存放，称为冷冻保藏或冻藏，在此条件下存放的食品称为冷冻食品。冷冻和冻藏处理是食品冷链加工的主要内容之一，需求正在逐年增加。

（一）水的冻结曲线

由于食品的冻结主要指的是食品中水分的冻结，因此认识食品的冻结曲线需从水的冻结曲线开始，纯水冻结曲线如图 2-8 所示。纯水在一个标准大气压下的冰点是 273.12K(0℃)，但在一般情况下，纯水温度第一次降低到 0℃时并不发生冻结，只有被冷却到低于 0℃的某一温度时才开始冻结，该现象称为过冷却。在过程 abc 中，水以释放显热的方式降温，当过冷却到 c 点时，由于冰晶开始形成，释放的相变潜热使样品的温度迅速回升至 0℃，即 cd 过程；此后水在平衡状态下持续析出冰晶，同时释放相变潜热，即 de 段，由于水的冻结过程实质上是水分子的结晶过程，这一阶段的样品体系处于相变平衡状态，即释放的热量完全用于完成水的相变而不改变体系的温度，因此始终保持恒定的平衡冻结温度，即 0℃；当全部水被冻结后，固化的样品以较快的速率降温，即 ef 段，由于冰的比热仅是水的一半，所以 ef 段的斜率远大于 abc 段。

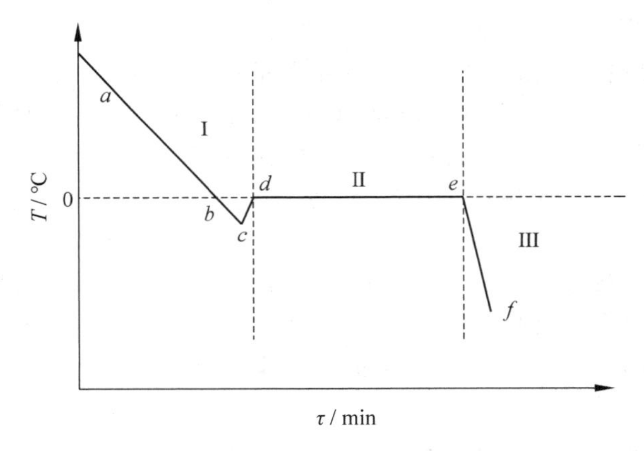

图 2-8　纯水冻结曲线

c—过冷点；d—冻结点

过冷却状态是冻结发生的必要条件，过冷态的水处于亚稳定状态。冻结过程中出现过冷却现象与晶核形成有关，晶核是形成冰的必要条件，其最初形成要求水必须处在低于冻结点的温度。冰晶可能以两种形式形成晶核：均相成核和非均相成核。

均相成核指体系各处成核概率相等，是因受冷体系局部温度过低引起气泡、微粒及容器壁等出现热起伏使原子或分子聚集形成大于临界尺寸的新的集团（又称为新相和胚芽）所致，要求有较大的过冷度。纯度极高的微小水滴过冷点可低于－40℃。非均相成核又称异相成核，是指水在尘埃、容器表面及其他异相表面等处形成晶核，所要求的过冷度比均相成核要小得多。体积较大的水一般均具有异相成核的条件，只要温度略低于 0℃即可。

晶核形成后冰结晶开始生长，冷却的水分子向晶核移动，凝结在晶核或冰结晶的表面，形成固体的冰。在过冷度较小的温度区域，即冻结点与成核点之间，晶核形成数少，但冰晶生长速率快；当过冷度超过成核点，晶核形成的速率急剧增加，但冰晶生长的速度却相对比较缓慢。这一规律是食品冷冻过程中设计较低的冻结温度的理论依据。

（二）食品的冻结曲线

食品冻结时，根据时间的推移表示其温度变化过程的曲线称为食品冻结曲线。新鲜食品冻结曲线如图 2-9 所示。

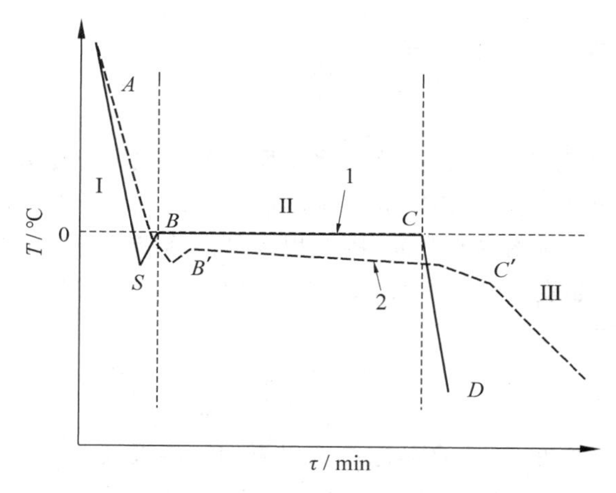

图 2-9 新鲜食品冻结曲线

1—水的冻结曲线；2—食品的冻结曲线

该曲线与水的冻结曲线一样也可分为三个阶段：第一阶段是食品温度从室温降到冰点温度的过程，该过程释放显热，并且同样存在过冷却和达到过冷却及成核条件后，释放相变潜热，从而使体系温度有所回升的现象，但由于食品中存在复杂的组分，可以进行非均相成核，因此过冷点与冻结点温差较小，且冻结点低于纯水的冰点 0℃；第二阶段是食品发生相变的主要阶段，此过程会释放大量的相变潜热，尽管由于溶液浓缩作用和稀溶液依数性定律的影响并不会像纯水那样维持在恒定的相变温度，但下降速度依然十分缓慢；第三阶段发生在食品中超过 80％的水分冻结成冰之后，降温速率显著提升，且由于冰的比热小于同等压力下水的比热，因此降温最为迅速。食品冻结曲线三个阶段的斜率关系为第三阶段＞第一阶段＞第二阶段。不同食品的冻结曲线变化趋势虽然相同，但是冰点、过冷点以及三个阶段曲线的斜率存在差异，影响冻结曲线的因素主要有食品的组分、食品中大分子结构的特点以及温度。

冻结过程中的同一时刻，食品表面温度最低，越接近中心部位，温度越高，并且不同位置温度下降的速度是不同的(图 2-10)。随着温度的持续下降，食品中水分的冻结量逐渐增加,溶液不断浓缩,食品最终进入玻璃化转变,变化过程见本章第一节相应内容。

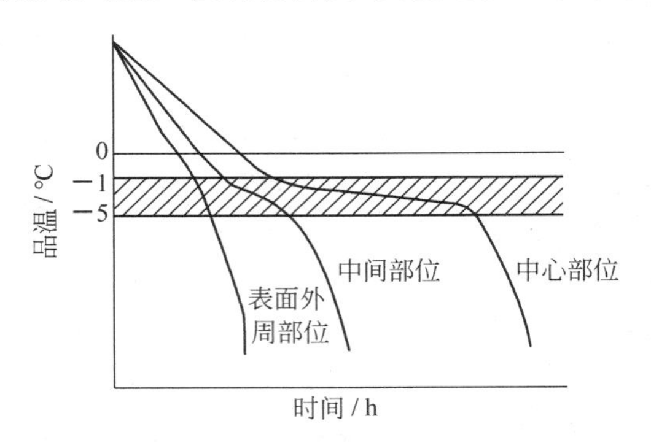

图 2-10 食品不同部位冻结曲线对比

(三) 冻结率和最大冰晶生成带

1. 冻结率

冻结率指食品中水分冻结的百分比。化学反应和生化反应是导致食品保藏过程中发生变质和安全性降低的最主要原因。固态水不能作为溶剂为化学反应和生化反应的发生提供条件,也不能作为反应物参与其间,因此提高食品冻结率可以通过增加食品中固态水的比例,降低水分对食品变质反应的参与程度,从而延缓食品变质。食品的冻结率主要取决于温度,二者关系如下:

$$f_{冻} = \left(1 - \frac{\theta_f}{\theta}\right) \times 100\% \tag{2-7}$$

式中:θ_f 为食品冻结点温度;θ 为食品冻结点以下的实测温度。

可见对于确定组分的食品,冻结终了温度越低,冻结率越高。大部分食品在-18℃左右时冻结率可达到95%,这意味着只有5%的水分能够参与或辅助化学反应和生化反应进行,食品变质的速度大大降低。

2. 最大冰晶生成带

通常把食品冻结点至冻结率80%的温度区间称为最大冰晶生成带,这是食品冻结时生成冰晶最快、最多的温度区间。对于生鲜食品而言,该温度区间通常为-5~-1℃。

【案例 2-4】求冰点为-1℃和-3.5℃的食品的最大冰晶生成带。

(四) 冻结速率

冻结可能造成食品微观结构的重大变化,冰晶数量越少,体积越大,影响越严重。冻结过程中冰晶的数量和体积主要取决于冻结速度。冻结速度越快,冰晶数量越多,体积越小。研究表明，如果食品通过最大冰晶生成带的时间只有数秒，则主要是在细胞内形成无数直径小于5μm（小于植物细胞直径）的细小冰晶，如果该时间超过90min，则形成的冰晶直径有可能突破200μm，且冰晶数量明显下降。因此保证较高的冻结速率是维持冷冻食品品质最重要的环节。

冻结速率可用食品热中心（thermalcenter）降温速率或冰锋前移速率表示。

1. 用食品热中心降温速率表示

食品热中心指降温过程中食品内部温度最高的点。对于成分均匀且几何形状规则的食品，热中心就是其几何中心。用热中心温度从−1℃降至−5℃所用时间长短衡量冻结快慢的方法是简便而经常被采用的冻结速率判定方式，若通过此温度区间的时间少于30min，称为快速冻结；若时间大于30min，称为慢速冻结。但这种方法不适用于那些最大冰晶生成带可延伸至−10～−15℃和形态、几何尺寸、包装情况较为复杂的食品。

2. 以冰锋前移速率表示

用冰锋前移速率表示冻结速率弥补了热中心法的缺陷，这种表示法以−5℃作为结冰锋面（icefront），测量冰峰从食品表面向内部移动的速率。并按此速率高低将冻结分成三类：快速冻结：冰锋移动速率为5～20cm/h；中速冻结：冰锋移动速率为1～5cm/h；慢速冻结：冰锋移动速率小于0.1～1cm/h。

3. 国际制冷协会表示方法

20世纪70年代，国际制冷学会提出食品冻结速率应为

$$v = L/t \tag{2-8}$$

式中，L为食品表面与热中心的最短距离，cm；t为食品表面达0℃至热中心低于初始冻结温度5K或10K所需的时间，h。

4. 影响冻结速率的因素

冻结速率主要受食品自身的组成结构和冻结条件的影响，食品空隙率、含水量、厚度及切片大小、冷冻介质、冻结装置、冻品的初温和终温都与冻结速率有关。总体而言，空隙率大有利于热量传递，冰锋前移速度快，冻结速率高；水的比热和相变潜热均高于脂类，因此在相同的冻结条件下，高水分含量的食品更加难以冻结；冻品厚度影响冻品中心与表面的距离L，厚度越小，冻结速率越高。

不同的冷冻介质所能够提供的冷量和冻结温度不同，冻结速率也不同。目前生产中使用的冻结装置的冻结速率大致为以下几种。慢冻（slow freezing）：在通风房内，对散放大体积材料的冻结，冻结速率为0.2cm/h；快冻或深冻（quick or deep freezing）：在鼓风式或板式冻结装置中冻结零售包装食品，冻结速率为0.5～3cm/h；速冻或单体快速冻结（rapid freezing or individual quick freezing，IQF）：在流化床上对单粒小食品快冻，冻结速率为5～10cm/h；超速冻（ultra rapid freezing）：采用低温液体喷淋或浸没冻结，冻结速率为10～100cm/h。对于畜肉类食品，冻结速率达到2～5cm/h时，可获得较好的效果；对于生禽肉，冻结速率必须大于1cm/h，才能保证有较亮的颜色。较大的冻品初温和终温差值会增加对冷量的需求，加上冻结方式的影响会增加产品干耗，因此冻结加工之前必须经过冷却加工将冻品初温降低到冰点附近以尽量降低冻品初温。

(五)冻结时间和冻结温度

食品冻结过程与食品冷却过程不同。在冻结过程中,食品的物理性质将发生较大的变化,其中比较明显的是比热容和热导率变化,因此,很难用解析式求解。目前,常见的几种求解方法基本是在较大假设条件范围内,经过试验修正后获得。

1. 冻结时间的数值计算

食品冻结的延续时间与很多因素有关,尤其是冷却介质的种类和温度以及食品的形状等。例如重量相同的一种食品,薄片状的冻结时间就比圆筒状或球状的要短。块状食品的冻结时间 Z 可用式(2-9)进行计算:

$$Z=\frac{\varphi f_{冻}\gamma_0\gamma}{3.6\Delta t}\times\frac{\delta}{2}\left(\frac{\delta}{4\lambda}+\frac{1}{\alpha}\right) \tag{2-9}$$

式中:φ 为食品的含水量,%;$f_{冻}$ 为冻结率,%;γ_0 为水的凝固热,335kJ/kg;γ 为食品的密度,kg/m^3;Δt 为食品冰点与冷却介质的温差,℃;δ 为食品的厚度,m;λ 为食品的热传导系数,W/(m·K);α 为食品表面对冷却介质的散热系数,$W/(m^2 \cdot K)$。

在食品性质和冻结条件相同的情况下,当圆柱形、球形食品的直径与片状食品的厚度相同时,片状、圆柱形、球形食品的冻结时间之比大约为1/3∶1/2∶1。

案例2-5解析

【案例2-5】求将一块状肉冻结到−10℃和−20℃的时间,已知肉的密度为940kg/ m^3,厚度为80mm,含水量70%,冰点温度为−1℃,冷却介质温度为−23℃,肉的热传导系数平均为1.4W/(m·K),散热系数为35$W/(m^2 \cdot K)$。

2. 产品冻结结束时的平均温度

大平板状食品、圆柱状食品和球状食品在冻结结束时的平均温度计算公式分别如下。

(1)大平板状食品:

$$\overline{T}=\frac{2Tc+Ts}{3} \tag{2-10}$$

(2)圆柱状食品:

$$\overline{T}=\frac{Tc+Ts}{2} \tag{2-11}$$

(3)球状食品:

$$\overline{T}=\frac{2Tc+3Ts}{5} \tag{2-12}$$

式中:Tc 为中心温度;Ts 为表面温度。

3. 冻结耗冷量估算

(1)从初始温度降至冻结点温度的放热量(显热)q_c:

$$q_c=c_{pw}(T_0-T_f) \tag{2-13}$$

$$c_{pw}=1.47+2.72w \tag{2-14}$$

式中,c_{pw} 为冻结点以上的比热容;T_0 为食品的初始温度;T_f 为食品的冻结点温度;w 为食品中水分的质量分数。

（2）水分冻结时的放热量（潜热）q_f：

$$q_f = wL_f\psi \tag{2-15}$$

式中：w 为食品中水分的质量分数；L_f 为水的结冰潜热；ψ 为冻结率。

（3）冻结点以下至最终平均冻结温度的放热量（显热）q_i：

$$q_i = c_{pi}(T_f - \overline{T}) \tag{2-16}$$

式中：c_{pi} 为冻结点以下的比热容；$\overline{T}$ 为食品最终平均温度；T_f 为食品的冻结点。

（六）食品速冻技术

基于食品冻结过程中所发生的变化，快速冻结能够较好地保持食品的微观结构，因此冷链食品的冻结加工大多要求快速冻结。快速冻结具有如下优点：避免细胞间生成大冰晶，减少细胞内水分外析，使解冻时汁液流失减少，组织细胞内部的浓缩溶质和食品组织、胶体以及各种成分相互接触的时间缩短，浓缩效应危害减轻，提高设备利用率和生产的连续性等。

食品在冻结过程中经由表面释放出来的热量与食品的表面积、食品表面的传热系数、食品表面的温度和工作介质的温度有关，实现快速冻结可以考虑降低冷却介质温度，提高冷却介质与食品初温之间的温差。但对于常规机械制冷方式而言，可降低的温度范围不大，因此一般考虑采用能够使用低温冷却介质的制冷方式，改善换热条件，使放热系数增大。由于表面换热是食品冻结速度的限制性因素，因此可通过加快冷却介质流经食品的相对速度，减小食品的体积来实现，这一方法不仅增加食品的比表面积，强化食品与冷却介质间的换热，还可以缩短食品中心到表面的距离。

目前生产上主要采用的食品冷冻方式有以下几种。

（1）空气冻结法。该技术的原理与强制冷风冷却技术的原理相同，即通过流经食品表面的低温空气带走食品的热量，但用于制冷的空气温度远低于冷却温度，通常在－40～－30℃。其主要的形式有隧道式冻结、螺旋式冻结、流态式冻结和框架式冻结。

（2）间接接触冻结法。将食品放在与食品的一面或两面紧密贴合的金属冷却面之间进行降温，主要形式有平板式冻结、回转式冻结和履带式冻结。

（3）直接接触冻结法。使食品与无毒的制冷工质，直接接触降温，如液氮、液态二氧化碳等，方法有载冷剂浸渍冻结、载冷剂喷淋冻结、制冷剂喷淋冻结、制冷剂蒸发冻结。

（七）辅助冻结技术

在对食品进行制冷的同时采用辅助冻结技术有助于加快冻结速度或缩小冰晶体积。目前研究和逐渐应用较多的辅助冻结技术主要有高压辅助冻结、电磁场辅助冻结、微波（电磁波）辅助冻结、超声波辅助冻结（UAF）和真空冻结。

1. 高压辅助冻结

高压辅助冻结是利用高压条件提高冻结速率、控制冰晶大小，其实施方法比较多，目前尚处于研究阶段，该方法的优点是：冻结速度快，冰晶形状有利于食品保持原有的组织结构。

如图 2-11 所示，首先对容器内的材料进行加压（1～2），当达到预定压力时开始预冷

(2～3)，当达到预定温度时释放压力，预定温度点3必须高于该压力下的初始冻结点。压力突然释放至大气压(3～4)，使容器内的材料处于很大的过冷度状态，水分开始结晶并释放潜热，相变平台处于大气压下的初始冻结点(4～5)，相变结束后达到冻结温度(5～6)。由于整个材料均处于等压状态，各点均有相同的过冷度，因此晶核分布均匀，形成的冰晶呈球形(图2-12)。研究表明，每1K的过冷度可使成核速率提高10倍，所以过冷度越大，形成的冰晶体越小。高压辅助冻结不仅可以降低冰晶体对冻品的机械破坏，还可以降低酶活性，减缓或抑制食品中的生化反应，但会使蛋白质变性，从而导致颜色、持水率、硬度值的变化。

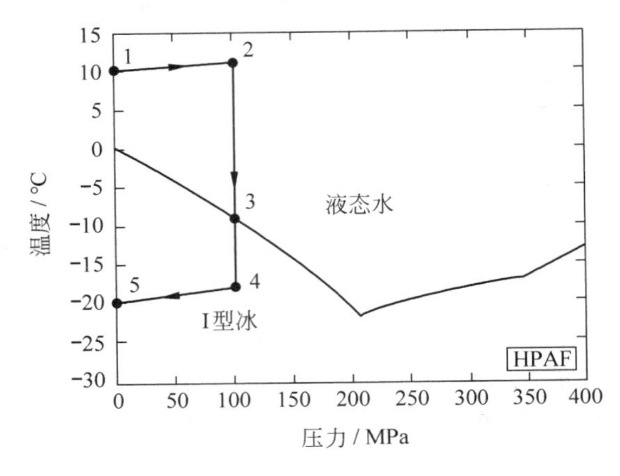

图2-11 高压辅助冻结

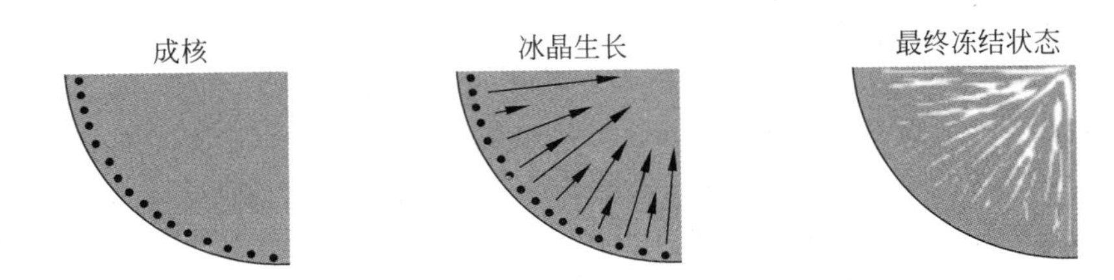

图2-12 高压辅助冻结冰晶形成与分布示意图

2. 电磁场辅助冻结

电磁场辅助冻结作用机理尚处于研究阶段，目前的观点认为在电磁场作用下，相变初始阶段水分子形成大的水分子簇的概率增加，更容易形成冰核，过冷点升高，但在随后液相到固相的变化过程中，电场又会抑制冰晶的生长，因为非电场方向的水分子需克服较大的位能才能进行液-固的转变，在特定温度下电场使溶液形成较多的同质异构体，降低了水分子簇加入晶格的可能性，离子碰撞打乱了水分子形成冰晶的次序，使原本能形成较大的冰晶被分割开来。静电场对晶核形成的影响大于交变电场，而交变电场对冰晶生长的影响又大于静电场。电场辅助冷冻所使用的高压电以及在潮湿环境下实现冷冻的过程，使其在应用上存在安全隐患。

磁场辅助冷冻过程主要作用于水分子。水经过磁化后，势垒增大，具有较高的过冷度，推迟了相变，然而一旦形成晶核，因其所处温度低于无磁场条件，因而相变速度加快，过程缩短，这可能与水分子间氢键的形成和溶液中离子的洛伦兹力有关。此外，磁场一定程度上限制了水分子及其团簇自由运动的范围，宏观上比无磁场处理具有更大的黏性，在相变过程中水的流动性变差，晶核生长受到抑制，冰晶偏小。

3. 微波（电磁波）辅助冻结

目前微波辅助改善冻结效果的机制还不是很清楚，主要认为微波通过影响和控制水中涉及强氢键的簇ES和涉及弱氢键的簇CS之间的转化实现，破坏了冰的成核，抑制冰晶产生，有助于形成玻璃态。这可能是由于电磁波中水分子发生定向排列，原有的氢键断裂，水分子团尺寸减小，加快了发生在水中的各种反应的速率，增强水合作用，水的溶解性发生变化，可溶气体和表面疏水分子浓度增加。微波（915MHz/2 450MHz）、射频（300kHz～300GHz），甚至极低频的电磁波（3～300Hz）都具有类似的效应。

4. 超声波辅助冻结

超声波辅助冻结发挥作用的机制不止一种。目前认为的主要机制是超声波可以通过对超声介质连续且循环的压缩和扩张产生空化气泡，气泡经历形成、生长、振荡和破碎等过程，改变了食品的内部环境，即“空化效应”，可以促进晶核形成，并改善非均相成核造成的冰晶大小不均匀现象，形成数量很多的小冰晶；在冰晶生长阶段“空化效应”导致压力变化与温度升高，使得晶核周围的实际过冷度小于液体的平均过冷度，传质与传热效率减慢，降低了晶体的生长速率。通常来说，使用UAF时无须作用于整个冷冻过程，只需在相变阶段进行射频式发射，便可影响其晶核生成与改善的过程，达到改善食品质量的目的。因此，超声波对食品冷冻过程中冰晶形成阶段的影响决定了其作用效果与价值。由于材料与技术上的瓶颈，目前市场上只存在小型的实验室用UAF设备。超声波在传播过程中会发生衰减现象，使能量损失，而在大批量冷冻过程中传播距离增长，能量损失会加剧。如何保证UAF过程中超声功率稳定、统一，还需要结合机械工程方面的技术具体研究。

5. 真空冷冻

真空冷冻是指物料中的部分水分在真空下快速蒸发，使物料温度降低的过程。真空冷冻设备包括真空腔、真空泵、冷凝器及其他组成部分。真空冷冻过程中会产生大量的水分，因此，真空腔内一般装有蒸汽冷凝器使冷凝水分由排水管排出。真空冷冻技术降温迅速，温度分布均匀，适于大尺寸及大堆物料的冷冻，安全卫生，饱和温度与饱和压力有确定的关系，使得温度精准控制容易实现。但同时具有很强的样品选择性，仅适用于含水量高且具有多孔结构的物料，水分损失较高，操作不当有可能使物料起泡反而破坏微观结构。

（八）解冻过程及变化

解冻是使冻结品融解，恢复到冻前新鲜状态的过程，是冻结食品在消费或加工中必经的过程。解冻大致可视为冻结的逆过程，但由于冰的热传导系数为2.33W/(m·K)，而水的热传导系数为0.58W/(m·K)，因此，解冻过程的速度会越来越慢，而冻结过程则正好相反。

【案例2-6】鲸肉的冻结和解冻过程对比：鲸肉在室温下的解冻曲线和冻结曲线比较如图2-13所示。

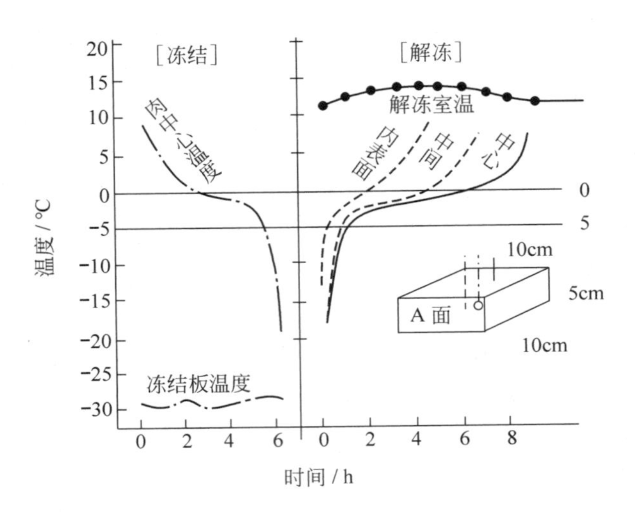

图 2-13 鲸肉在室温下的解冻曲线和冻结曲线比较

目前关于解冻速度对食品品质的影响存在两种观点：一种观点认为快速解冻使汁液没有充足的时间重新进入细胞内；另一种观点认为快速解冻可以减轻浓溶液对食品质量的影响，同时也缩短微生物繁殖与生化反应的时间。因此，解冻速度多快为最好是一个有待研究的问题。一般情况下，小包装食品（速冻水饺、烧卖、汤圆等），冻结前经过漂烫的蔬菜，经过热加工处理的虾仁、蟹肉，含淀粉多的甜玉米、豆类、薯类等，多用高温快速解冻法，但较厚的畜类胴体、大中型鱼类等会发生解冻僵直现象的肉类冻品不能采用快速解冻方法，常用低温慢速解冻。解冻僵直是指去骨的新鲜肉在死后未达到僵直就快速冻结，然后冷藏，解冻时随着品温回升，肌肉出现解冻后僵直的现象。其主要特征是解冻时肌肉显著收缩变形、汁液流失量增大、有较硬的口感等。这种现象在去骨的鲸鱼肉中最为显著，在红色的金枪鱼肉和鲤鱼肉中也有发生。

与冻结过程相类似，解冻的最大冰晶融解带也是－1～－5℃。由于解冻时水向细胞内的渗透速率是非常迅速的，即便是吸水性能弱的细胞，这个过程也只需要几分钟，因此对于冻结过程比较理想的产品现在普遍提倡快速解冻，特别是通过最大冰晶溶解带的时间不宜太长，否则有可能出现食品变色，有异味、异臭和蛋白质变性等不良变化。但如果结冻过程不甚理想，冻结不够迅速，致使大量水分转移至细胞外形成较大冰晶，则应采取缓慢结冻的方式，一般体形较大的胴体容易出现此类现象。

解冻终温对解冻品的质量影响很大。一般解冻终温由解冻食品的用途决定。例如用作加工原料的冻品，以解冻到能用刀切断为准，此时的中心温度大约为 5℃。解冻介质的温度不宜太高，不能为了加快解冻速度而提高解冻介质的温度，解冻温度不宜超过 10℃。解冻应尽量使食品在解冻过程中品质下降最少，使解冻后的食品质量尽可能接近于冻结前的食品质量。食品在解冻过程中常出现的主要问题是汁液流失（extrude 或 drip loss），其次是微生物繁殖和酶促或非酶促等不良化学或生化反应。除了玻璃化低温保存和融化外，汁液流失一般是不可避免的。造成汁液流失的原因与食品的切分程度、冻结方式、冻藏条件以及解冻方式等有关。切分得越细小，解冻后表面流失的汁液就越多。如果在冻结与冻藏中冰晶对细胞组织和蛋白质的破坏很小，那么，在合理解冻后，部分融化的冰晶也会缓慢地重新渗入细胞内，在蛋白质颗粒周围重新形成水化层，使汁液流失减少，能够保持解冻后食品的营养成分和原有风味。微生物繁殖和食品本身的化学、生化反应速度会随着解冻升温速度的增加而加快。

解冻方法有很多（表 2-3），常用方法有：①空气和水以对流换热方式对食品解冻；②电解冻；③真空或加压解冻；④上述几种方式的组合解冻。

表 2-3　各类解冻方法一览表

<table>
<tr><td rowspan="10">外部加热解冻</td><td rowspan="3">空气解冻</td><td>静止空气解冻</td><td></td></tr>
<tr><td>流动空气解冻</td><td></td></tr>
<tr><td>加压流动空气解冻</td><td></td></tr>
<tr><td rowspan="6">水解冻</td><td rowspan="3">清水解冻</td><td>静水解冻</td></tr>
<tr><td>流水解冻</td></tr>
<tr><td>淋水解冻</td></tr>
<tr><td colspan="2">盐水解冻</td></tr>
<tr><td colspan="2">碎冰解冻</td></tr>
<tr><td colspan="2">减压水蒸气解冻</td></tr>
<tr><td colspan="3">接触式解冻</td></tr>
<tr><td rowspan="3">内部加热解冻</td><td colspan="3">低频电流解冻（电阻型）</td></tr>
<tr><td colspan="3">高频电介质加热解冻</td></tr>
<tr><td colspan="3">微波解冻</td></tr>
<tr><td colspan="4">组合解冻</td></tr>
</table>

（1）空气解冻（air thawing）多用于对畜类胴体的解冻。通过改变空气的温度、相对湿度、风速、风向达到不同的解冻工艺要求。一般空气温度为 14～15℃，相对湿度为 95%～98%，风速 2m/s 以下。风向有水平、垂直或换向送风。

（2）水解冻（water thawing）速度快，而且避免了重量损失，但存在的问题有：①食品中的水溶性物质流失；②食品吸水后膨胀；③被解冻水中的微生物污染。因此，水解冻适用于有包装的食品、冻鱼以及破损小的果蔬类产品。利用水解冻时，可以采用浸渍或喷淋的方法，水温一般不超过 20℃。

（3）电解冻包括高压静电解冻和不同频率的电解冻。不同频率的电解冻包括低频（50～60Hz）解冻（electrical resistance thawing）、高频（1～50MHz）解冻（dielectric thawing）和微波（915 或 2 450MHz）解冻（microwave thawing）。低频解冻是将冻结食品视为电阻，利用电流通过电阻时产生的焦耳热使冰融化。高频解冻和微波解冻是在交变电场作用下，利用水等的极性分子随交变电场变化而旋转产生摩擦热使食品解冻的原理。

（4）真空解冻（vacuum-steam thawing）是利用真空室中水蒸气在冻结食品表面凝结所放出的潜热解冻。其优点是：①食品表面不受高温介质影响，而且解冻快；②解冻中减少或避免了食品的氧化变质；③食品解冻后汁液流失少。其缺点是解冻食品外观不佳且成本高。

第三节　冷链食品加工设备

一、制冷系统

制冷系统也称制冷机，是所有冷链食品加工设备必备的工作系统，主要由压缩机、冷凝器、膨胀阀和蒸发器构成。除此之外，节流机构、中间冷却器、发生器、吸收器、各种分离器、储液器、回热器、过冷器以及膨胀容器等，是制冷机正常、稳定、可靠和高效工作的重要保证。制冷设备使用的材料应参照工质的性质。氨会腐蚀铜及其合金，因此以氨为制冷剂的制冷机应选用钢材，不能使用铜及其合金；氟利昂则对常见金属和合金材料都无腐蚀性，为了节省有色金属，大型氟利昂制冷机仅在热交换器的传热部分采用铜管。

（一）压缩机

制冷压缩机是蒸汽压缩式制冷系统的核心部件，主要作用是：抽吸来自蒸发器的低压低温制冷剂蒸汽，通过压缩将制冷剂蒸汽的压力和温度提高，然后再将高温高压的制冷剂蒸汽排送至冷凝器。此外，制冷剂在系统中的循环流动也依靠压缩机来维持。

制冷压缩机的形式很多，常用的有活塞式、螺杆式、涡旋式、滚动转子式、滑片式和离心式几种（图 2-14），其中除离心式压缩机是速度型制冷压缩机外，前几种均属于容积型制冷压缩机，其中活塞式压缩机在食品工业中使用最为广泛。其工作原理是利用气缸中活塞的往复运动来压缩气缸中的制冷剂气体，通常是利用曲柄连杆机构将原动机的旋转运动转变为活塞的往复直线运动，故也称为往复式制冷压缩机。活塞式制冷压缩机的实际工作过程比较复杂，一般可概括为压缩、排气、膨胀、吸气四个过程。活塞往返一次，就

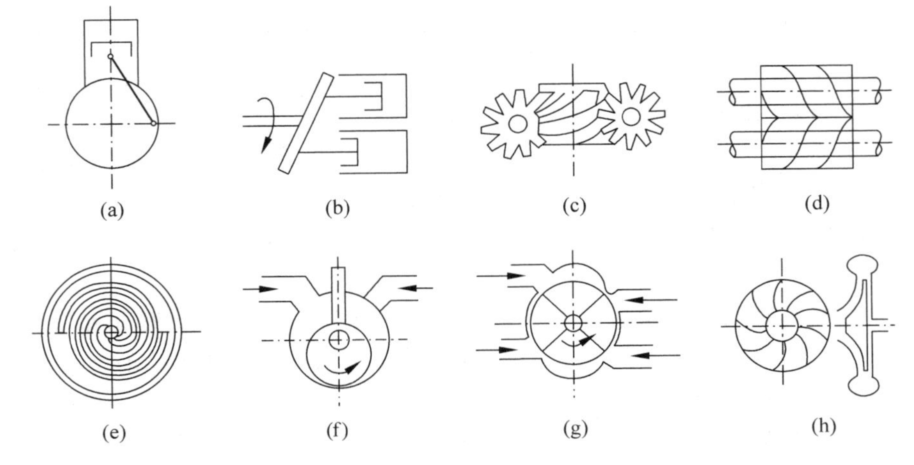

图 2-14　各类型压缩机的结构示意图

(a)活塞连杆式；(b)活塞斜盘式；(c)单螺杆式；(d)双螺杆式；(e)涡旋式；(f)滚动转子式；(g)滑片式；(h)离心式

有一定量的低压气态制冷剂被吸入，并被压缩为高压气体排出气缸（图 2-15）。基于构造的原因，活塞式压缩机的排气量较小，目前多为小型机和中型机，主要用于商业零售、公共饮食和冷藏运输的中小型制冷装置。

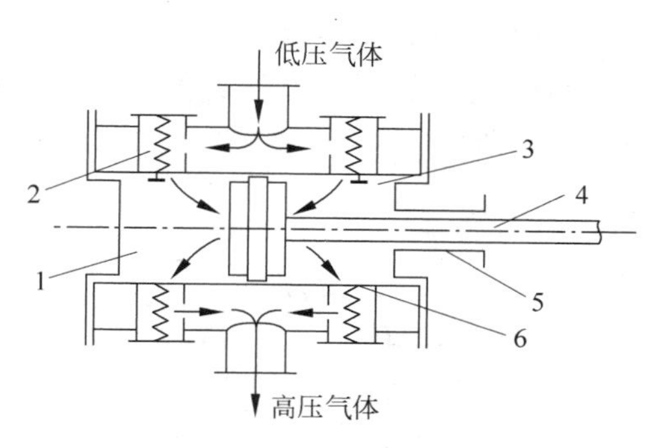

图 2-15　活塞式压缩机工作原理图

1—气缸；2—弹簧；3—吸气阀；4—活塞杆；5—填料；6—排气阀

（二）冷凝器

冷凝器的作用是将制冷压缩机排出的高温高压制冷剂过热蒸汽的热量传递给高温热源（空气或水），并使之凝结成液体。压缩机的过热蒸汽进入冷凝器后先冷却成饱和蒸汽，继而被冷凝成饱和液体。如果冷凝器换热面积大、高温热源温度低、冷却介质流量大，饱和液体还可以进一步冷却成过冷液体。按其结构及冷却介质的不同，冷凝器可分为壳管式、淋水式、双管对流式、组合式、空气冷却式等。其中壳管式和淋水式在食品工业中最为常用。

1. 卧式壳管式冷凝器

卧式壳管式冷凝器如图 2-16 所示。钢制圆柱壳体的两端焊有端盖，在壳内装有一组横卧的直管管簇。冷却水流经管内下进上出，保证冷凝器的所有管簇始终被冷却水充满。制冷剂蒸汽在管壳间通过并将热量传递给水而被冷凝，壳体上还设有气体进出口、安全管和压力表等。制冷剂过热蒸汽由壳体上部进入冷凝器与管的冷表面接触后凝结为液膜，在重力作用下顺着管壁下滑迅速与管壁分离。在正常运行时，壳体下部积存少量的液体。这种冷凝器的优点是结构紧凑、占空间高度小、传热系数高，缺点是清除水垢困难。

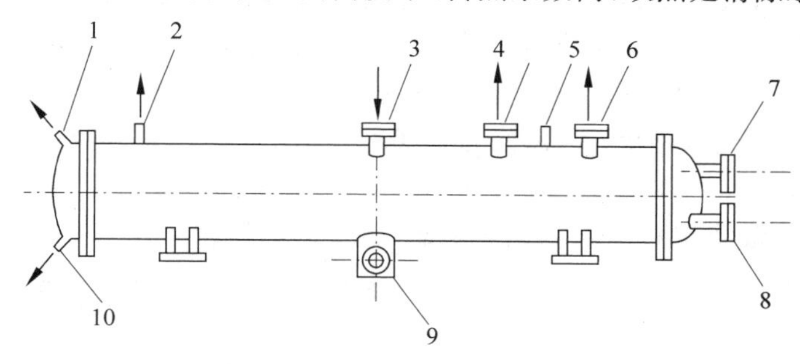

图 2-16　卧式壳管式冷凝器

1—放空气旋塞；2—放空气；3—氨气进口；4—均压管；5—压力表；6—安全阀；7—水出口；8—水进口；9—氨液出口；10—放水旋塞

2. 淋水式冷凝器

淋水式冷凝器如图 2-17 所示，由储氨器、冷却排管和配水箱等组成。工作时冷却水由顶部进入配水箱，经配水槽流到蛇形管的顶面，然后顺着每层排管的外表面成膜层流下，部分水蒸发，其余落入水池中，通过冷却后再循环使用。氨气自排管底部进入管内，沿管上升时遇冷而冷凝，流入储氨器中。这种冷凝器的优点是结构简单，工作安全，对水质要求不严，容易清洗；缺点是金属消耗量大，占地面积较大。

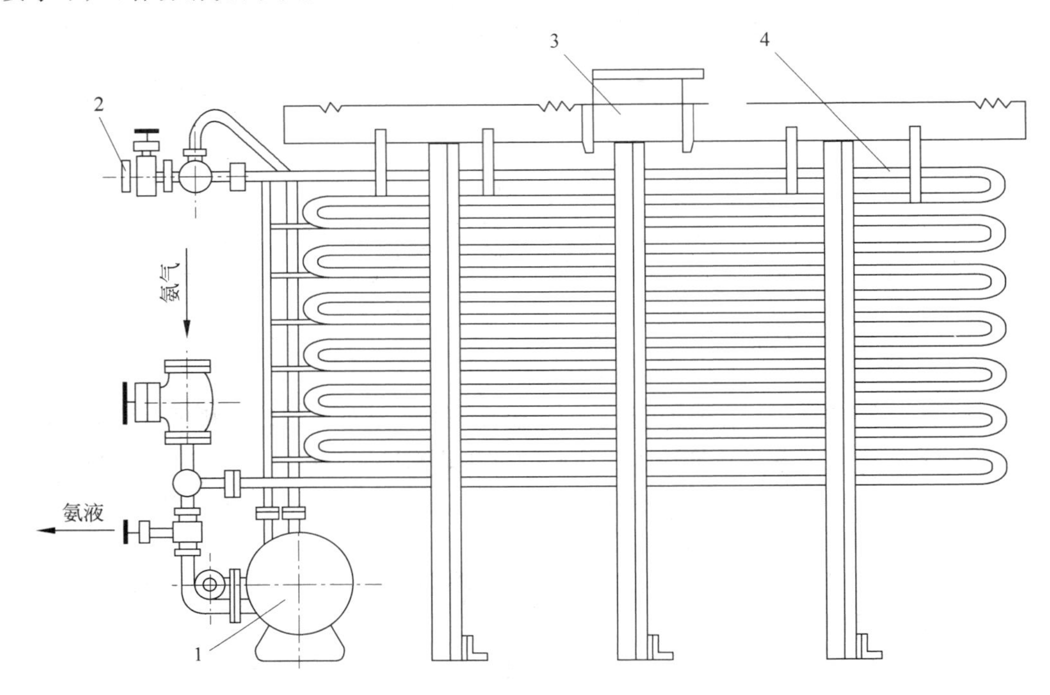

图 2-17 淋水式冷凝器

1—储氨器；2—放空气；3—配水箱；4—冷却排管

（三）蒸发器

在制冷系统中，蒸发器的作用是依靠节流后的低温低压制冷剂液体在蒸发器管路内的沸腾（习惯上称蒸发），吸收被冷却介质的热量，使被冷却介质温度降低，达到制冷的目的。蒸发器既可冷却液体，也可冷却空气。冷却液体的蒸发器有壳管式蒸发器、沉浸式蒸发器等。壳管式蒸发器均为卧式，卧式壳管式蒸发器的结构形式与卧式壳管式冷凝器基本相似，根据制冷剂在壳体内或换热管内的流动状态，分为满液式壳管蒸发器和干式壳管蒸发器。沉浸式蒸发器又称为水箱式蒸发器，蒸发器的管组沉浸在盛满水或盐水的箱体（或池、槽）内，根据水箱中管组的形式不同，沉浸式蒸发器又分为直立管式蒸发器、螺旋管式蒸发器及蛇管式蒸发器等几种。

食品工业中的冷藏库、冰柜主要采用冷却空气的蒸发器。工作原理是制冷剂在管内直接蒸发来冷却管外的空气。按照管外空气流动的动力可分为自然对流式冷却空气的蒸发器和强制对流式冷却空气的蒸发器。

（1）自然对流式冷却空气的蒸发器。自然对流式冷却空气的蒸发器主要应用于冰箱、冷藏柜、冷藏车、冷藏库和低温试验装置。用途不同的蒸发器传热面的结构形式不同：电冰箱的蒸发器主要有铝复合板式、管板式、单脊翅片管式、层架盘管式；冷藏柜和冷藏库的蒸发器主要是排管式，排管又称为冷却排管，多用于空气流动空间不大的冷库，排管形式分为墙排管（靠墙安装）、顶排管（吊顶安装）和搁架式（作为搁架设置于库房中央）（图 2-18）。

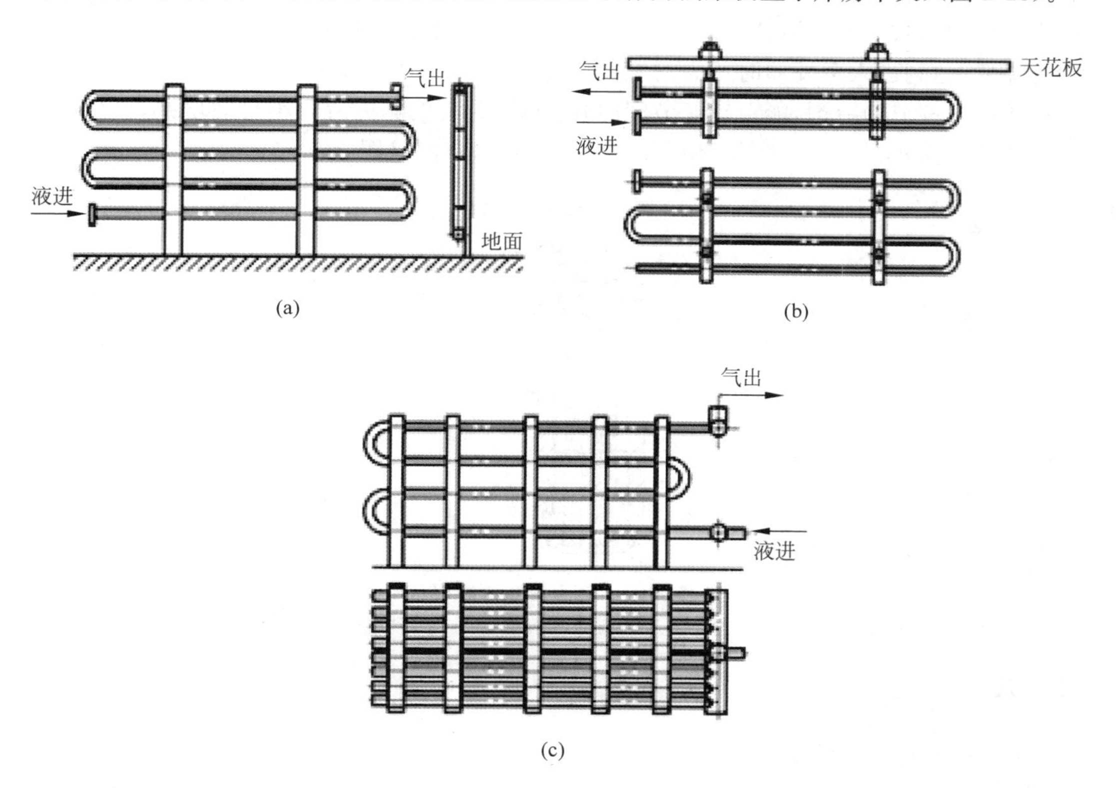

图 2-18 冷却排管的三种结构布置

(a)墙排管；(b)顶排管；(c)搁架式排管

【案例 2-7】在冰箱中的蒸发器，预先以铝-锌-铝三层金属板，按蒸发器所需尺寸裁剪好，平放在刻有管路通道的模具上，通过加压、加热并以氮气吹胀成形，如图 2-19 所示。

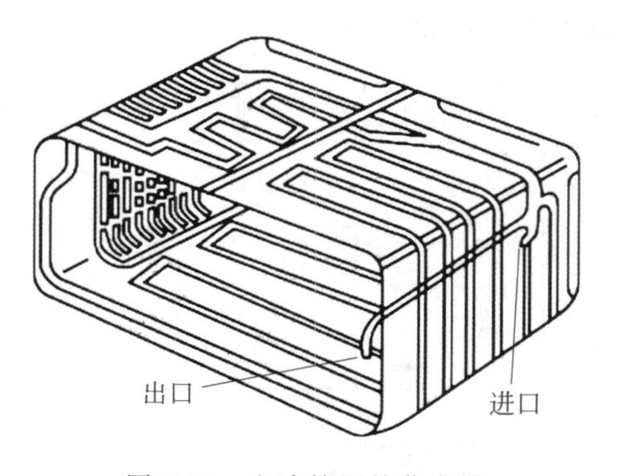

图 2-19 电冰箱用的蒸发器

（2）强制对流式冷却空气的蒸发器。强制对流式冷却空气的蒸发器又称为直接蒸发式空气冷却器，在冷库中又称为冷风机。它由几排带肋片的盘管和风机组成，依靠风机的强制作用，使被冷却房间的空气通过盘管表面，管内制冷剂吸热汽化，管外空气被冷却降温后送入房间。氨用蒸发器一般用无缝钢管制成，管外绕以钢肋片。氟利昂用蒸发器一般用铜管制成，管外肋片为铜片或铝片。这种蒸发器多用于大型冷藏库，以及大型低温环境试验场合。

（四）膨胀阀

膨胀阀又称节流阀，作用是降低制冷剂的压力和控制制冷剂流量，热力膨胀阀是目前的主要应用形式。高压液体制冷剂通过膨胀阀时，冷凝压力骤降为蒸发压力，与此同时温度也降低，达到进入蒸发器时所需的温度压力要求。热力膨胀阀利用蒸发器出口处蒸汽的过热度来调节制冷剂，能自动调节阀的开启度，供液量随负荷大小自动增减，可保证蒸发器的传热面积得到充分利用，使压缩机正常安全地运行(图 2-20)。

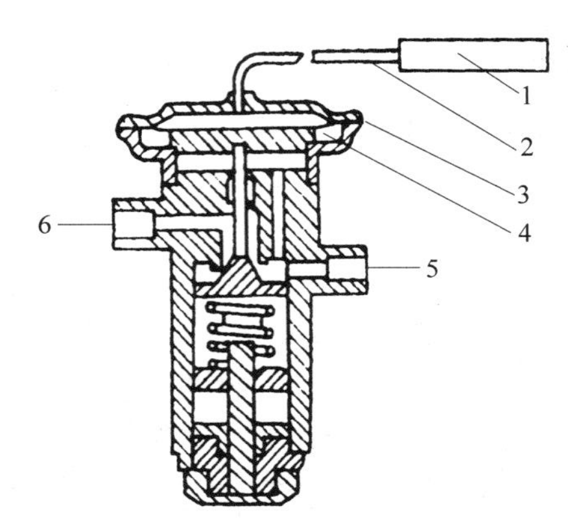

图 2-20 热力膨胀阀感温包

1—感温包；2—毛细管；3—气箱盖；4—薄膜；5—制冷剂出口；6—制冷剂入口

二、冷却装置

（一）冷风冷却装置

冷风冷却是利用流动的冷空气使被冷却食品的温度下降，它是一种使用范围较广的冷却方法，如储藏果蔬的高温冷库、肉类的冷却，一般有库房(图 2-21)和隧道(图 2-22)两种形式，基本工作形式相同。

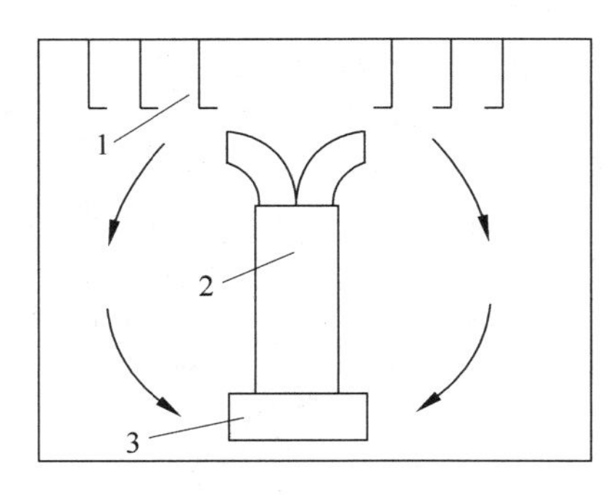

图 2-21 肉类风冷式排酸冷库简图

1—吊钩；2—风道；3—冷风机

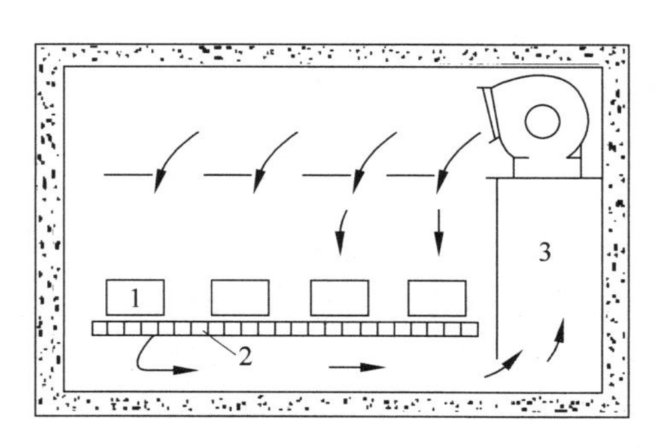

图 2-22 隧道式冷却装置简图

1—食品；2—传送带；3—冷却器

冷风机将被冷却的空气从风道中吹出，吸收食品的热量使之降温并保持在一个相对稳定的低温。冷风机可以安装在冷却间或隧道的底部、顶部或侧面，可以一侧送风，也可以两侧送风。冷风机也是冷藏车的常用冷却装置，需要长途运输的产品可直接装入冷藏列车中，车厢的一端装有冷风机，让冷空气流通，使整个车厢各个部分都得到均匀的冷却。

冷风由冷却室顶上的风道口吹出，从上而下，肉挂在吊钩上，并列放置，互有间隔，冷风从这些间隙中流过，使肉快速冷却。

（二）差压式冷却装置

差压式冷却最常用于果蔬产品的预冷。设备主要由制冷系统、加湿系统、静压箱、风机、风速控制系统、温度控制系统、包装箱及其他密封材料组成（图 2-23）。包装箱一端与静压箱相连，另一端暴露于大气中。工作时风机抽吸静压箱内的空气，使静压箱内形成低压，进而包装箱两端出现压力差，迫使冷空气均匀迅速地流经包装箱，充分与果蔬接触进行快速的热交换。

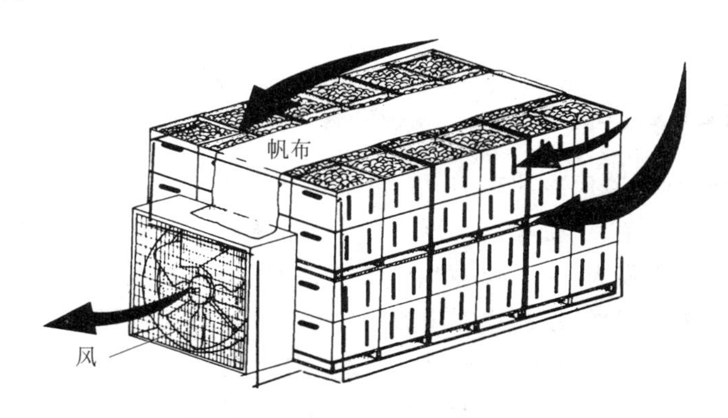

图 2-23　压差式冷却装置示意图

差压式预冷设备根据利用场所和用途可分为差压预冷库、差压预冷机和差压预冷器。差压预冷库操作简单易行但耗能比较大、建设成本昂贵、容易形成死角。差压预冷机主要用在冷藏运输车上，静压箱内配有独立的制冷系统和加湿系统。差压预冷器主要用在自然冷库内，装置结构仅有静压箱、风机和控制系统。

（三）水冷却装置

水冷却装置按照水与产品的接触方式分为喷淋式、浸渍式和混合式，混合式冷却装置一般采用先浸渍、后喷淋的步骤，其中喷淋式冷却效率和水的利用率高，因此应用最多；按照运转方式可分为间歇式和连续式，间歇式多用于小规模的冷却，中等规模以上的产品冷却多使用连续式；按照水的利用方式可分为循环水式和流水式，为了节省水资源，目前循环水式系统采用比较多，但应注意交叉污染；按照水与物料的相对运动可分为水循环式和传送带式，前者空间利用率较高，更适用于远洋渔业等需要节省空间的情况。

鱼类喷淋式冷却装置示意图如图 2-24 所示。该装置主要由冷却隧道、海水冷却器、喷嘴、水泵、制冷机组等组成。制冷机组的蒸发器用来制造冷却水，冷却用水可以是海水，也可以是淡水。如冷却对象为海产品，多就地取材引海水冷却，一方面可以保证水源，另一方面可以维持产品内部的渗透压。冷却水的水温保持在 0～－10℃，由喷嘴从上向下喷排到冷却仓内的鱼体上，喷下的海水经过过滤后，重新循环。

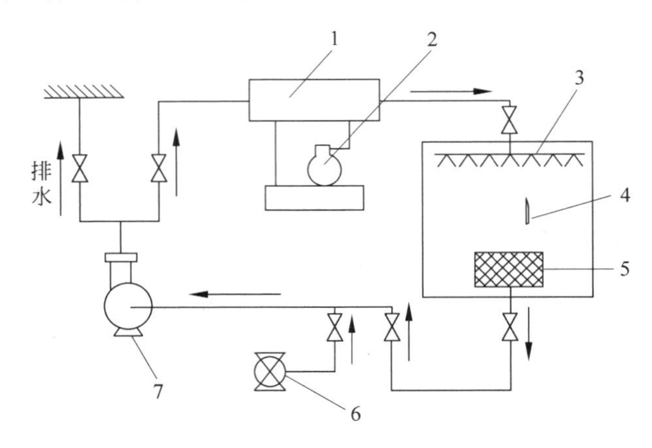

图 2-24　鱼类喷淋式冷却装置示意图

1—海水冷却器；2—制冷机组；3—喷嘴；4—鱼舱；5—过滤网；6—船底阀；7—循环水泵

水冷却速度比强制冷风冷却高 15 倍，商业上适合于水冷却的果蔬有胡萝卜、芹菜、柑橘、甜玉米、网纹甜瓜、菜豆、桃等。直径在 7.6cm 的桃在 1.6℃的水中放置 30min 可将温度从 32℃降到 4℃，直径为 5.1cm 的桃在 15min 内可以冷却到 4℃。但是水冷却能耗较大，适用范围有一定局限性，浸没式的冷却均匀性也存在一定问题。目前浸没式果蔬预冷装置已很少应用，具有大功率冷水分散器的批量式冷却装备以及与果蔬运输车辆相结合的固定式冰水冷却装备应用较多。大功率分散器可解决冷却水分布不均匀的问题。果蔬运输车辆与固定式冰水预冷装置相结合提高了机动性，同时也减少了果蔬预冷时的装卸次数。据报道，这种装置投资少，农民在田间地头可自己建造。

（四）冰冷却装置

随着碎冰生产技术的进步，冰冷近年来发展很快。目前的冰冷技术可直接生产碎冰，利用冷水做输送介质，将碎冰均匀地填充到果蔬孔隙内，整个过程已完成自动化，极大地节省了劳动力。制冰原理本质上与冷冻原理相同，也分为蒸汽压缩式、直接接触式和真空式等，将制冰用水直接或者间接冻结，根据成冰装置的不同，制出不同形状的冰。目前可以得到的冰的形状有片状、块状和颗粒状。用来冷却食品的冰有淡水冰和海水冰两种，淡水冰又有透明冰和不透明冰之分。透明冰轧碎后，接触空气面小，不透明冰则反之。海水冰的特点是没有固定的融点，在储藏过程中会很快地析出盐水而变成淡水冰，用来储藏鱼虾时降温快，可防止变质。表 2-4 为常用碎冰的密度和比体积。为了提高碎冰冷却的效果，要求冰细碎，冰与被冷却的食品接触面积要大，冰融化后生成的水要及时排出。

表 2-4　常用碎冰的密度和比体积

碎冰的规格/cm×cm×cm	密度/(kg·m^{-3})	比体积/(m^3·t^{-1})
大块冰(10×10×5)	500	2
中块冰(4×4×4)	550	1.82
细块冰(1×1×1)	560	1.78
混合冰(大块冰和细块冰混合从 0.5 到 12)	625	1.6

(五)真空冷却装置

真空冷却主要用于蔬菜的快速冷却。冷却装置是一个可实现真空环境的密闭系统(图 2-25),整理后的蔬菜装入打孔的纸板箱,推进真空冷却槽,关闭槽门,开动真空泵和制冷机。随着真空冷却槽内压力的降低,蔬菜中所含的水分在低温下迅速汽化,所吸收的汽化热使蔬菜降温。

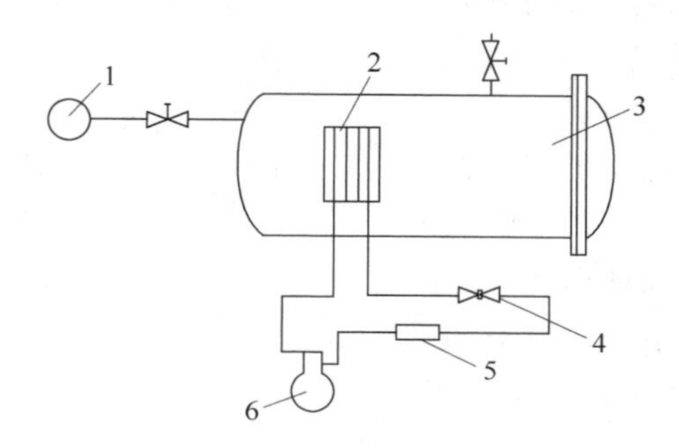

图 2-25　真空冷却装置示意图

1—真空泵;2—冷却器;3—真空冷却槽;4—膨胀阀;5—冷凝器;6—压缩机

三、冻结装置

冻结食品的方法有很多种,但工业上目前最常用的冻结装置基本基于三种原理:冷空气冻结、金属平板冻结和冷液体喷淋冻结。三种原理分别有各自的特点和应用条件。

(1) 冷空气冻结是指应用冷空气进行冻结,即以强烈的冷空气流流经产品使之冻结。气流速度一般为 5m/s。这种方式的冻结装置通常有间歇操作与连续操作两种。连续操作是将产品连续不断地用输送带送入冻结装置,冻品由装置的另一端输出。近年来还有沸腾床吹风冻结方式,是使产品在冷空气流作用下处于悬浮的流化状态进行冻结,其速度快,但只适用于豌豆、虾仁、蛤肉等小尺寸食品的单体冻结。

(2) 金属平板冻结是指以冷的液体(制冷剂或不冻液)流过中空的金属平板或金属夹套,产品直接与被冷却的金属表面接触而冻结,也称接触冻结。这种方式的冻结装置使用最广泛的是平板冻结装置,它又有卧式和立式两种;其次是回转式冻结装置,适宜于鱼片、对虾等的单体快速冻结。

(3) 冷液体喷淋冻结是指应用冷的液体(如冷却的盐水、丙二醇、液态氮、二氧化碳)喷淋产品或将产品浸渍在冷的液体中而冻结。这种方式的传热系数大,因而冻结速度较快。

（一）送风冻结装置

1. 隧道式冻结装置

隧道式冻结装置为强制冷空气循环式速冻装置，一般由绝热隧道（冻结室）、蒸发器、液压传动、输送轨道、风机五个主要部分和其他辅助部分组成。绝热材料包裹成一条绝热隧道，隧道内一般排布两条并行轨道，轨道上装有吊笼和托盘用以放置物品。多组蒸发器和风机组成的冷风机沿隧道方向安装在冻结室的一侧。工作时产品从隧道一端运动到另一端，风机使空气强制流动，冷空气流经过冻结盘吸收产品冻结时放出的热量，气流吸热后由风机吸入蒸发器冷却降温，如此反复不断循环，参见图 2-26。冷风温度一般设定在－35℃。

提高风速，增大产品表面的传热系数，有助于缩短冻结时间，但当风速达到一定值时，对冻结时间的影响不再明显，结合产品干耗的考虑，风速一般控制在 3～5 m/s。该冻结装置的设计有间歇式也有连续式，优点是冻结速度较快，劳动强度小；缺点是冻结不均匀，干耗大，电耗较大。冻结不均匀主要是冻品表面的气流遇到阻力改变流向和截面积，导致流速不均匀造成的。为了组织好气流，可设置导风板、挡板、强制通风室等来进行改善。

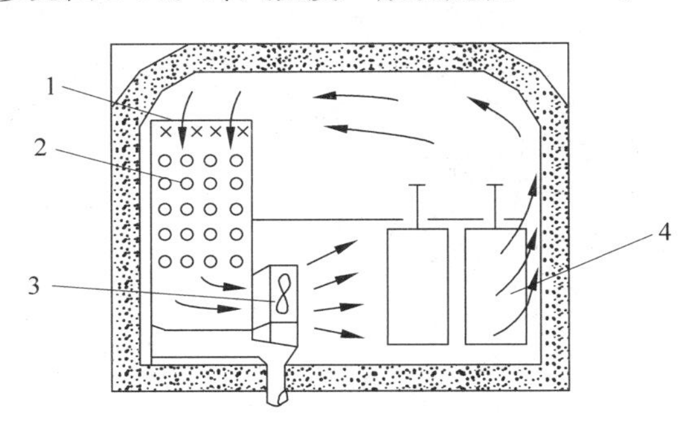

图 2-26 隧道式冻结装置

1—淋水管；2—蒸发器；3—风机；4—吊笼

2. 螺旋带式冻结装置

螺旋带式冻结装置是 20 世纪 70 年代初发展起来的冻结设备，如图 2-27 所示。装置的主体为一螺旋塔和一边紧靠在转筒上的传送带，依靠摩擦力及传动机构的动力，冻品均

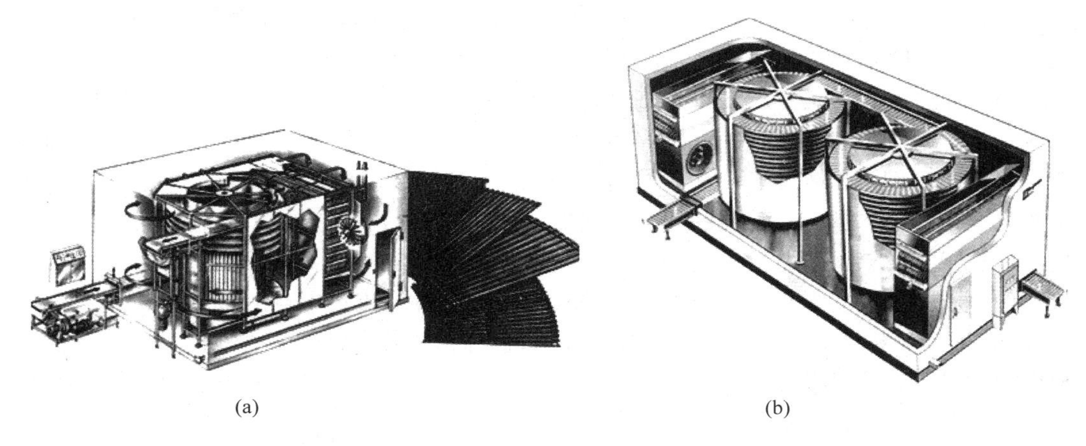

图 2-27 螺旋带式冻结装置

(a)单螺旋冷冻机；(b)双螺旋冷冻机

布在上面随之做螺旋运动，冷气流从螺旋带的上下方同时吹入，如图 2-28 所示。传送带是一种在横、竖方向上都有绕性的金属网带，配有清洗吹干装置，能够缩短和伸长以改变连接的间距，传送带缠绕的圈数由冻结时间和产量来确定，螺旋升角约 2°，近乎水平。该装置的送风方式使得刚进冻的食品可尽快地达到表面冻结，减少冻结时的干耗损失和结霜量，并由于输送带上的物料受双向冲击气流冷冻，提高了冻结速度，比常规气流设计快 15％～30％。

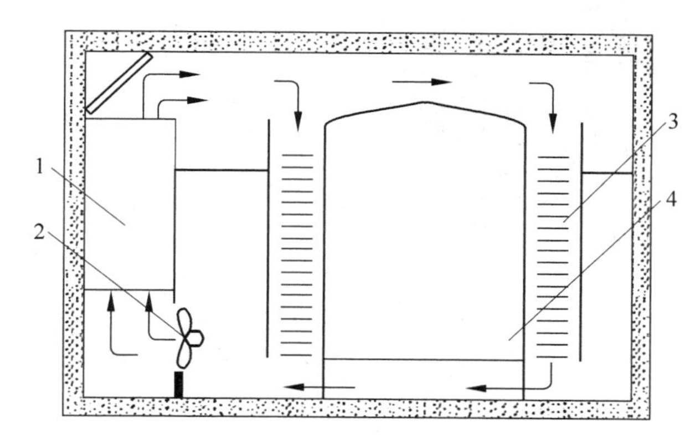

图 2-28 螺旋带式冻结装置气流分布示意图

1—蒸发器；2—风机；3—传送带；4—转筒

螺旋带式冻结装置的优点是自动化程度高、结构紧凑、占地面积小、干耗少，广泛应用于冻结各种单体体积较小的调理冷冻食品，如油炸水产品、鱼饼、鱼排、鱼丸、水饺、烧卖，或经过加工整理的果蔬。

3. 流态化冻结装置(或悬浮冻结装置)

流态化是固体颗粒在气流的作用下翻滚飘动显示出一定的流体性质的状态。流态化速冻是体积较小的食品单体集群在一定流速的冷空气作用下呈流态化并得到快速冻结的速冻方法。食品流态化速冻的前提有两个：一是作为冷却介质的冷空气在流经被冻结食品时必须具有足够的流速，并且必须是自下而上通过食品；二是单个食品的体积不能太大，能够悬浮在气流中。因此，在食品流态化速冻时，进入食品层的冷空气流都是自下而上的，而单个体积较大的食品在冻结前要加以切分。

流态化冻结装置(图 2-29)是将产品以流化作用方式被温度甚低的冷风自下往上强烈吹在悬浮搅动中进行冻结的机械设备。流化作用是固态物料在上升气流(或液流)中保持浮动(图 2-30)。流态化冻结装置通常由物料传送系统、冷风系统、冲霜系统、围护结构、进料机构和控制系统组成。其主要结构是一个冻结隧道和一个多孔网带。当物料从进料口到冻结器网带后，就会被自下往上的冷风吹起，在冷气流的包围下，互不黏结地进行单体快速冻结(individually quick freezing，IQF)。流态化冻结装置的物料传送系统一般有带式、震动槽式和斜槽式。流态化冻结装置可用来冻结小虾、熟虾仁、熟碎蟹肉等。冻结速度快，冻品质量好。一般蒸发度在－40℃以下，垂直向上风速为 6～8m/s，冻品间风速为 1.5～5m/s，在 5～10min 内被冻食品即可达到－18℃。

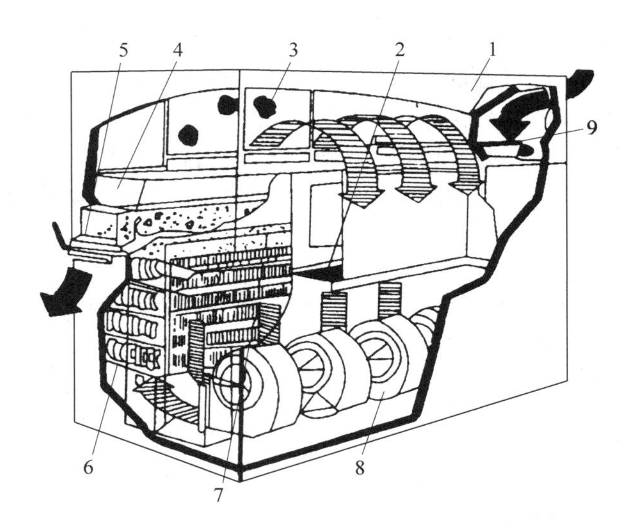

图 2-29　流态化冻结装置示意图

1—外壁；2—通道；3—网罩；4—原料盘；5—原料出口；6—冷却盘管；7—融霜管；8—风机；9—原料入口

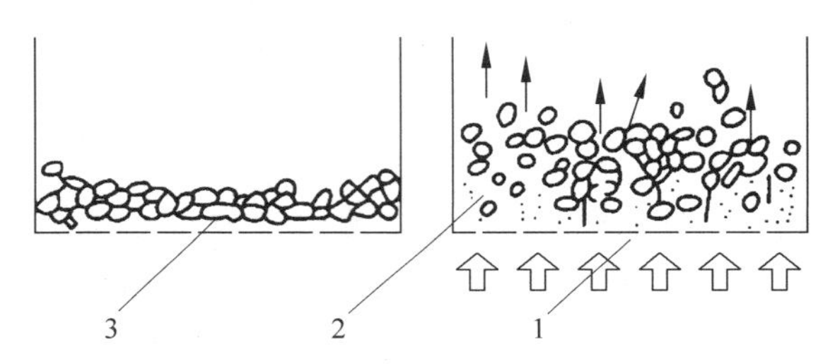

图 2-30　食品悬浮状示意图

1—冷风；2—悬浮状；3—未吹冷风状态

（二）接触式冻结装置

1. 平板冻结装置

平板冻结装置(图 2-31)的主要构件是一组作为蒸发器的空心平板，由钢或铝合金制成，平板与制冷剂管道接通或配蒸发管，食品压在两相邻的平板间。由于食品与平板间接触密实，故其传热系数很高，要求接触压力为 7～30kPa 时传热系数可达 93～120 $W/(m^2 \cdot K)$。根据平板的工作位置，平板冻结装置可分为卧式和立式两类。在以直接膨胀式供液时，当液氨的蒸发温度为－33℃时，平板的温度在－31℃以下。间接冷却时采用氯化钙盐水，当盐水温度为－28℃时，平板温度在－26℃以下。该装置适于冻结肉类、水产品以及耐压的小包装食品，其特点是：冻结速度极快，干耗小，厚 6～8cm 的食品 2～4h 就可冻好，冻品质量高；在相同的冻结温度下，它的蒸发温度可比冷风机式冻结装置的蒸发温度提高 5～8℃，而且不用配风机，故电耗可减少 30%～50%，可在常温条件下操作；占地面积少，投产快。其缺点是不能冻结大块和不耐压的食品，应用范围有限，手工装卸劳动强度大。

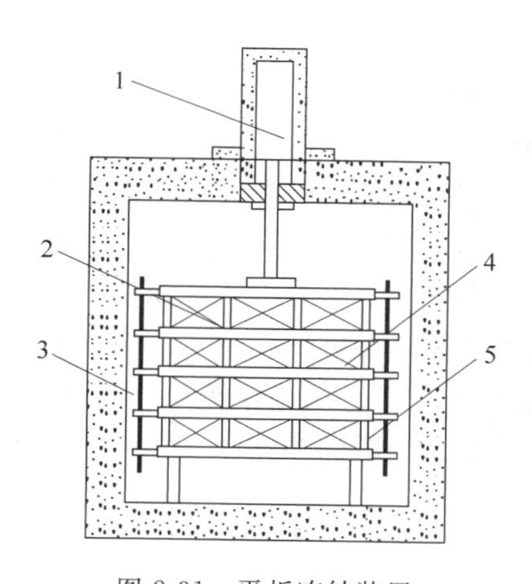

图 2-31　平板冻结装置

1—油缸；2—平板；3—连接杆；4—冻品；5—间隔片

2. 钢带连续式冻结装置

钢带连续式冻结装置(图 2-32)适用于对虾、鱼片及鱼肉汉堡等能与钢带很好接触的扁平状产品的单体快速冻结。该装置的热交换方式是以产品与钢带的接触式传热为主，空气鼓风式传热为辅，产品的冻结速度很快。钢带下面有金属冷却板，并带有低温盐水喷射装置。钢带采用不锈钢材质。由于盐水喷射对设备的腐蚀性很大，喷嘴易堵塞。部分设备厂家已将盐水喷射冷却系统改为钢带下用金属板蒸发器冷却。

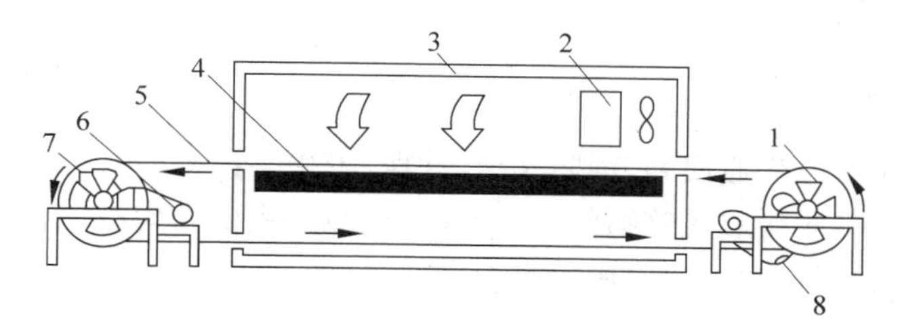

图 2-32　钢带连续式冻结装置示意图

1—从动轮；2—冷风机；3—隔热箱体；4—蒸发器；5—钢带；6—调速机构；7—主动轮；8—清洗

3. 回转式冻结装置

圆筒回转型冻结装置，同平板式冻结装置一样，利用金属表面直接接触冻结的原理冻结产品。主要部件为一回转筒，载冷剂由空心轴输入，待冻品由投入口排列在转筒表面上，转筒回转一周冻品完成冻结过程。再以刮刀刮下冻品，由传送带输送到预定位置。

(三) 浸渍冻结装置

1. 盐水浸渍冻结装置

盐水浸渍冻结装置是将食品直接和温度很低的盐水接触实现快速冻结的一种装置。该方法可以用来冻鱼，为了避免腐蚀，装置由耐腐蚀材料玻璃钢制成。−20℃的盐水冻结1kg、4℃沙丁鱼到−13℃仅需 15min。此类装置冻结速度快、连续性强、无干耗、节省人工。由于冻结速度快、渗透少，咸味仅在1～2mm的表面层。

2. 液氮/氟利昂喷淋冻结装置

液氮和氟利昂都是效率极高的冷媒，由于冻结速度很快，冰晶细小而均匀，符合优质冻藏产品的要求。该类装置外形呈隧道状，中间是不锈钢丝制的网状传送带，食品置于带上，随带移动。箱体外以泡沫塑料隔热，传送带在隧道内依次经过预冷区、冻结区、均温区，冻结完成后到出口处。冷媒以一定压力引入冻结区进行喷淋冻结。吸热汽化后的氮气温度仍很低，由搅拌风机送到进料口可作预冷用。以液氮为冷媒的冻结工艺在工业发达的国家被广泛使用，但也存在一些问题：由于冻结速度过快，食品表面与中心产生瞬时温差易使产品龟裂，因此冻品厚度一般以60mm为限；另外液氮冻结成本较高，使应用受到了限制。

四、冷库

（一）冷藏库的类型

冷藏库类型的划分有很多种。按容积分，大于20 000m^3为大型冷库，小于5 000m^3为小型冷库，其余为中型冷库。容积指冷藏间或者冰库室内净面积（不扣除柱、门斗和制冷设备所占用的面积）乘以室内净高值，单位为m^3。按温度分，−2℃以上为高温库，−15℃以下为低温冷藏库。另外还有按照建筑结构、使用性质（生产型冷藏库、分配型冷藏库、零售型冷藏库）、制冷介质（氨库或者氟库）、功能与先进程度（气调冷藏库、智能化冷藏库）等划分。

（二）冷藏库的构成

冷藏库选址应考虑交通便利、消防安全、环保、卫生等诸多因素，由主体建筑和辅助建筑两大部分组成。按照构成建筑物的用途不同，冷藏库主要分为冷加工间及冷藏间、生产辅助用房、生活辅助用房和生产附属用房四大部分（图2-33）。

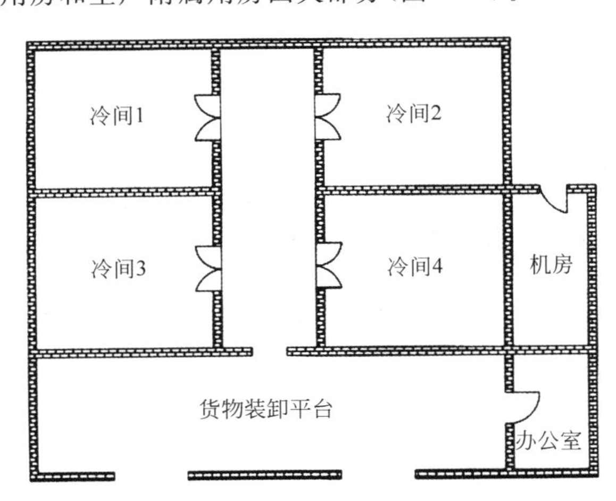

图2-33　冷库平面布局示意图

1. 冷加工间及冷藏间

冷加工间及冷藏间应满足生产工艺流程要求，运输线路宜短，避免迂回和交叉。冷加工间及冷藏间主要包括冷却间、冻结间、冷却物冷藏间、冻结物冷藏间和冰库。冷加工间的设计温度和相对湿度见表 2-5。

表 2-5　冷加工间的设计温度和相对湿度

冷间名称	室温/℃	相对湿度/%	适用食品范围
冷却间	0～4	—	肉、蛋等
冻结间	−23～−18	—	肉、禽、兔、冰蛋、蔬菜等
	−30～−23	—	鱼、虾等
冷却物冷藏间	0	85～90	冷冻后的肉、禽
	−2～0	80～85	鲜蛋
	−1～+1	90～95	冰鲜鱼
	0～+2	85～90	苹果、鸭梨等
	−1～+1	90～95	大白菜、蒜薹、葱头、菠菜、香菜、胡萝卜、甘蓝、芹菜、莴苣等
	+2～+4	85～90	土豆、橘子、荔枝等
	+7～+13	85～95	柿子椒、菜豆、黄瓜、番茄、菠萝、柑橘等
	+11～+16	85～90	香蕉等
	−20～−15	85～90	冻肉、禽、副产品、冰蛋、冻蔬菜、冰棒等
	−25～−18	90～95	冻鱼、虾、冷冻饮品等
	−6～−4	—	盐水制冰的冰块

2. 生产辅助用房

生产辅助用房是为了提高冷库使用质量的配套设施，主要包括装卸站台、穿堂、楼梯、电梯间和过磅间等，不同规模的冷库生产辅助用房的功能配置不同，一般来说中小型冷库可以不配备或简单配备，而大型冷库辅助建筑配备必须齐全。

3. 生活辅助用房

生活辅助用房主要有生产管理人员的办公室或管理室，生产人员的工间休息室和更衣室，以及卫生间等。

4. 生产附属用房

生产附属用房主要指与冷藏库主体建筑有密切关系的生产用房，包括制冷机房、变配电间、水泵房、制冰间、整理间、氨库等。

（三）冷藏库的隔热和防潮

隔热层和防潮层是冷库建设必须重视的两个环节。隔热层是维系冷库低温环境的基本保障，冷库的外墙、屋面、地面等围护结构，以及有温差存在的相邻库房的隔墙、楼面等，均要做隔热处理。防潮层的主要目的是保护隔热层，由于水的导热系数很高，因此受潮的建筑体导热率会急剧升高，如防潮层敷设不当，隔热层的隔热性能将受到很大的影响，受潮严重甚至可能导致整个冷库建筑报废。

做好隔热层除了要使用隔热性能好的建筑材料之外，避免"冷桥"形成也非常重要。冷桥，指冷藏库建筑结构中热导率较大的构件(如柱、梁、板、管道等)穿过或嵌入冷库围护结构的隔热层时形成的吸热通道。冷桥在构造上破坏了隔热层和隔气层的完整性与严密性，容易使隔热材料受潮失效。消除"冷桥"的方法主要有：把蒸汽渗透系数小的材料布置在高温侧，把热阻和蒸汽渗透系数大的材料布置在低温侧，使水蒸气"难进易出"；温度高一侧或双侧布置隔气层，并保持隔气层的完整性；装配式冷库注意复合隔热板的缝隙拼接处；不使导热率大的建筑构建穿过隔热层和防潮层。

通常对低温隔热材料要求主要包括：热导率小、吸湿性小、密度低、不易腐烂变质、耐火性好、耐冻性好、无臭、无毒、热稳定性好、价格低廉和资源丰富等。综合考虑下，中小型冷库主要采用聚氨酯泡沫再辅以其他材料。表 2-6 列出一些常见低温隔热材料的物理性质。

表 2-6 常见低温隔热材料的物理性质

材料名称	密度/(kg/m^3)	热导率/[W/(m·K)]	防火性能	蒸汽渗透系数/[g/(m·h·Pa)]	抗压强度/Pa	设计计算采用的热导率/[W/(m·K)]
聚苯乙烯泡沫塑料	20～50	0.029～0.046	易燃，耐热 70℃	0.000 06	17.64×10^4	0.046 5
聚氯乙烯泡沫塑料	45	0.043	离火即灭、耐热 80℃		17.64×10^4	0.0465
聚氨酯泡沫塑料	40～50	0.023～0.029	离火即灭、耐热 140℃		$1.96\sim14.7\times10^4$	0.020～0.035
沥青矿渣棉毯	<120	0.044～0.047	可燃	0.000 49		0.081
矿渣棉(一级)	100	0.044	可燃	0.000 49		0.081
矿渣棉(二级)	150	0.047	可燃	0.000 49		0.081
沥青膨胀珍珠岩块	300	0.081	难燃	0.000 08	1.96×10^4	0.093
泡沫混凝土	<400	0.515	不燃	0.000 2		0.244
加汽混凝土	400	0.093	不燃	0.000 23	147×10^4	0.163

【本章小结】

低温增加食品稳定性。目前食品冷链技术中的低温技术主要分为冷却技术和冷冻技术，将食品的温度降到冰点以上低温的操作称为冷却，冷却按照传热方式可分为对流、辐射和传导，根据相应的计算方法可以得到冷却的速率和时间。冷链食品常用的冷却技术包括空气冷却、水(冰)冷却、真空冷却、热交换冷却、金属表面接触冷却和低温介质接触冷却等。将食品的温度降到冰点以下使食品发生相变的操作称为冷冻，食品的冷冻过程需要经过冷却阶段，通常把食品冻结点至冻结率 80%的温度区间称为最大冰晶生成带，这是食品冻结时生成冰结晶最多、最快的温度区间，食品降温时通过该区域的速度越快越好。冷冻和冷却都需要靠制冷系统实现。制冷系统又叫制冷机，应用最广泛的制冷机原理是蒸汽压缩式制冷机，该系统由蒸发器、压缩机、冷凝器、膨胀阀四个主要构件部件构成。常用的冷却装置有冷风冷却装置、差压式冷却装置、水冷却装置、冰冷却装置和真空冷却装置。常用的冷冻设备有送风冻结装置、接触式冻结装置和浸渍冻结装置。经过冷却和冷冻处理后的食品应在冷库中运输或保存。

【本章习题】

一、名词解释

1. 最大冰晶生成带
2. 冻结烧
3. 制冷剂
4. 过冷却

二、计算题

1. 10 t 西蓝花，比热容取 3.60[kJ/(kg・K)]，从 28℃冷却到 2℃，需要使用多少冰？已知 1 kg 冰的融化潜热为 335 kJ。（忽略水升温产生的冷量）

2. 使含水量 70%，冰点温度为 −1℃的块状肉通过最大冰晶生成带需要降温到多少摄氏度以下？需要多久？已知肉的密度为 940 kg/m^3，厚度为 80mm，冷却介质温度为 −23℃，肉的热传导系数平均为 1.4 W/(m・K)，散热系数为 35 $W/(m^2 \cdot K)$。

【即测即练】

第三章

冷链食品加工技术的应用

【本章学习目标】

1. 掌握冷链果蔬、畜禽产品、水产品的加工工艺及操作要点；
2. 了解冷链食品加工新技术、新方法。

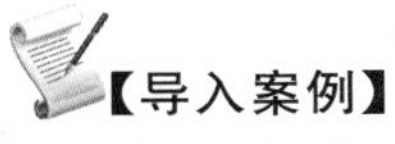

【导入案例】

奥运蔬菜加工运输全程低温保鲜

一棵蔬菜从生产基地采摘到走上餐桌，全程处于0～5℃的保鲜环境。北京市5家蔬菜加工企业，每天可切割、配送25～30t新鲜蔬菜。奥运蔬菜全部精细加工，打开包装即可食用，加工视频可传递到奥组委，每盘端上餐桌的奥运蔬菜都可以根据电子标签找到它的生产基地和加工企业。据了解，奥运蔬菜全部实现产地追溯制。上述过程的实现便是基于冷链食品加工技术。

案例来源：闫雪静. 奥运蔬菜加工运输全程低温保鲜[N/OL]. (2008-09-29)[2008-07-29]. http://2008.sina.com.cn/20080729/n258445464.shtm[OL]. 北京日报，有改动

第一节　冷链果蔬产品的加工

以果蔬为原料的加工产品种类众多，消费需求旺盛。然而传统的果蔬加工过程往往要经过较长时间的高温工艺，对果蔬原料中的许多热敏性营养物质破坏较大，同时也会一定程度上造成颜色加深等不良的品质变化。因此近年来低温保鲜之外的低温果蔬加工产品也日益得到重视，目前主要发展出三类低温果蔬加工产品：鲜切果蔬(fresh-cut fruits and vegetables)、速冻果蔬和冷链果汁。

一、鲜切果蔬

鲜切果蔬又名切割果蔬、半处理果蔬或轻度加工果蔬(minimally processed fruits and vegetables)，是一种新兴食品，因具有新鲜、方便、营养、无公害等特点，近年来消费量快速增加。鲜切果蔬到目前为止并没有公认的定义，但基本意义相同，即果蔬采后经清洗、去皮、切割(或切片)、修整、包装而成，具有新鲜果蔬的品质，为消费者提供新鲜、安全和符合营养需要的即食果蔬制品。其生产过程一般要经过清洗、分级、修整、切分(或不切

分)、洗涤、干燥、包装(或粗预包装)、储存、配送等工序,可供消费者直接食用或餐饮业使用。

(一)鲜切果蔬加工工艺流程

鲜切果蔬可分为即食型、即用型、即煮型,其中,即食型鲜切果蔬主要用于色拉、汉堡包等,即用型鲜切果蔬主要用于加工冷冻水饺及其他食品的配料,即煮型鲜切果蔬主要用于烹饪中。它们的处理方式有一定差异,但都有原料选择、分级、修整、清洗、切分、杀菌、护色及包装。其加工一般工艺流程如下:原料采收或采后处理、储藏→原料选择→去皮、分级、修整→清洗→冷却→切分→杀菌、护色→配菜包装→装载→储藏→成品。其关键操作点如下。

1. 采收

鲜切果蔬需要避免机械伤害,因此采用手工采收,采收后需立即加工。采收后不能及时加工的果蔬,一般需在低温条件下冷藏。

2. 原料选择

果蔬原料是保证鲜切果蔬质量的基础,用于鲜切的原料必须质量好,一般选择新鲜、饱满、成熟度适中、无异味、无病虫害的个体。

3. 分级、修整

按大小或成熟度分级,分级的同时剔除不符合要求的原料。用于鲜切果蔬的原料经挑选后要进行适当的修整,如去皮、去根、除去不可食部分等操作。

4. 清洗、切分

清洗的目的是减少原料中的微生物,为杀菌奠定良好基础。根据产品特点和生产需要,可采用浸渍或充气的方法使清洗效果更好。

清洗设备有浸泡式、搅动式、摩擦式、浮流式及各种方式的组合。按照人们日常食用习惯切成块、片、丝、丁等。在工业化生产中,需要去皮的果蔬,如胡萝卜、马铃薯等通常采用机械、化学或高压蒸汽等去皮方法。刀刃状况与所切果蔬的保存时间有着很大的关系:锋利刀切分果蔬保存时间长;钝刀切割面受伤多,容易引起变色腐败。切分的大小对鲜切果蔬的品质也有影响,切分越小,切口面积越大,越不利于保存。

5. 杀菌

彻底清洗果蔬是加工中的关键,经切分的果蔬表面已造成一定程度的破坏,汁液渗出,引起腐败变色导致产品质量下降。不同果蔬根据原料特点选择清洗液,以保证质量,延长保质期。常用的清洗液为含氯化合物,氯气、次氯酸钠、次氯酸钙均要求含氯200mg/L以上方能达到有效杀菌的目的,ClO_2能够有效抑制病毒和细菌,同时对动植物机体无伤害,用量小,为目前使用较多的杀菌剂。此外,酸性电解水(pH2.7)、O_3、Na_2HPO_4、H_2O_2也常用作鲜切果蔬杀菌剂。清洗温度4℃,同时能够冷却果蔬。

6. 护色

鲜切果蔬由于去皮、切分等处理工序会对组织产生机械损伤,诱导鲜切果蔬褐变,护色是保证鲜切果蔬品质的重要环节,护色的主要目的是防止褐变。目前常用的护色剂有亚硫酸盐、异抗坏血酸、抗坏血酸及其盐类、植酸、柠檬酸及其盐类、醋酸锌、半胱氨酸、

4-己基间苯二酚等，其中抗坏血酸和柠檬酸及其盐类常用浓度为300mg/L。此外$CaCl_2$兼具护色和护硬功能，也经常使用，常用浓度为0.5%～0.6%，也可采用护色剂复配方案。

7. 包装

鲜切果蔬的常用包装方式主要有自发式气调包装、减压包装和活性包装。自发式气调包装的基本原理是利用鲜切果蔬仍具有呼吸作用，通过使用适宜的透气性包装材料被动地调节气体环境，或者采用特定的气体混合物及结合透气性包装材料主动地调节气体环境。减压包装是指将产品包装在大气压为40kPa的坚硬的密闭容器中并储存在冷藏温度下。该方法用于青椒、菊苣、苹果、番茄、杏、黄瓜切片和绿豆芽保鲜已被证明取得良好的效果。活性包装是指包含各种气体吸收剂和发散剂的包装，包括使用一些抗氧化剂、脱氧剂、防腐剂、吸湿剂、乙烯吸收剂等，其作用原理是通过改变环境气体组成，降低乙烯浓度、呼吸强度、微生物活力而达到保鲜效果。

（二）鲜切果蔬冷链操作要点

鲜切果蔬由于加工工艺的特殊性，极易出现变色、变味、质地劣变等质量问题，保持品质、延长保鲜期是鲜切果蔬加工技术的关键。为了达到这个目的，鲜切蔬菜加工的全过程基本被控制在0～7℃，储藏温度通常为0～4℃，即应满足冷链食品加工的要求。按照从农田到餐桌的顺序，鲜切果蔬冷链加工的操作要点如下。

1. 原料的冷链运输

用于鲜切加工的果蔬采收之后应立即置于低温环境进行预冷，以除去田间热，避免微生物污染或田间微生物在此过程中增殖。原料的运输过程应使用冷藏运输车完成，运输车可配有风冷装置或加冰块以维持低温运送环境。原料送到加工地点后需进行品质检测，农残抑制率符合国家标准方能进入加工流程。鲜切果蔬原料存放时间没有明确要求，但运料运送应当及时，避免积压和运送不新鲜的原料。

2. 原料品粗加工、切配

不同种类的果蔬切配方式不同，冷链鲜切果蔬的切分过程应当尽量迅速，避免切分过程中原料升温，同时切配车间的环境温度要维持在较低的水平。

3. 清洗、脱水

冷链鲜切果蔬的清洗过程也要保持在低温条件下进行，由于鲜切果蔬不可经过高温工艺，没有高温灭菌过程，因此清洗必须彻底，必要时采用多种方式反复彻底清洗，如清洗在切分之后进行，则可与灭菌护色等过程联合进行。清洗之后的原料必须立即进行冷却，一般采用水冷却的方式，冷却水温度保持在4℃。清洗后的果蔬必须脱水才能够分装储藏，脱水过程在不损伤物料的前提下也应尽量快速，并且温度要维持在不高于7℃的环境下。

4. 包装、冷藏、销售

鲜切果蔬一般采用透明包装材料，根据产品的特点选择包装形式，包装后立即送入冷藏车运往销售地。进行冷链鲜切果蔬销售的地点必须配置冷藏箱、冷藏柜等设备，货架期间的产品温度一般维持在4℃，部分可能发生冷害的果蔬温度不高于7℃。尽管部分果蔬的冷害临界温度高于7℃，但由于果蔬冷害是一个积累的过程，而鲜切果蔬的货架期比较短，通常为3～7d，所以基本不会因储藏温度低于冷害临界温度而在进入消费终端之前出现冷害症状。

二、速冻果蔬

果蔬速冻加工(quick freezing and frozen storage)是利用人工制冷技术和设备，使经过预处理的果蔬的中心温度迅速降至－18℃，产品经包装处理后在此温度下可进行较长时间的储藏，是一种较好保持果蔬产品质量的重要加工方法。速冻果蔬的优势在于可以在不改变原有品质的情况下实现果蔬的长期保藏，在冷链果蔬加工产品中占有很大的份额。

果蔬速冻加工一般工艺流程如图3-1所示。

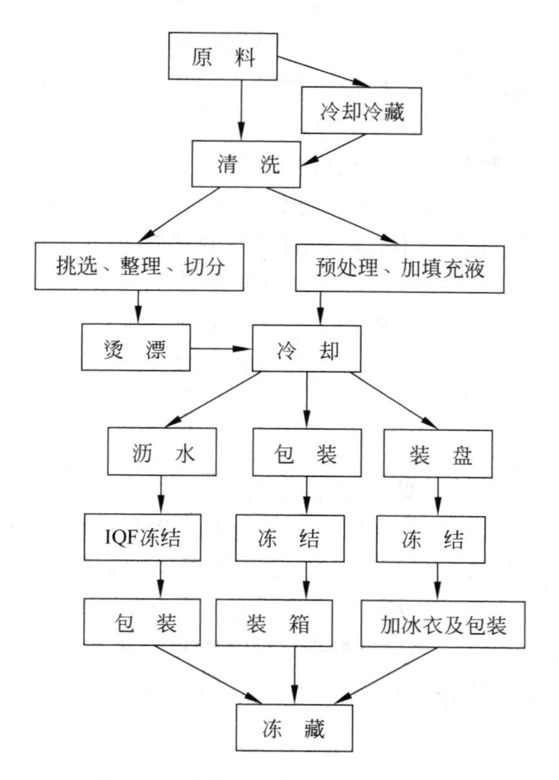

图3-1　果蔬速冻加工一般工艺流程

1. 原料选择

速冻果蔬的原料要求风味突出、色泽均匀、成熟度均一、适合机械采收。由于冻结过程会对果蔬细胞和组织造成一定的损伤，因此应选择抗冻性好、冻结后出汁少的品种。有些纤维质的原料(如菜心)，冻后品质易劣变，不宜作为冻结原料，因此速冻果蔬的原料选择不仅要看冻结特性，也要看解冻后的食用品质。

2. 预处理

预处理包括采收及采后处理、烫漂与冷却(见拓展阅读 3-1)。

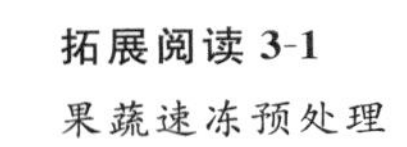
拓展阅读 3-1
果蔬速冻预处理

3. 速冻

目前大多数颗粒状或切分的果蔬加工采用单体冻结(IQF)速冻形式。经过预处理的原料先预冷至 0℃以下降低初温,提高冻结速度和冻品质量。果蔬速冻设备主要是螺旋式(链带)连续冻结器,冷风温度为 −35～−30℃,风速保持在 3～5m/s,保证以最短的时间通过最大冰晶生成带,使冻品中心温度尽快达到 −18～−15℃,甚至更低。也有采用流态床速冻器、真空冻结、液氮喷淋式冻结装置的冻结方式,冻结速度更快,冻结效果更好,但成本较高。

4. 包装

通过对速冻果蔬进行包装,可以有效地控制速冻果蔬在长期储藏过程中发生的冰晶升华和因接触空气而发生的氧化变色,便于运输、销售和食用,且可防止污染,保持产品卫生。速冻果蔬分装时应保证在低温下快速完成,之后立即入库。大多数冻品在 −4～−2℃时即会发生重结晶,应予以重视。

果蔬速冻品生产大多数采用先冻结后包装的方式,包装前要经过筛选和质量检查及微生物指标检测,但有些产品为避免破碎可先包装后冻结。冻结果蔬的包装有大、中、小各种形式,规格按消费需求而定,半成品或厨房用料的产品可用大包装,家庭应用及方便食品要用小包装(袋、小托盘、盒、杯等)。此外还应有外包装,大多用纸箱。包装材料有纸、玻璃纸、聚乙烯薄膜(或硬塑)及铝箔等。为避免产品的干耗、氧化、污染,可考虑采用透气性能低的包装材料。近年来已开发出能直接在微波炉内加热或烹调而且安全性能高的微波冷冻食品包装材料。

5. 冻藏与运输

完成速冻和包装的冻品要求储藏温度不高于 −18℃,因此多采用双级压缩制冷系统进行降温。在冻藏过程中,未冻结的水分及微小冰晶会有所移动而接近大冰晶与之结合或者互相聚合而成大冰晶,即重结晶。重结晶会造成组织的机械伤使解冻时发生汁液流失,温度波动会加速该过程,因此必须保持库温稳定,且专库储存,避免串味。速冻果蔬产品的冻藏期一般可达 10～12 个月,条件好的可达两年。速冻果蔬流动必须采用冷链流通系统,流动过程中产品也要维持在冻藏温度下,装卸转移过程应处于低温,销售场所要求温度保持在 −18～−15℃。

6. 解冻与使用

速冻果蔬解冻过程越短,对色泽和风味的影响越小。解冻可以在冰箱中、室温下以及冷水或温水中进行。微波或高频迅速解冻适用于组织成分均匀的产品,若解冻不均匀,易造成产品局部损害。冷冻蔬菜可直接进行炖、炒、炸等烹调加工,烹调时间以短为好,过分热处理会影响质地。冷冻水果解冻后可直接食用,质量好的冷冻浆果还可作为糖制品的原料。

三、冷链果汁

果汁(fruit juice)是指未经任何发酵、稀释或添加其他成分,直接以新鲜水果为原料,经过物理方法，如压榨、离心、萃取等得到的汁液，一般是指纯果汁或100%果汁。以果汁为基料，人工加入其他物质，如水、糖、酸或香料，调配而成的汁称为果汁饮料或软饮料。果汁及其制品保存了新鲜原料所含的糖分、氨基酸、维生素、矿物质等，风味和营养十分接近新鲜水果，能够快速补充人体对能量与营养的需要，是果蔬加工领域的主要产品之一。由于果汁中含有丰富的营养成分，水分活度高，必须加工成密封杀菌食品方能长期保存，因此传统果汁及其制品的生产工艺需要经过高温杀菌处理，但冷杀菌技术的兴起使冷链果汁加工成为可能。冷链果汁加工的基本原理与传统果汁相同，不同之处在于将部分传统工艺中的高温技术改为冷处理技术，成品必须置于低温条件保存。目前冷链果汁产品以原果汁和浓缩果汁为主。

冷链果汁加工一般工艺流程如下：原料采收→分级→清洗→去皮→破碎→护色→打浆→取汁→澄清→过滤→调配→均质（脱气）→浓缩→杀菌→包装→储藏。其关键操作点如下。

1. 原料选择

果汁原料应具有浓郁的风味和香气，无不良风味，色泽稳定，酸度适当，且汁液丰富、取汁容易、出汁率高。传统果汁的原料种类十分丰富，但基于目前冷链果汁生产工艺的特点，冷链果汁原料以浆果为主。原料采收应注意成熟度和新鲜度，未熟和过熟的原料均不适合制汁，成熟度一般介于两者之间。在新鲜时开始榨汁，若不马上用，就必须采用深冷冻储存（−18℃以下）。果蔬汁加工对原料的大小和形状没有严格要求，但应力求无损伤、无变质、无虫害。

2. 去皮

大多数水果原料用于制汁时可不去皮，如考虑果皮中的纤维或单宁影响产品质量可进行去皮。冷链果汁要求尽量降低原料中原始微生物的数量，如必须避免高温处理工艺可选择冷冻去皮法或真空去皮法。冷冻去皮是将果蔬在冷冻装置中冻至表面轻度冻结，然后解冻，使表皮松弛后去皮，此法适用于成熟度相对高的果实，质量好但费用高。真空去皮是将成熟的果蔬先行加热，升温后果皮与果肉易分离，接着进入有一定真空度的真空室内，经适当处理，使果皮下的液体迅速“沸腾”，皮与肉分离，然后解除真空，冲洗或搅动去皮。此法亦要求成熟度较高的原料。

3. 破碎

除了柑橘类和浆果类之外，榨汁前都必须经过切块或破碎，组成破碎-压榨工序，以提高出汁率。由于破碎程度直接影响出汁率，因此破碎时要注意破碎块大小均匀，破碎度要适当。破碎块太大不利于汁液流出，降低出汁率；破碎粒度太小，在压榨时堵塞滤层，影响出汁速度，降低出汁率，并造成果汁中悬浮物过多影响澄清工艺。一般来说，苹果、梨、菠萝、芒果、番石榴粒度以3～5mm为宜，草莓和葡萄以2～3mm为宜，樱桃为5mm。破碎机有磨碎机、锤式破碎机、挤压式破碎机、打浆机等。果实在破碎时常喷入适量的由氯化钠及维生素C配成的抗氧化剂，防止和减少氧化作用的发生。

4. 加热处理

冷链果汁在不影响品质的情况下可有选择地进行加热处理，有利于色素和风味物质提取，并且能够提高出汁率。可采用瞬时加热技术，80～90℃，1～2min，通常采用管式热交换器完成，处理后立即进行冷却。

5. 取汁、打浆

由于浸提取汁法需要长时间的中高温处理，因此冷链果汁加工主要采用压制取汁法，即利用外部的机械挤压力，将果汁从果实或果浆中挤出。榨汁方法因果实的结构、果汁存在的部位及其组织性质、成品的品质要求而异。大多数果实通过破碎就可榨取果汁，但柑橘、石榴等皮厚且皮层和种子中含有精油或单宁类物质的果实不宜采用压制取汁法取汁。桃、李、杏等果肉肥厚的果实一般采用磨碎机将果实磨制成浆状的制汁法。榨汁机主要有杠杆式压榨机、螺旋式压榨机、液压式压榨机、带式压榨机、切半榨汁机、柑橘榨汁机、离心分离式压榨机、控制式压榨机、布朗 400 型榨汁机等。果蔬榨汁要求榨汁时间短，以减小榨汁过程中果蔬色、香、味的损失，防止营养物质的分解，减少空气的混入。

6. 澄清

冷冻澄清法可满足冷链果汁的加工要求，主要是利用冷冻可改变胶体的性质、解冻时可破坏胶体的原理，将果蔬汁置于－4～－1℃的条件下冷冻 3～4d，解冻时可使悬浮物形成沉淀。该方法对呈雾状的混浊果汁效果最为明显。苹果汁、葡萄汁、草莓汁、柑橘汁、胡萝卜汁和番茄汁均可利用冷冻澄清法澄清。

7. 过滤

果蔬澄清后必须进行过滤操作才可真正达到澄清果汁的标准。常用的过滤器有袋滤器、纤维过滤器、板框压滤器、真空过滤器、硅藻过滤机、离心分离机、超滤膜过滤机等。过滤器的滤孔大小、液汁进入时的压力、果汁黏度、果汁中悬浮粒的密度和大小以及果汁的温度高低都会影响过滤的速度。过滤工艺应设法减少果肉对滤孔的堵塞，以提升过滤效果。在选择和使用过滤器、滤材以及辅助设备时，必须特别注意防止果蔬汁被金属离子所污染，并尽量减少与空气接触的机会。冷链果汁过滤需要维持在 4℃低温下进行。

8. 均质(脱气)

加工混浊汁需要对物料进行均质，可采用超声波低温均质操作，工作过程不会因摩擦生热，适用于冷链果汁均质。其原理是利用 20～25 kHz 超声波的强大冲击波和空穴作用力，使物料进行复杂搅拌和乳化而完成均质化。超声波均质机由泵和超声波发生器构成，果蔬汁由特殊高压泵以 1.2～1.4 MPa 的压力供给超声波发生器，并以 72 m/s 的速度喷射通过喷嘴，而使粒子细微化。

9. 浓缩

冷链浓缩果汁主要采用冷冻浓缩法进行浓缩。该法利用缓冻的浓缩效应浓缩液体，设备原理同回转式冻结装置，不同的是回转速度放慢，给果汁以充分的浓缩时间，浓缩度取决于果蔬汁的冰点温度。冷冻浓缩避免了热及真空的作用，没有热变性，挥发性风味物质损失极小。采用两级浓缩系统可得到 42 °Bx 以上的浓缩果汁浓度。

10. 杀菌

冷链果汁与传统果汁生产工艺主要的差别在于杀菌工艺，需采用冷杀菌技术。超高压灭菌技术是能够用来对液体物料进行无菌处理的杀菌技术，且由于果汁属于高酸性食品，低 pH 不适合腐败微生物生长，能够减弱微生物对高压的忍受能力。原理是将果汁置于 100～1 000MPa 的高压和一定的温度下处理一段时间，引起食品成分非共价键(氢键、离子键和疏水键等)的破坏或形成,使生物大分子物质失活、变性,并造成微生物菌体变形、细胞膜破裂,从而破坏细胞功能,达到杀死果汁中微生物的目的。

11. 包装和储藏

冷链果汁必须采用无菌灌装系统进行灌装。果汁无菌包装容器有纸盒、塑料杯、蒸煮袋、金属罐和玻璃瓶等。在无菌的环境下把已经经过灭菌的果汁灌入无菌容器内。

冷链果汁的储藏分为冷藏和冻藏,依据不同的用途选择不同的储藏方式。用于直接饮用的产品一般进行冷藏,储藏温度为 0～4℃,储藏期较短。如需进行长期存放则需对果汁进行速冻,置于低于－18℃的条件下,可存放 1 年以上,该方法主要用于浓缩果汁和原果汁的保存。

【案例 3-1】冷链蓝莓原果汁加工工艺

原料→挑选(无病无伤无霉烂)→清洗→高速打浆(0～7℃)→过滤皮渣→灌装→保存(0～4℃;45d)

案例 3-1
2019 年饮料市场拐点到来
××××打通冷链推出纯果汁

第二节　冷链畜禽产品的加工

一、冷链肉制品加工

肉及肉制品是易腐败食品,处理不当就会变质,而低温冷链进行储藏运输,可抑制微生物生长繁殖,延长肉和肉制品的货架期。利用冷链或冷却、冷冻进行加工、储藏和运输,已成为部分肉制品的必备工艺。目前,主要冷链肉制品有冷却肉(chilled meat)、冷冻肉(frozen meat)和调制肉制品(prepare meat products)等。GB/T 19480—2009 肉与肉制品术语中做了如下定义。

冷却肉:又称冷鲜肉,是指低于 0℃ 环境下将肉中心温度降到 0～4℃时,而不产生冰结晶的肉。

冷冻肉:在低于－23℃ 环境下将肉中心温度降至－15℃的肉。

调制肉制品:以畜禽鱼肉为主要原料,添加(或不添加)时令蔬菜和(或)辅料、食品添加剂,经滚揉(或不滚揉)、切制或绞制、混合搅拌(或不混合)、成型(或预热处理)、包装、冷却(或冻结)等工艺加工而成的系列风味生肉制品。

下面以冷却肉为例,介绍其主要工艺流程。

冷却肉是在良好操作规范和良好卫生条件下,活畜经宰前、宰后检验检疫合格屠宰后,胴体经冷却处理,其后腿肌肉深层中心温度在 24h 内降至 0～4℃,在 10～12℃的车间内进行分割加工，并在后续包装、储藏、流通和销售过程中始终保持在0～4℃范围内的生鲜肉。其主要工艺和步骤如下。

1. 畜禽屠宰

分别参照《畜禽屠宰操作规程 生猪》(GB/T 17236—2019)、《畜禽屠宰操作规程鸡》(GB/T 19478—2018)、《畜禽屠宰操作规程牛》(GB/T 19477—2018)、《畜禽屠宰操作规程羊》(NY/T 3469—2019)和《畜禽屠宰操作规程兔》(NY/T 3470—2019)等标准和规程，选择经动物卫生监督机构检验检疫合格的健康畜禽进行屠宰。

2. 胴体分级

分别按《鲜、冻猪肉及猪副产品　第1部分：片猪肉》(GB/T 9959.1—2019)、《牛肉等级规格》(NY/T 676—2010)、《羊肉质量分级》(NY/T 630—2002)等标准对猪胴体、牛胴体、羊胴体进行分级，分级方法可采用人工分级、超声波自动分级或基于CCD(电荷耦合元件)成像技术的自动分级系统。

3. 冷却处理

1) 冷却目的

刚屠宰完的胴体，其温度一般在38～41℃，这个温度范围正适合微生物生长繁殖和肉中酶的活性，对肉的保存很不利。肉的冷却目的就是在一定温度范围内使肉的温度迅速下降，使微生物在肉表面的生长繁殖减弱到最低程度，并在肉的表面形成一层皮膜；减弱酶的活性，延缓肉的成熟时间；减少肉内水分蒸发，延长肉的保存时间。

2) 冷却条件及方法

宰后胴体应在1h内进入冷却间。进入冷却间之前，采用温水或乳酸进行冲洗，由上至下冲洗整个胴体内侧及锯口、刀口处，降低初始菌落总数。经冷却，在24h内胴体后腿肌肉深层中心温度达到0～4℃，牛羊胴体冷却速度不宜过快，防止冷收缩。冷却成熟温度维持在0～4℃，相对湿度维持在85%～90%，猪胴体成熟时间不少于24h，羊胴体成熟时间不少于48h，牛胴体成熟时间不少于72h。

目前，畜肉的冷却主要采用空气冷却，即通过各种类型的冷却设备，使室内温度保持在0～4℃。冷却时间决定于冷却室温度、湿度和空气流速，以及胴体大小、肥度、数量、胴体初温和终温等。禽肉可采用液体冷却法，即以冷水和冷盐水为介质进行冷却，亦可采用浸泡或喷洒的方法进行冷却，此法冷却速度快，但必须进行包装，否则肉中的可溶性物质会损失。

3) 冷却操作时的注意事项

(1) 胴体要经过修整、检验和分级。

(2) 冷却间符合卫生要求。

(3) 吊轨间的胴体按“品”字形排列。

(4) 不同等级的肉，要根据其肥度和重量的不同，分别吊挂在不同位置。肥重的胴体应挂在靠近冷源和风口处，薄而轻的胴体应挂在距排风口的远处。

(5) 进肉速度快，并应一次完成进肉。

(6) 冷却过程中尽量减少人员进出冷却间，保持冷却条件稳定，减少微生物污染。

(7) 在冷却间按每立方米平均1W的功率安装紫外线灯，每昼夜连续或间隔照射5h。

(8) 胴体最厚部位中心温度达到 0～4℃，即达到冷却终点。

(9) 冷却终温一般在 0～4℃，牛肉多冷却到 3～4℃，然后移到 0～1℃冷藏室内，使肉温逐渐下降。

(10) 对于牛肉、羊肉来说，在肉的 pH 值尚未降到 6.0 以下时，肉温不得低于 10℃，否则会发生冷收缩；在冷却初期，空气与胴体之间温差大，冷却速度快，相对湿度宜在 95%以上，之后，相对湿度宜维持在 90%～95%，冷却后期相对湿度以维持在 90%左右为宜。这种阶段性地选择相对湿度，不仅可缩短冷却时间、减少水分蒸发、抑制微生物大量繁殖，而且可使肉表面形成良好的皮膜，不致产生严重干耗，达到冷却目的；冷却过程中，空气流速一般应控制在 0.5～1m/s，最高不超过 2m/s，否则会显著提高肉的干耗。

4. 胴体分割

分割车间温度应控制在 10～12℃，分割滞留时间应小于 0.5 h，分割过程中肉块中心温度应不高于 4℃。分割刀具、箱框和工作人员双手应每隔 1h 消毒一次。

5. 金属检测

用金属探测仪检验分割肉块，剔除带有金属异物的肉块。

6. 标签与标志

标签应符合《食品安全国家标准　预包装食品标签通则》(GB 7718—2011)的规定，包装储运图示标志应符合《包装储运图示标志》(GB/T 191—2008)和《运输包装收发货标志》(GB/T 6388—1986)的规定。

7. 包装、储存与运输

冷却肉包装材料应符合《包装用聚乙烯吹塑薄膜》(GB/T 4456—2008)和《食品安全国家标准　食品接触用塑料材料及制品》(GB 4806.7—2016)的规定。包装间温度应在 10～12℃，包装滞留时间应小于 0.5h。冷却肉应储存在温度 0～4℃、相对湿度 85%～90%的环境中。冷却肉运输条件按《食品安全国家标准　肉和肉制品经营卫生规范》(GB 20799—2016)的规定执行。

二、冷链乳制品加工

乳制品营养丰富，易于腐败变质，在乳制品加工和储运过程中，往往会利用低温杀菌结合冷却、冷冻、冷藏、冷链配送等工艺，以保留乳制品中的一些维生素、活性蛋白质等热敏物质或满足特殊工艺要求，从而大大丰富了乳制品的种类和营养功能，同时还延长了产品保质期，促进了乳制品的生产和消费。目前，主要的冷链乳制品有巴氏杀菌乳、发酵乳制品、乳品冷饮等。

拓展阅读 3-2

冷链乳制品介绍

(一) 酸乳加工

1. 酸乳加工工艺流程

酸乳加工工艺流程如图 3-2 所示。

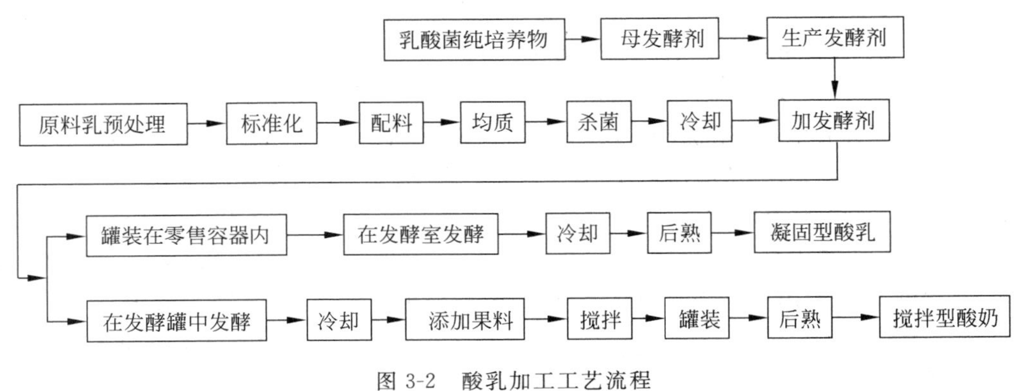

图 3-2　酸乳加工工艺流程

2. 原辅料要求及预处理

1）原料乳

用于加工酸乳的原料乳必须是优质的，酸度在 18°T 以下，杂菌数不高于 500 000 cfu/mL，全乳固体不低于 11.5%。

2）其他原辅料

(1) 脱脂乳粉。脱脂乳粉可提高酸乳干物质含量，改善产品组织状态，促进乳酸菌产酸，用作发酵乳的脱脂乳粉要求优质、无抗生素和防腐剂。一般添加量为 1%～1.5%。

(2) 稳定剂。在搅拌型酸乳生产中添加稳定剂，可改善产品品质。常用的稳定剂有明胶、果胶、琼脂、卡拉胶和结冷胶等，其添加量应在 0.1%～0.5%。

(3) 糖及果料。在酸乳生产中，常添加 6.5%～8%的蔗糖或葡萄糖。常在搅拌型酸乳中使用果料及调香物质，如各种水果果酱等。

3. 配合料的预处理

1）均质

均质处理可使原料充分混匀，有利于提高酸乳的稳定性和稠度，并使酸乳质地细腻、口感良好。均质所采用的压力一般为 20～25MPa。

2）杀菌

杀菌可杀灭原料乳中的杂菌，确保乳酸菌的正常生长和繁殖；钝化原料乳中有对发酵菌有抑制作用的天然抑制物，使牛乳中的乳清蛋白变性，以改善组织状态、提高黏稠度和防止乳清析出。杀菌条件一般为：90～95℃，5min。

4. 接种

乳杀菌后，应立即降温到 45℃左右后接种发酵剂。接种量根据菌种活力、发酵方法、生产时间的安排和混合菌种配比而定。一般生产发酵剂，其产酸活力在 0.7%～1.0%，此时接种量应为 2%～4%。加入的发酵剂应事先在无菌操作条件下搅拌成均匀细腻的状态，不应有大凝块，以免影响成品质量。

5. 凝固型酸乳接种后续加工

1）灌装

灌装可选择玻璃瓶或塑料杯，在装瓶前需对玻璃瓶进行蒸汽灭菌，一次性塑料杯可直接使用。

2）发酵

用保加利亚乳杆菌与嗜热链球菌的混合发酵剂时，温度保持在41～42℃，培养时间2.5～4.0h。达到凝固状态时即可终止发酵。一般发酵终点可依据如下条件来判断。

（1）滴定酸度达到80°T以上。

（2）pH值低于4.6。

（3）表面有少量水痕。

（4）奶变黏稠。

发酵应注意避免震动，否则会影响组织状态；发酵温度应恒定，避免忽高忽低；掌握好发酵时间，防止酸度不够或过度以及乳清析出。

3）冷却

发酵好的凝固酸乳，应立即移入0～4℃的冷库中，迅速抑制乳酸菌的生长，以免继续发酵而造成酸度升高。在冷藏期间，酸度仍会有所上升，同时风味成分双乙酰含量会增加。试验表明冷却24h，双乙酰含量达到最高，超过24h又会减少。因此，发酵凝固后须在0～4℃储藏24h再出售，通常把该储藏过程称为后成熟，一般最长冷藏期为7～14d。

6. 搅拌型酸乳接种后续加工

搅拌型酸乳与凝固型酸乳加工的不同点在于多了一道搅拌混合工艺，这也是搅拌型酸乳的特点，根据是否添加果蔬料或果酱，搅拌型酸乳可分为天然搅拌型酸乳和加料搅拌型酸乳。

1）发酵

搅拌型酸乳的发酵是在发酵罐中进行的，应控制好发酵罐的温度，避免忽高忽低。发酵罐上部和下部温差不要超过1.5℃。

2）冷却

冷却的目的是快速抑制细菌的生长和酶的活性，以防止发酵过程产酸过度及搅拌时脱水。冷却在酸乳完全凝固（pH值4.6～4.7）后开始，冷却过程应稳定进行，冷却过快将造成凝块收缩迅速，导致乳清分离；冷却过慢则会造成产品过酸和添加果料的脱色。搅拌型酸乳的冷却可采用片式冷却器、管式冷却器、表面刮板式热交换器、冷却罐等。

3）搅拌

通过机械力破碎凝胶体，使凝胶体的粒子直径达到0.01～0.4mm，并使酸乳的硬度和黏度及组织状态发生变化。在搅拌型酸乳的生产中，这是一道重要工序。

（1）搅拌的方法。机械搅拌使用宽叶片搅拌器，搅拌过程中应注意既不可过于激烈，又不可搅拌过长时间。搅拌时应注意凝胶体的温度、pH值及固体含量等。通常搅拌开始用低速，以后用较快的速度。

（2）搅拌时的质量控制。

温度控制：搅拌的最适温度为0～7℃，但在实际生产中使40℃的发酵乳降到0～7℃不太容易，所以搅拌时的温度以20～25℃为宜。

pH值控制：酸乳的搅拌应在凝胶体的pH值达4.7以下时进行，若在pH值4.7以上时搅拌，则因酸乳凝固不完全、黏性不足而影响其质量。

干物质控制：较高的乳干物质含量对搅拌型酸乳防止乳清分离起到较好的作用。

管道流速和直径控制：凝胶体在通过泵和管道移送及流经片式冷却板片和灌装过程中，会受到不同程度的破坏，最终影响到产品的黏度。凝胶体在经管道输送过程中应以低于 0.5m/s 的层流形式出现，管道直径不应随着包装线的延长而改变，尤其应避免管道直径突然变小。

4）混合、罐装

果蔬、果酱和各种类型的调香物质等可在酸乳自缓冲罐到包装机的输送过程中加入，采用这种方法时可通过一台变速的计量泵连续加入酸乳中。在果料处理中，杀菌是十分重要的，对带固体颗粒的水果或浆果进行巴氏杀菌，其杀菌温度应控制在能抑制一切有生长能力的细菌，而又不影响果料的风味和质地的范围内。可根据需要，确定包装量和包装形式及灌装机。

5）冷却、后熟

将灌装好的酸乳于 0～7℃冷库中冷藏 24h 进行后熟，进一步促使芳香物质的产生和黏稠度的改善。

（二）冰淇淋加工（见拓展阅读 3-3）

拓展阅读 3-3
冰淇淋加工

三、冷链蛋制品加工

（一）冷藏法储蛋

冷藏法是目前世界上广泛应用的一种鲜蛋储藏的方法，是利用低温来延缓蛋内的蛋白质分解、抑制微生物生长繁殖、达到在较长时间内保存鲜蛋的方法。冷藏法的优点是，操作简单，管理方便，储藏效果好。一般储藏半年以上，仍能保持蛋的新鲜。冷藏法储蛋必须使用得当、管理合理，才能真正达到冷藏的效果。否则，易使鲜蛋变质，造成经济损失。冷藏法储藏鲜蛋的操作要点如下。

1. 冷库消毒

鲜蛋入库前，冷库要事先消毒、打扫清洁、通风换气，以消灭库内残存的微生物。消毒时常用石灰水或漂白粉溶液。

2. 严格选蛋

入库前要经过外观和灯光透视检验，剔除破碎、裂纹、雨淋、孵化、异形等次劣蛋和破损蛋，把其余的蛋按新鲜程度分类放置。凡符合储藏条件的鲜蛋尽快入库，不能在库外搁置过久；凡质量较差的蛋，要及时处理。

3. 合理包装

入库蛋的包装要清洁、干燥、完整、结实，没有异味，防止鲜蛋污染发霉，轻装轻卸。

4. 鲜蛋预冷

选好的鲜蛋入冷库时要经过预冷。若把温度较高的鲜蛋直接送入冷库,一方面会使库温上升,水蒸气在蛋壳上凝成水珠,使蛋出汗,给霉菌生长创造了条件;另一方面,蛋的内容物是半流动的液体,若遇骤冷,内容物很快收缩,外界微生物易随空气一并进入蛋内。

预冷的方法有两种:一种是在冷库的穿堂、过道进行预冷,每隔 1~2h 降温 1℃,待蛋降温到 1~2℃时入冷库;另一种是在冷库附近设预冷库,预冷库的温度为 0~2℃,相对湿度 75%~85%,预冷 20~40h,蛋温降至 2~3℃转入冷藏库。

5. 入库码垛

为改善库内通风,均匀冷却库内温度,码垛应使库内通风适宜,且箱不靠墙,离墙 20~30cm,垛间间隔 10cm 左右,便于检查和通风。宜长期保藏的蛋品放在里面,不宜长期保藏的蛋品放在外面,便于出库。垛的高度不能超过风道喷风口,以利空气对流畅通。每批蛋进库后应挂上货牌,标注入库日期、数量、类别、产地和温湿度变化等信息。

6. 加强冷库的技术管理,保证鲜蛋冷藏效果

控制冷库内温湿度是保证取得良好冷藏效果的关键。鲜蛋冷藏最适宜的温度为 -2~-1℃,但最低不能低于-3.5℃,否则,易使鲜蛋冻裂。相对湿度为 85%~90%时最好,湿度超过 90%时,蛋就会发霉。库内温湿度要恒定,不可忽高忽低。温度在昼夜内的变化幅度不能超过±0.5℃,湿度也不能太低,否则会造成自然损耗的增加。因此,要定期检查库内温湿度。

鲜蛋冷藏期间,禁止同时冷藏其他物品,切忌同蔬菜、水果、水产品和有异味的物质放在同一冷库内。一是防止蛋吸收异味,影响品质;二是这些物质的要求不同,相互影响冷藏效果。如蔬菜、水果、水产品等水分高,湿度大,易使鲜蛋发霉变质,并且这些物质的温湿度要求不同,冷库难以控制。因此,要做到不同的物质分库冷藏。

7. 出库升温

鲜蛋冷藏后,出库时需逐步升温,如果蛋突然遇热,蛋壳表面凝成一层水珠,易使蛋壳膜受热破裂,易于感染微生物,加速蛋的库外变质。如将蛋从 0℃直接放到 27℃室内 5d,次蛋率达 13%。因此,出库时的冷藏蛋要注意逐步升温。经过冷藏的蛋不能再长时间放置,要及时处理。

(二)冰蛋制品加工

冰蛋制品是指将蛋液在杀菌后装入罐内,进行低温冷冻后的一类蛋制品。这是长期储存蛋品的一种有效方法。冰蛋制品主要用于食品工业,如用于生产面包、饼干、糕点、鸡蛋面、冰淇淋、糖果、布丁、肉制品等。冰蛋制品还可在产蛋的淡季投放市场,弥补鲜蛋供应的不足,以满足消费者对蛋品的需求。冰蛋制品分为冰全蛋、冰蛋黄、冰蛋白三种,其加工方法基本相同。下面以巴氏杀菌冰鸡全蛋的加工工艺为例,说明冰蛋品的加工方法。巴氏杀菌冰鸡全蛋的加工工艺流程如下:全蛋液→巴氏杀菌→冷却→灌装→冷冻→包装→冷藏→冰蛋。巴氏杀菌冰蛋加工工艺操作要点如下。

1. 搅拌与过滤

为了使蛋液中蛋白与蛋黄混合均匀，组织状态均匀一致，加热杀菌更完全，必须将打蛋后的蛋液放入搅拌过滤器内，搅拌成均匀的乳状液。搅拌时应注意尽量不使其发泡，否则会影响后面加热杀菌的杀菌效果。

过滤是为了除去蛋液中的蛋壳碎片、系带、蛋壳膜和蛋黄膜等杂物。

2. 巴氏杀菌

蛋液的巴氏杀菌即对蛋液进行低温杀菌，是在尽量保持蛋液营养价值的条件下，杀灭其中的致病菌，最大限度减少蛋液中细菌数目的处理方法。目前，蛋液的巴氏杀菌多采用片式热交换器进行。

采用巴氏杀菌法处理蛋液时，为了防止蛋液凝固，加热的温度和时间必须控制在一定范围之内。在加热过程中，蛋白比蛋黄更易出现热凝固的现象，因此，在低温杀菌时，全蛋液、蛋黄液及蛋白液的加热温度和时间并不相同。全蛋液、蛋黄液加热温度为 60～67℃（通常为 64.5～65.5℃），蛋白液加热温度为 55～57℃，杀菌时间一般控制在 3～4min。也有些国家为了提高杀菌的温度、增强杀菌效果，在蛋液中还添加了磷酸盐或明矾等金属盐，以防止杀菌温度升高后蛋液产生凝聚的现象。

3. 冷却

杀菌后的蛋液应迅速冷却降温至 4℃左右（若加工的产品供本厂使用，可冷却到 15℃）。采用片式热交换器进行巴氏杀菌后，蛋液将从保温区进入冷却区降温。搅拌、过滤后未经巴氏杀菌的蛋液应迅速转入冷却罐内冷却降温至 4℃左右。

4. 灌装

蛋液降温达到要求时即可灌装。冷却蛋液一般采用马口铁罐（内衬塑料袋）灌装，马口铁罐的装量一般有 20kg、10kg 和 5kg 三种。灌装容器使用前必须洗净并用 121℃蒸汽消毒 30min，待干燥后备用。为了便于销售，蛋液也可采用塑料袋灌装，塑料袋的装量通常有 0.5kg、1kg、2kg 和 5kg 等几种规格。

5. 冷冻

将灌装好的蛋液送入低温冷冻间内冻结。在国内，冷冻间的温度一般控制在－23℃左右，当罐（袋）内中心温度降至－15℃时即可完成冻结。在普通冻结间内完成冻结，一般需 60～70h，而在－45～－35℃的冷冻条件下完成冻结，一般只需 16h 左右。

冷冻时蛋黄的物性将发生很大的变化。当冷冻温度低于－6℃时，蛋黄的黏度会突然增加，而解冻后的黏度也较大，并有糊状物产生。据研究，－20℃冷冻对蛋黄黏性的影响比－10℃冷冻要大得多，但使用液氮冷冻则不会出现蛋黄黏性改变的现象。为了减少蛋黄在冻结时产生上述不利变化，一方面可以在－10℃左右进行冷冻，另一方面可在蛋黄中先添加 10%左右的蔗糖或 3%～5%的食盐再对其冷冻。

6. 包装

冻结完成后，马口铁罐需用纸箱包装，用塑料袋灌装的产品也应在其外面加硬纸盒包装，以便于保管和运输。

7. 冷藏

将包装好的冰蛋送入－18℃以下的低温冷库中储藏。冰蛋黄可放于－8℃左右的冷库中冷藏，冰蛋的冷藏期一般为 6 个月以上。

第三节　冷链水产品的加工

一、冷链水产品工艺要求

冷链水产品的加工工艺流程因水产品的种类、形态、大小，制品的形状、用途、包装等不同而异，但一般都要经过前处理、冻结、冻结后处理等过程。由于水产冷冻食品提供给消费者时，只要简单地加热或烹调即可食用，因此冻结前原料的前处理是加工工艺流程的重要环节，具体如下：原料处理→冰藏→水洗、脱水→形态处理（除去不可食部分，切断成商品形状）→水洗、脱水→挑选、分级（根据形状大小）→抗氧化处理→称重→装盘包装→冻结。

（一）原料的选择

冷链水产品的原料对鲜度有一定要求，因为原料的质量对水产冷冻食品的质量稳定性有很大影响。当使用冷冻鱼作为水产冷冻食品原料时，首先要判定冷冻鱼的质量并进行解冻，以保证冷冻制品的质量。最简单的判定冷冻鱼质量的方法是感官检验，也就是用锋利的刀具将冷冻鱼切断，观察其切面，也可使用放大镜进行更为细致的观察，在切断面上如果能看到冰结晶，则判定质量不佳；若看切断面致密，具有鱼肉特有的光泽，则质量较好。另外也可以切成薄鱼肉片，放入水中融化后用手指按压一些，若水分很多，则说明鱼肉保水性差，质量较差；若具有生鱼肉的质地，则说明冷冻鱼质量较好。

（二）预处理

原料的预处理是水产冷冻食品加工的重要环节，虽然水产品的种类、制品形式及要求不同，因此操作内容不同，但也存在共同点。整个前处理过程中，原料都应保持在低于常温的冷却状态下，以减少微生物的繁殖。

鲜鱼要先用清洁的冷水洗干净，为防止海水鱼鱼体褪色和眼球白浊，海水鱼可使用 1% 食盐水清洗，尤其是乌贼，采用 2%～3%的食盐水则保色效果更好；小型鱼类一般都整条冻结，也有去内脏后冻结的；虾有带壳、剥壳等方式；螃蟹有带壳冻结型和除壳冻肉型；而大型鱼类一般都采用手工或机械方式进行形态处理，切成鱼段、鱼肉片、鱼丸等。处理的刀具必须要保证清洁、锋利，防止污染。

原料在经过水洗、形态处理和挑选分级后，有些品种还要进行必要的物理处理和化学处理，如抗氧化剂处理、盐渍、加盐或加糖脱水处理等，再进行称量、包装和冻结。操作流程也因不同品种而进行调整，主要分为块状冻结方式和单块快速冻结方式，其中块状冻结方式一般是冻前包装，或称重后进行冷冻；单体快速冻结方式则是先进行冻结再分级和包装。

（三）冻结

在选用优质水产原料，经过前处理后，进入冻结环节。为了保证水产冷冻产品的高质量，一般都采用快速深温冻结方式（冻品中心温度必须达到－15℃），冷冻食品的快速冻结装置种类很多，有吹风式冻结装置，接触式平板冻结装置，不冻液喷淋、浸渍冻结装置等，冻结时按原料是集合体还是单个分离形式，可分为块状冻结和单体快速冻结（IQF）方式；根据冻结作业是否连续，又可分为连续式和间歇式两种。水产冷冻食品应根据其种类、特性、商品包装的形式、大小等，选择合适的冻结方式和冻结装置。例如鱼排是用许多小的鱼肉片集合起来的，一般是先冻成块状，因此采用平板冻结机加压冻结最为合适，产品不易变形。

当鱼肉片的冻结速度为0.6～4cm/h时，产品质量具有一定的保障。小型水产食品如鱼丸、虾肉等，可采用螺旋带式冻结装置或流态化冻结装置，冻结速度快，冻品质量高，食用时解冻也方便、迅速；虾、扇贝、蟹等水产品常采用0.6～2.5cm/h的冻结速度；大型的金枪鱼类则在捕捞船上进行去头、除内脏和放血等前处理后，采用－60℃低温空气进行吹风冻结，或在－45℃氯化钙溶液中浸渍冻结，使鱼体迅速降温至－35℃以下，防止其变色。

（四）后处理

水产冷冻食品在冻结之后和送往冷藏库进行长期低温冷藏之前，需要进行一些处理，以防止在长期冻藏过程中品质变化和商品价值降低，该工艺称为后处理。水产冷冻食品在冻藏的过程中，冷冻制品常发生干燥、变色、风味损失、蛋白质变性等现象，这都和冷冻制品接触空气有关。因此为了隔绝空气、防止氧化，可在后处理工序中对冻结制品进行一些有效处理，如包冰、包装等作业，以防止水产冷冻食品在冷藏中商品价值的下降。

（五）冻藏

生产出来的水产冷冻食品应及时输送至冷藏库进行冻藏，其温度必须保持在－18℃以下。由于水产冷冻食品与其他动物源性食品相比，其品质稳定性差，特别是多脂肪鱼类的储藏性更差，因此一般情况下建议在－30℃储藏。但对于一些特殊品种如红色金枪鱼肉、狭鳕鱼肉等，需要采用－40℃以下及更低的温度进行储藏，且储藏温度稳定、无波动，才能使制品保持1年左右而不失去商品价值。

二、各种冷链水产品加工

（一）冻生虾仁

1. 工艺流程

冻生虾仁工艺流程如下：原料选择→剥肉→漂洗→分级→清洗→装袋→冷冻→装箱→储藏→检验→入库冷藏。

2. 加工方法

1）原料选择

选择新鲜、无污染、无质变的原料虾。以冻虾为原料加工虾仁时，首先应解冻。将冻虾用水淋冲，与冰块分离时即停止解冻。解冻的数量应根据剥肉的能力来确定，既不能间歇，又不可积压过多。

2）剥肉

以左手持虾体，尾腹朝上，右手去虾头，并小心剥去虾壳，再用左手在虾尾处挤出虾肉。对金钩虾和条虾则要在去虾头后、剥肉前去背上泥筋(也称沙线)。要求虾体完整、尾部无损。

3）漂洗

用清水漂洗，去虾须、虾壳等杂质，漂洗用水温度应低于10℃。

4）分级

漂洗后对虾仁进行分级操作，剔除杂质，按规格分级。

5）清洗

将分级虾仁用3%～5%食盐水再次清洗，洗净沥水准备装袋，夏季食盐水温度须低于10℃。

6）装袋

沥水后的虾仁按照规格称重装袋，为保证解冻后成品质量不低于规定净重，一般在称量时需适当增加含水量(约为净重量的2%)。

7）冷冻

装袋后的虾仁及时送入冻结间进行速冻，库温在－25℃以下，冻品中心温度必须在14h内达到－15℃以下。

8）装箱

冻结后的生虾按照规格装入纸箱，纸箱表面应标明品名、规格、净重(或毛重、总量)、生产日期、厂名等。

9）储藏

装箱后冻虾仁储存于－18℃以下的冷库中，库温要求尽量稳定，温度波动在±1℃范围。

10）检验

对每批次产品按照产品检验指标要求进行抽样检验并做好记录。

(二) 单体速冻对虾

1. 工艺流程

单体速冻对虾工艺流程如下：原料处理→初洗→去头→洗虾→分级→挑选→沥水→半成品检验→速冻→镀冰衣→包装→检验→入库冻藏。

2. 加工方法

1）原料处理

原料对虾应新鲜、清洁、无污染和未使用任何添加剂，应符合《食品安全国家标准鲜、冻动物性水产品》(GB 2733—2005)卫生标准要求，具体见表3-1和表3-2。经验收合格的原料虾要及时加工，若不能及时加工，应在6℃以下保鲜。

表 3-1 感官要求

项目	要求	检验方法
色泽	具有水产品应有的色泽	取适量样品置于白瓷盘上，在自然光下观察色泽和状态，嗅其气味
气味	具有水产品应有的气味、无异味	
状态	具有水产品正常的组织状态，肌肉紧密、有弹性	

表 3-2 理化指标要求

项目		指标	检验方法
挥发性盐基氮[a]/(mg/100g)			
海水鱼虾	≤	30	GB 5009.228
海蟹	≤	25	
淡水鱼虾	≤	20	
冷冻贝类	≤	15	
组胺[a]/(mg/100g)			
高组胺鱼类[b]	≤	40	GB/T 5009.208
其他海水鱼类	≤	20	

a 不适用于活体水产品；b 高组胺鱼类：指鲐鱼、鲹鱼、竹荚鱼、金枪鱼、秋刀鱼、青占鱼、沙丁鱼等青皮红肉海水鱼

2）初洗、去头

加工前先用温度在 8℃以下的清水冲洗干净，将虾体上附着的污物、杂质和泥沙等洗去，所用清水要符合《生活饮用水卫生标准》(GB 5749—2006)。清洁海水也应符合 GB 5749中微生物、污染物的规定，且不含异物。清洗过程中应避免损伤虾体。去虾头过程中要尽量减少对虾体的损伤，保证虾体的完整性，不受虾头污染物的污染。

3）洗虾、分级

先用清水将去头的虾冲洗干净，并剔出个别虾体内残存的内脏、胸足，对颈部受污染的虾必须清洗至颈肉呈白色为止，清洗用水的温度要控制在 8℃以下，以保持虾体的鲜度。分级挑选时按个体大小划分，以每千克所含虾的只数分规格，每一规格个体大小应基本均匀。

4）清洗、沥水

分级后的对虾用清水清洗后，置于筛网或沥水盘内沥水控至虾体呈自然附着水分为宜，时间 5min 左右。

5）半成品检验

抽取加工原料 5%以上的样品进行检验，检验指标包括色泽、气味、规格、杂质和标签等内容，发现不合格的立即纠正。

6）速冻

经检验合格后的半成品应立即速冻，速冻可将蛋白质的变性、汁液的流失、色泽和风味的变化降至最低程度。因此一般速冻时间不超过 8h，冻结室温度一般要求在−28℃以下。对虾冻结终温一般要求中心温度在−15℃以下，或者按照销售商所要求的最终温度。达到中心温度后就可出库进入下一工艺环节。

7）镀冰衣

镀冰衣的目的是通过在对虾表面形成一层薄冰，防止在冻藏的过程中虾体的表面出现风化和氧化的现象。常用的方法为过水法，镀冰衣时水温为0～4℃，浸水时间为3～5s，使虾体表面镀上一层完整均匀的冰衣，一般重复操作2次，完成第一次镀冰衣后应将虾体在空气中停留片刻，使虾体表面的水完全结冰后再镀第二次冰衣。

8）包装

包装的标识必须符合《预包装食品标签通则》(GB 7718—2011)的规定，经检验合格方可进行包装。包装须在－10℃以下的低温间环境中进行，并提前进行紫外灯消毒，所有包装用品及工作人员用品（鞋、帽子、工作服等）要定时消毒。包装材料和容器在使用之前需进行预冷，预冷温度以不超过－10℃为宜。内包装用塑料包装袋时要排出袋内的空气。包装后的冻品应及时转入冻藏库储藏。

9）冻藏

包装好的对虾产品在送入冻藏库之前，冻藏库应保持清洁卫生，经过消毒处理，保证无鼠、无霉和无虫，库温维持在－18℃以下，并保持恒定，冻藏库内空气相对湿度为90%～98%，并低速循环流动，流速在0.2～0.3m/s。冻藏库内不得存放会相互串味的其他食品。

对虾产品入库后应根据不同品种、等级、规格、批次分别堆放，垛底必须有垫板，垫板高度不低于0.2m，垛与垛之间，垛与冷库内壁、天花板、蒸发排管之间应留有0.3～0.4m空隙，便于冷空气流通，垛高一般不能超过3.5m。

对虾产品在－18℃以下的冻藏库中储藏，冻虾在温度、湿度、氧气等外界环境因素作用下，体内的许多酶仍具有活性，微生物没有完全被抑制，还会发生一系列变化如冰晶体变大、干耗、变色等，严重的会发生变质而失去食用价值。因此一般情况下，库温要保持稳定，不能有太大的波动。最终所得对虾产品应当符合SC/T 3113《冻虾》的规定。

（三）冻鳕鱼片的加工

冻鱼片是将鱼去鳞、内脏后，从脊柱两侧切下的鱼肉经冻结而成。生产鱼片可以充分合理地利用原料，加工鱼片后的副产物可进行综合利用，从而提高鱼的经济价值。加工冻鱼片的原料鱼应选择肉质紧、鱼刺较少的大型鱼类，如海水鱼中的大黄鱼、小黄鱼和淡水鱼中的草鱼、鲤鱼等。海水鱼作为原料时，以捕获不久的冰鲜鱼为好；淡水鱼必须是活鱼或尚处于死后僵硬阶段的冰鲜鱼。本部分内容以冻鳕鱼片为例进行讲解。

1. 工艺流程

冻鳕鱼片加工工艺流程如下：原料选择→解冻→去皮→清洗→剖片→清洗→整形→清洗→控水→挑虫→摸刺→清洗→控水→摆盘→速冻→脱盘→整形→分规格→称重→镀冰衣→包装→冷藏。

2. 加工方法

1）原料选择

采用去头、内脏的鳕鱼，要求品质新鲜。

2）解冻

利用饮用水进行自然解冻，至半解冻状态即可。

3）去皮

去皮有以下两种方法。

（1）机器去皮。用手拿起鱼体，尽量将鱼体整理平直，然后将鱼体放平，将颈部放在去皮机的刀口上，借用去皮机齿轮转动的力，使鱼体向前移动，便可将一侧鱼皮去掉。然后用同样的方法将另一侧鱼皮去掉。如果鱼体弯曲较大，可将鱼体横放置于刀口上，齿轮转动使鱼体滚动，也可将鱼皮去掉，但这样去皮不易将鱼皮去净。

（2）手工去皮。这种方法常在剖片之后进行。将鱼片平放在操作台上，皮向下，剖面向上，尾部向内，用两手指捏住尾尖，另一手持刀，横断尾肉，将刀放平，用力向后拉皮，便可将皮去掉，但这种方法使皮下膜（银白色皮）带在肉上太多，给下道工序带来不便。

4）清洗和剖片

清洗鱼体以去除附着的鱼鳞、血污等杂物，以保证产品卫生。将鱼体平放在剖皮台上，尾向内，一只手压住鱼体，另一只手持刀，从背鳍的上方将刀插入，当刀刃接触到脊骨时，使刀刃紧贴脊骨向后走刀。当刀尖走到第二背鳍时，可用力横向进刀，插透肌肉，使刀尖透过第一背鳍，压住鱼体，将刀端平，使刀刃紧贴脊骨，向后进刀至尾鳍，然后掉转鱼体，使尾向外用手掀起鱼片，四指托起，用手掌根部压住鱼体，刀从开口处插入向后进刀，剖开腹腔同时划破腹膜，再用刀根压住主体的脊骨，握鱼片的手顺肋骨走向，用力撕扯，便可将鱼体一侧肉撕下，再将鱼体翻上来使脊椎向下，用同样的方法将鱼体另一侧肉撕下来。

5）清洗、整形

将剖下的鱼片横放在整形台上，剖面朝上，背部向内，向腹部加水，用手指轻轻擦动，便可将腹腔内的黑膜去除，同时用水冲走，然后用手压住背部肌肉，另一只手持刀划破肋骨下方的腹膜，片去残留在肉体上的肋刺，刮去腹部内的污物。再将鱼体翻过来剖片向下，尾向内，用刀轻轻刮去背上银白色薄膜，再将鱼片横放，用刀沿侧线下方顺侧线切开，切至肛门处，一只手握住尾肉提起向剖面重叠，用刀尖挑开侧线刺一段并压住，手提鱼尾向后一拉，便可将侧线刺拉掉，然后将鱼片放平，用刀切去不规则的肉，使鱼片成形。

6）清洗

将整形后的鱼片，背面向上放入筛筐中，然后注入冰水进行冲洗。

7）控水

将冲洗后的鱼片连同筐一起放在架子上控水，架子的倾角为30°，控水时间约10min。

8）挑虫

按先背面后腹面的顺序，将鱼片平放在挑虫台上，凡是肉眼能见到的灰暗色的丝状和大米粒状的阴影，用镊子全部摘除。

9）摸刺

用手提捏鱼片尾部，另一只手两手指夹鱼肉，自尾向下滑动，看是否有刺刺手，将刺拔除。

10）清洗

摸刺后的鱼片再用冰水进行冲洗。

11）控水

同7)之操作，控水至间歇滴即可。

12）摆盘

摆盘时应顺摆，片与片之间要有间距，不得重叠，每片鱼肉中间不得出现缝隙，尽量使片形美观，摆满后在盘上覆以塑料薄膜，以防灰尘落入。

13）速冻

采用平板冻结机进行速冻。鱼片中心温度达－15℃时，冻结完毕。

14）脱盘

将冻好的鱼片连盘一起取出，拿去盖在上面的塑料膜，将盘反扣在操作台，轻敲铁盘，鱼片便会自动脱出。

15）整形

一手拿起冻好的鱼片，立在操作台上，尾部向上，另一只手持刀，砍去肉周围的肉刺，并刮去杂质，使鱼片规整。不合格的鱼片应挑出，重新加工。

16）分规格、称重

按规定的规格进行分选、称量。容器的最大称量值不得大于被称物品的5倍。

17）镀冰衣

镀冰衣在包装车间内进行，库温－10℃左右，水温约4℃，时间为2～3s，将称好的鱼片放入筛筐中，连筐一起放在水中浸蘸，提起筛筐前后晃动，以防粘连。

18）包装

包装用的材料应符合包装规定，包装箱要清洁卫生，每小盒10片，每箱装4盒。箱外印有品名、出口单位名、生产日期、厂代号和批次号等。

19）冷藏

冷藏库温在－18℃以下，按不同规格、批次分别存放。垛底加垫板，垛与垛留通道。

第四节 保鲜冷链食品的加工

目前市场需要进行保鲜的食品主要有以下几类：生鲜食品、面包和各类熟食。生鲜食品是指在0～10℃温控条件下加工上市的各类营养保全、洁净卫生又未经烹调加工的生制食品，它具有广义和狭义两个概念。广义的生鲜食品不但包括经过清洗、修整、分级、切割、包装等初级加工的新鲜食品，还包括刚刚采摘、捕捞、屠宰等还没有经过初级加工的毛食品等。狭义的生鲜食品仅包括经过清洗、修整、分级、包装，有时还要求去皮，甚至切分处理的新鲜食品，其可食率接近100%，并达到可以直接烹食或生食的卫生要求。不论是广义还是狭义的生鲜食品，最有代表性的都是以下三类：果蔬、肉类、水产品。

需要保鲜的食品水分活度量高，保鲜期短，易腐败变质，为了保证其安全性，对保鲜手段提出了更高的要求，是冷链食品应用的重要领域。由于肉类和水产品的冷链保鲜加工已在前两节专门讨论过，本节主要介绍果蔬、面包和熟食类冷链食品加工的关键技术。

一、果蔬的冷链保鲜

（一）果蔬冷链保鲜的特点

果蔬产品采后具有呼吸作用，产生大量的呼吸热，同时伴随呼吸消耗，呼吸代谢既是果蔬采后可储藏的基础，同时也是果蔬采后变质的根本原因，因此控制并利用呼吸代谢是果蔬保鲜储藏最重要的原则。

按照是否有氧气参与，呼吸代谢可分为两种：有氧呼吸和无氧呼吸。有氧呼吸是指有氧气参与的呼吸作用，该反应产生的代谢产物二氧化碳和水，是碳水化合物彻底氧化的结果，这一过程伴随有大量的能量产生，其中一部分以化学能即腺苷三磷酸的形式呈现，成为果蔬防御病害的能量基础；另一部分以热量的形式呈现，对环境温度造成影响。有氧呼吸同时会经历三羧酸循环，三羧酸循环是果蔬采后生理变化所需的各种化合物的枢纽反应。因此有氧呼吸在果蔬采后生理代谢中是必须存在的，但呼吸速率应维持在最低水平。无氧呼吸是指没有氧气参与的呼吸作用，其本质也是碳水化合物的生物氧化，但因为没有氧气的参与，氧化并不彻底，于是产生了乙醇、乙醛等对生物细胞具有毒害作用的产物，同时无氧呼吸产生的能量远远低于有氧呼吸，因此无氧呼吸在果蔬采后储藏中是应当尽量避免的。果蔬冷链保鲜的原则便是借助技术手段将产品的有氧呼吸控制在最低水平，但不发生无氧呼吸，一般从控制温度、湿度和气体环境三方面入手（见拓展阅读 3-4）。

拓展阅读 3-4
果蔬储藏控制因素

（二）果蔬冷链保鲜工艺流程

果蔬冷链保鲜应在采收之后立刻开始，普遍流程如下：分级、挑选→（前处理）→包装→预冷→运输→冷藏→商品化处理→上市。

1. 预冷

预冷是做好果蔬冷链保鲜的第一步。将果蔬在运输或储藏之前进行适当降温处理的措施称为预冷。果蔬产品采收季节往往温度较高，加上自身的呼吸作用，采后果蔬携带有大量的热量，称之为田间热。预冷可以除去产品的田间热，通过迅速降低品温最大限度地减少呼吸消耗，减少微生物的侵染，降低储运风险，同时减少冷库的热负荷。

果蔬保鲜预冷的方法有很多，水冷却、强制冷风冷却、压差冷却、冷库冷却、真空冷却等都适用于果蔬，其中应用最广泛的是强制冷风冷却和冷库冷却，水冷却和真空冷却只适用于部分果蔬。除了预冷方式的正确选择之外，预冷温度和预冷速度也应当根据不同果蔬有所不同。部分果蔬可能因为预冷过快而出现冷害，如鸭梨储藏中的黑心病往往是由于预冷速度过快引发的，但对于不会发生冷害的果蔬，如苹果，应当尽可能快速预冷。

2. 运输

果蔬产品冷链保鲜从生产到销售都一直处在适宜的低温环境下，以此来延长储藏期限，其间任何一个环节断裂，都会破坏冷链保鲜系统的完整性。因此运输对于果蔬冷链保鲜至关重要，冷链运输是目前最可靠的果蔬运输方式。果蔬的冷链运输可以解决生产和消费之间的矛盾，可以使果蔬产品实现跨区域、反季节销售，并保障果蔬产品的安全性。

果蔬冷链运输最常用的工具是冷藏车、集装箱、火车。我国目前很少采用冷藏车进行果蔬运输，主要原因是成本太高。集装箱运输是当今世界正在发展的运输方式，省时省力同时能够保障品质，更能实现“门对门”的服务。在集装箱的基础上增加箱体隔热层和制冷及加温设备，就是冷藏集装箱，它可以维持新鲜果蔬及其他易腐货物所需要的温度，更易保持货物的新鲜品质。果蔬的冷链运输采用的火车多是普通货箱，火车冷藏货箱较少使用。

果蔬冷链运输在运输环境条件、运输方式及工具方面有着严格的要求。冷链运输的温度与储藏温度越接近越好。其主要通过使用适宜的包装和定期浇水保持湿度，同时外施包装也是运输中调节储藏气体环境的重要手段之一。震动是果蔬运输中应该考虑的基本环境条件。剧烈的震动会对果蔬表面造成机械损伤，增加果实的成熟度，伤口也会引起腐烂变质。运输中避免震动的方法主要是依靠包装实现的，如增加垫衬物缓冲或采用减震包装材料等。

3. 冷藏

储藏是果蔬保鲜的重要环节，果蔬冷链保鲜的主要过程是通过低温储藏实现的。果蔬低温储藏的主要设施是冷库，由于果蔬不能够在低于冰点的环境下存放，大部分果蔬的冰点都高于−2℃，因此储藏果蔬的冷库应选用高温冷库。储藏果蔬的中小型冷库一般选用风冷作为制冷方式，这种形式在我国比较多见。果蔬储藏用大型冷库一般选用氨作为制冷剂，采用直接冷却或间接冷却的方式，当采用间接冷却时，载冷剂一般为食盐水。

果蔬的冷藏经常与气调储藏相结合，特别是苹果、葡萄、番茄、蒜薹等气调反应优良的果蔬采用低温气调储藏后保鲜期会大大延长。如红星苹果只采用冷藏法的储藏期为4个月左右，辅以气调储藏法后保鲜期延长为6～8个月，基本实现了苹果的周年供应。气调冷藏的实现有两种方式：一种是选择具有不同气体透过性的包装材料的自发式气调法，另一种是建设人工气调冷库。人工气调冷库是在机械冷库的基础上增加调气、配气功能，结构与机械冷库相似，但需要另外安装气体发生系统、敷设气体循环系统，配置压力平衡装置，此外还对库体的气密性有着较为严格的要求，因此造价很高，在我国较少使用。

4. 其他

除以上关键技术环节外，果蔬的冷链保鲜还有许多辅助技术，如愈伤、涂膜、化学药剂处理等。根据储藏对象的特点有选择地使用一种或多种技术有助于延长果蔬保鲜期，在冷链保鲜的背景下，这些处理如在预冷环节之后，则应在低温下进行。如涂膜处理，如果是在冷藏后果蔬上市之前进行，应在低温条件下实施，涂膜之后的果蔬继续采用低温运输和低温销售的方式方能达到果蔬冷链保鲜的目的。

【案例3-2】柑橘冷链储藏保鲜及采后商品化处理流程

橙类柑橘—无伤采收—24h内浸泡杀菌（20min；25%多菌灵可湿性粉剂或40%双胍辛烷苯基磺酸盐可湿性粉剂）—晾干—装箱—入库冷藏（4～6℃；RH85%～90%；3～4个月）—出库—漂洗—烘干—打蜡—烘干—分级—包装—上市

案例来源：CCTV7《农广天地》

二、发酵面制品（面包和馒头）的冷链加工技术

面包和馒头是发酵面制品的代表产品，其加工原理非常相近，主要区别在于熟制工艺的条件。速冻发酵面制品是由20世纪50年代的面包加工新工艺发展而来的，目前这种方法在国内外已经广泛应用，是我国烘焙行业的发展新趋势，最先用于面包的生产加工，现在已

经出现馒头类、比萨类产品。根据加工中速冻工艺运用的环节,基于速冻面团技术的面包加工工艺主要有直接冷冻法无发酵面团、预发酵冷冻面团、预烘烤冷冻面团和全烤冷冻面包。

(一)发酵面制品冷链加工工艺

1. 直接冷冻法无发酵面团

(1) 加入原料搅拌→面团分割→速冻→冻藏(−18℃)→解冻→整形→醒发→烘烤。

(2) 加入原料搅拌→面团分割→整形→静置→速冻→冻藏(−18℃)→醒发→烘烤。

此工艺的要点是面团在分割或整形后需迅速冷冻,尽量避免面团加工过程中开始发酵。该种方法对面粉、改良剂和酵母的要求较高:由于冻结过程对酵母的活力有一定影响,为了保证解冻后发酵过程能够正常进行,酵母的添加量要适当增多;为了减缓酵母发酵速度,需增加食盐用量来强化面筋组织;为了避免解冻后出现塌陷,还需减少水的用量。该种冷冻面团保质期较长,若配方适宜可冷藏6个月。

无发酵速冻面团解冻后的加工过程要迅速进行,解冻后立即进行分割整形,分割之前不进行松弛发酵,加工时对室温和面团最终温度要求精确控制,一般推荐室温19~21℃,搅拌后面团最终温度20~22℃。该面团醒发时省力,运输方便,成品和普通面包十分接近,适合大规模面包连锁店的生产形式。

2. 预发酵冷冻面团

该工艺的特征是把调制、分割、整形发酵并且醒发好的面团进行冷冻并在−18℃条件下冷藏,使用时只需取出解冻烘烤即可。醒发好的冷冻面团内部已经初步具备了面包的组织结构,比较蓬松,因此解冻焙烤时间较短,一般只需5~10min,提高了面包房的工作效率,也方便面包房根据实际销售情况进行调整工作,避免浪费。

该工艺中最关键的程序在于醒发时间的控制,醒发程度为非冷冻面包制作工艺的70%~80%。如果醒发时间过长,面筋组织扩展程度较大,在后续的冷冻工序中可能会加剧面筋组织的冷冻损伤,影响面团品质。一般这种面团能保存3~6个月。

3. 预烘烤冷冻面团

该技术是把面团醒发充分后烘烤至面包已定型但不出现黄色或者颜色很淡然后速冻储藏,国内应用很少,主要用于制作欧式面包,使用时取出直接解冻焙烤。其工艺流程如下:加入原料搅拌→面团分割→滚圆→静置松弛→整形→充分醒发→预烘烤→速冻→冻藏(−18℃)→烘烤。

4. 全烤冷冻面包

全烤冷冻面包又叫冻藏面包,即把制作出的成品面包冷却后直接速冻储藏。产品直接或解冻后出售。优点是成品即产品,消费者可直接解冻加热食用;缺点是占据储藏空间大,保鲜期较短。

(二)冷冻、冻藏和解冻过程对面包品质的影响

1. 冷冻对面包品质的影响

冷冻过程中会造成部分酵母死亡和面团面筋网络结构的破坏,需掌握适当的冻结速度才能更好地保持面包的品质。冷冻的速度必须兼顾酵母和面筋网络结构二者的特点。

快速条件下冷冻在细胞内形成的冰晶较小，由于其表面自由能较高，加热过程中会增大而形成较大的冰晶，破坏酵母细胞膜。当冷冻速率过小时，溶液浓缩效应是导致微结构损伤的主要因素；当冷冻速率较大时，内部冻结是导致微结构破坏的主要因素。而最佳的冷冻速率是足以阻止微结构内形成冰晶，但又可以使组织不处于溶液浓缩效应中的速率。有研究结果表明：面团在－32℃下快速冷冻至－18℃（冷冻速率约－5℃/min），并在－18℃下冻藏，较适合冷冻面团的生产。

2. 冻藏过程对面包品质的影响

冷冻面团在冻藏后酵母的产气能力会减弱，数量会减少。冷藏过程中酵母细胞的渗出物会导致面团中的面筋蛋白溶解，温度波动和重结晶还会对面团中的面筋蛋白造成物理破坏，使面筋蛋白的纤维束状结构变细或者断裂，使面团的保持气体能力和弹性下降。这些变化都会使解冻后的面包体积减小。因而，冻藏温度要求控制在－18℃以下，尽量避免环境的温度和湿度波动，以防止重结晶和冻结烧的发生。冻藏时间超过 12 周后，面团性能下降变快。

3. 速冻面包的解冻技术

冷冻面团在焙烤之前要进行解冻，常见的解冻方式有空气解冻、微波解冻、高压解冻等。微波解冻速度快，但是易解冻不均匀。高压条件下解冻速度快，时间短，减少了解冻给面团品质带来的不利影响，但是高压处理必然对面团产生一定的影响，而且实际应用起来有一定的难度。空气解冻相比较来说虽然解冻时间较长，但是对面团造成的损伤较小，而且成本较低，空气解冻也是目前较为常用的解冻方法。

常用的解冻条件如下。

(1) 在 2～4℃放置 16～24h，然后将解冻的面团放在 32～38℃、相对湿度 70%～75%的醒发室里醒发 2h。

(2) 在 27～29℃、相对湿度 70%～75%的醒发箱里醒发 2～3h。

(3) 自然解冻，夏天需 1.5～2h，冬、春、秋（车间无空调恒温时）需 3～5h，直到面团表面不黏手时为止。自然解冻因四季不同而有很大差异。如果车间温度恒定在 20℃，则解冻时间和面团品质应一致，对面团的稳定性会有很大益处。

三、熟食冷链保鲜技术

冷链保鲜所针对的熟食主要是经过烹调加工之后的菜肴。这类食品经过高温熟制之后微生物数量大大降低，但同时却由于破坏了生理生化代谢机能而丧失了防御微生物污染的能力，腐败速度很快。冷链保鲜是延长这类食品保质期最主要的手段，将烹饪结束之后的食品加包装后迅速置于低温环境下冷却或冻结，能够有效地保持食品的品质。这类食品与中央厨房模式结合起来可为客运、学校、社区、超市、便利店提供快捷的即食产品服务，是现代大中型城市餐饮业发展的方向之一。按照低温保存的条件，熟食冷链食品主要分为速冷食品和速冻食品，二者在食用前均需要重新加热到 75℃以上食用。

（一）冷链保鲜熟食主要工艺流程

冷链熟食的熟制工艺流程与普通烹饪流程大致相同，在熟制之后根据保质期的需求进入速冷或速冻工艺。中央厨房生产速冷工艺目前主要使用真空冷却机，冷却时间短，熟食品从 90℃冷却到 10℃一般为 25min，冷却过程在密封真空状态下进行可避免细菌污染。速冻工艺目前主要采用风冷、盐水或液氮冷冻技术，要速冻的熟食需加包装并抽真空以增加传热效率。中央厨房加工流程以及速冷产品和速冻产品的加工过程如图 3-3～图 3-5 所示。

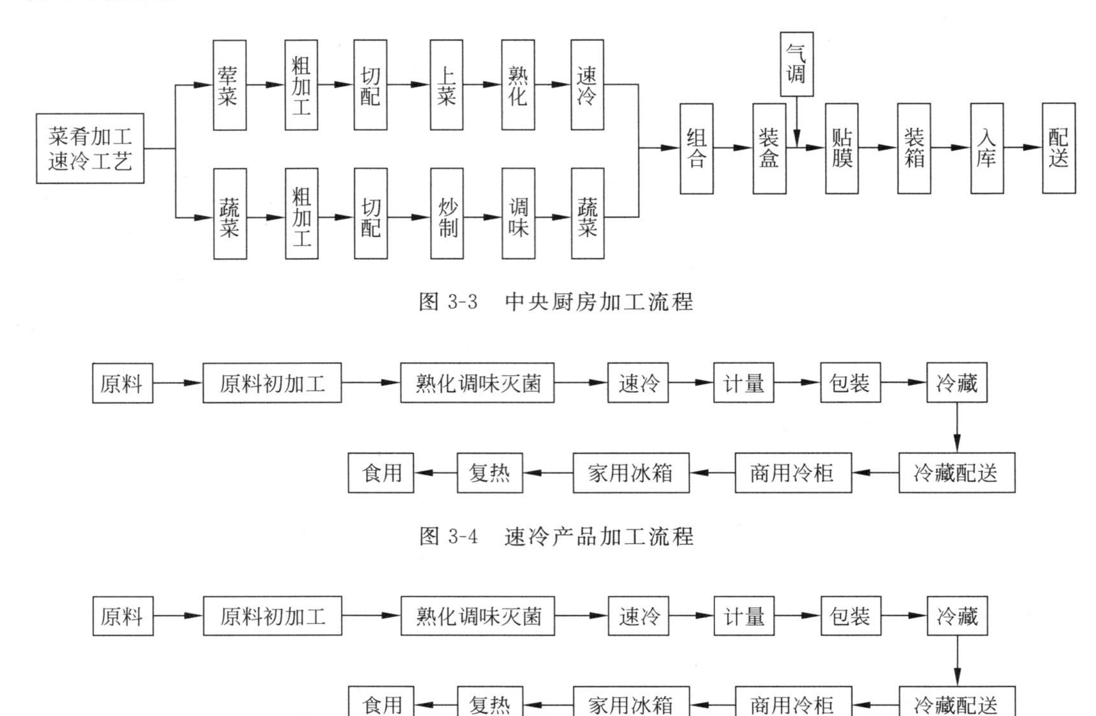

图 3-3 中央厨房加工流程

图 3-4 速冷产品加工流程

图 3-5 速冻产品加工流程

（二）辅助工艺流程与保质期的关系

除了关键的低温处理工艺之外，熟食加工中的其他辅助工艺流程也有助于延长食品的保质期，如充气、抽真空、无菌包装等，不同处理方式会影响到产品的保质期(表 3-3)。

表 3-3 采用不同工艺得到不同保质期

食品类别名称	工艺特点	储存温度	保质期
速冷荤菜菜肴	前处理＋熟化＋速冷＋包装	0～4℃	3～5d
速冷蔬菜菜肴	前处理＋漂烫＋调味＋速冷＋包装	0～4℃	3～5d
速冷米饭	前处理＋蒸煮＋速冷＋包装	0～4℃	3～5d
速冷气调保鲜食品	前处理＋熟化＋速冷＋气调包装	0～4℃	7d 以上
净菜、鲜切菜	气泡清洗＋灭菌消毒＋气泡清洗＋冰水冷却＋脱水＋真空包装	0～5℃	5d
速冻蔬菜	前处理＋漂烫＋冷却＋沥水＋速冻＋包装	－18～30℃	5～24d
高温灭菌盒装快餐	饭菜分别熟化＋计量入盒＋封膜包装＋高温灭菌	常温	6～12d

【本章小结】

食品的低温加工是实现食品冷链的重要环节，冷链食品种类繁多，加工方式的相同之处在于都伴随低温过程，但每种食品的加工特点各不相同。果蔬的低温加工产品目前主要是鲜切果蔬、冷冻果蔬汁和速冻果蔬。主要的冷链肉制品有冷却肉、冷冻肉和调制肉制品等。主要的冷链乳制品有巴氏杀菌乳、发酵乳制品、乳品冷饮等，这些乳制品对冷链的需求主要集中在低温条件下的保存和运输。此外，低温保藏法也是目前世界上保存鲜蛋、新鲜水产品和新鲜果蔬最好的方法，但实施过程需要对温度、湿度和气体环境进行精确控制。低温条件还可以为消费者提供一些新鲜的综合加工食品，如采用冷冻面团法保证面包在消费终端熟化成型，中央厨房技术的推广也有助于实现烹调食品的新鲜消费。

【本章习题】

一、名词解释

1. 冷却肉
2. 冷冻肉
3. 调制肉制品
4. 鲜切果蔬

二、简答题

1. 简述果蔬预冷的目的和方法。
2. 简述冷鲜肉的加工工艺流程。
3. 简述速冻果蔬的加工操作要点。
4. 简述冷链蓝莓汁的加工工艺流程。
5. 简述速冻面包的解冻工艺。
6. 简述苹果冷链保鲜工艺流程。
7. 为什么鲜蛋冷藏入库之前要进行预冷？

【即测即练】

第四章

冷链食品的包装与技术原理

【本章学习目标】

1. 了解包装和冷链包装相关概念；
2. 熟悉冷链食品的包装工艺过程；
3. 掌握冷链食品的包装技术、包装材料以及包装机械的计量、结构和工作原理。

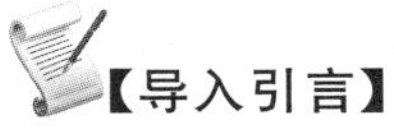

【导入引言】

生鲜果蔬的"内衣"与"外衣"

生鲜果蔬从采摘到成功运送到消费者手中，通常需要完成多个环节，如储藏、运输和销售等。随着人们对食品品质和营养价值要求的不断提高，新鲜、安全和营养的果蔬备受消费者的关注。那么，果蔬是如何保持其本来的鲜度与价值呢？原来在果蔬储藏和运输过程中会有相应的"内衣"和"外衣"在对果蔬起着不同程度的保护作用，从而避免了其在流通和运输过程中遭受各种"伤害"，如灰尘的污染、营养成分的氧化损失、水分的流失等。那么如何才能达到这样的保护作用？如何给果蔬选择所谓的"内衣"和"外衣"？选择什么样的"衣服"？这些就是本章将要重点学习和讨论的问题。

第一节　冷链食品的包装技术概论

冷链食品的包装是保证冷链食品品质的一道重要的工序，其包装技术和包装材料的选择对其品质的保持起着至关重要的作用。

一、包装和冷链包装概述

（一）包装和冷链包装的概念

1. 包装的概念

按照中华人民共和国国家标准物流术语 GB/T 18354—2006《物流术语》中对包装(packaging/ package)的定义，包装是指为在流通过程中保护商品，方便储运，促进销售，按一定包装技术方法而采用的容器、材料及辅助物的总称。也指为了达到上述目的而采用容器、材料及辅助物的过程中施加一定技术方法等的操作活动。包装是否合理，在一定程度上，不仅会影响商品的质量可靠性及能否以完美的状态传达到消费者手中，而且包装设计水平也会直接影响商品本身的市场竞争力乃至品牌和企业形象。

2. 冷链包装的概念

冷链包装是指随着冷链物流的兴起而出现的一种包装形式。狭义的冷链包装，即农副产品的低温供应链包装，是指农副产品从生产、加工、储藏、运输、销售到消费前的各个环节中始终处于规定的低温环境下，以保证食品质量，防止食品腐烂变质的产品包装。但是，从广义上来说，冷链包装涉及的不仅仅是农副产品等冷链食品的包装，还包括药品、化学制剂等对温度有特殊要求的物品包装。冷链保鲜包装就是指通过采用适当的包装材料、包装容器和包装技术，最大限度地保持冷链产品原有的鲜度与价值，也就是为了达到保鲜目的而采用的包装。这里主要介绍有关冷链食品(包括农产品和加工食品)包装的相关内容。

对于生鲜蔬菜、水果以及各类加工食品等对热比较敏感的食品来说，食品品质的高低不仅取决于食品本身的好坏，也与其在物流环节是否处于适合的冷链环境息息相关。在冷链物流中，合适的冷链包装不仅能够为产品保持最适宜的温度，让食品保鲜，同时也可以有效避免挤压磕碰，降低货损。

（二）冷链保鲜包装的要求

冷链食品目前主要包括两大类，即生鲜食品和加工食品。针对冷链食品，其采用的包装技术应满足食品在储运、销售至消费整个生产流通过程中的各种属性的要求。其主要体现在以下几方面。

1. 满足对食品良好的保护性

由于食品所具有的易变质性，采用的包装能否在设定的食品保质期内保证食品的品质，是评价包装质量的决定因素。根据影响食品品质的主要因素，包装对食品的最基本的保护性主要表现在以下三方面。

1）物理保护性

物理保护性主要包括防振动冲击、隔热防尘、阻光、阻氧、阻隔水蒸气及阻隔异味等，相应的包装技术有缓冲包装技术、隔热防尘包装技术、避光包装技术、阻氧包装技术、防潮和防水包装技术等。

2）化学防护性

化学防护性主要包括防止食品氧化、褐变和变色，以及有毒物质迁移等，相应的包装技术有防氧化包装技术、气调包装技术、活性包装技术和智能包装技术等。

3）生物防护性

生物防护性主要包括防止微生物对食品的浸染以及防虫和防鼠等，相应的包装技术有无菌包装技术、防虫和防鼠包装技术等。

2. 满足卫生性和安全性

安全性和卫生性是人们对食品包装的最基本的要求。冷链保鲜包装材料的安全与卫生问题主要来自包装材料内部的有毒有害成分向包装内容物的迁移和溶入。这些有毒有害成分主要是指包装材料中的有毒元素，如重金属铅、镉和砷等；合成树脂中的有毒单体、各种有毒添加剂及黏合剂、油墨等辅助包装材料中的有毒成分。目前用作食品包装的塑料包装材料，存在诸多令人担忧的安全卫生隐患。用于包装的大多数塑料树脂是无毒的，但它们的单体分子却大多有毒性，并且有的毒性相当大，如聚氯乙烯单体氯乙烯有致畸、致癌作用。此外，塑料添加剂（增塑剂、着色剂和油墨、润滑剂、发泡剂、稳定剂等）一般也都存在着卫生安全方面的问题，是否选用无毒或低毒的添加剂是塑料能否用作食品包装的关键。包装材料的安全与卫生直接影响包装食品的安全与卫生，为此世界各国针对食品包装的安全与卫生制定了系统的标准和法规，用于解决和控制食品包装安全卫生及环保问题。

3. 满足方便和促销性

包装应具有方便操作和方便开启性，同时也应通过一定的包装装潢设计增加食品的促销功能，从而体现食品的价值和吸引力。

4. 具有良好的加工适应性

包装材料应易加工成型，包装操作应简单易行，包装技术与工艺应和食品生产工艺与技术相配套。

5. 具有合理的包装成本

包装成本指包装所用包装材料成本、包装操作成本和运输包装及其操作等成本在内的综合经济成本。合理的包装成本可以降低冷链食品的单价，从而间接减轻消费者的经济负担。

（三）冷链保鲜包装的功能

包装在冷链物流中应具有以下功能。

1. 具有良好的保温性能

外包装要具有良好的保温性能，这样才能防止冷链中的温度过度交换，造成局部温度变动过大，损害鲜活商品的品质。

2. 具有良好的防潮防水性能

“冷”环境往往伴随着水和湿气，因此冷链中的包装必须防潮防水。

3. 具有良好的透氧透气性能

果蔬类产品是“鲜活”、需要呼吸的，因此其包装还应当具有一定的透氧透气性能，以维持鲜活产品生命循环的氧需要。这些特殊要求的包装在普通商品包装中显然是鲜见的，因此冷链中的包装应当属于一种特殊的包装物。

二、包装技术与冷链包装技术概述

目前，国家对包装技术的定义还没有统一的解释，基本的理解可以总结为包装技术是包装系统中的一个重要组成部分，是研究包装过程中所涉及技术的机理、原理、工艺过程和操作方法的总称。包装技术是一门综合性较强的学科，它涉及许多学科领域。不同的产品，由于其性能上的差异，其包装要求也不同。因此包装技术的选择应主要根据被包装产品本身的性质、外界环境状况与包装材料（容器）、包装机械以及其他诸如经济因素、环境因素和有关标准与法规等因素进行综合考虑。所谓冷链包装技术，就是指在冷链过程中，所采用的能维持冷链食品品质的包装技术，如常见的冷却与冷藏包装技术、气调包装技术等。下面将进行详细介绍。

三、常见的冷链食品包装技术

长期以来，新鲜水果、蔬菜等农产品一直是我国主要的出口产品，但由于采后包装的粗糙以及保鲜技术的落后，每年有上千万吨果蔬腐烂变质，造成严重的经济损失。一些国家进口我国的农产品，重新包装后再投入本国市场，其市场价远比进口时高。特别是我国加入世界贸易组织以后，关税下调，国外农产品涌入我国市场，更削弱了我国农产品的竞争力。因此，适宜的包装技术是保持冷链食品品质的重要手段和方法，下面主要介绍几类目前广泛使用的生鲜食品包装技术。

（一）冷却与冷藏包装技术

冷却与冷藏包装技术是将物品包装后处于冷却与冷藏温度下进行储藏的技术。冷却是一个短时间的散热降温过程，它的最终温度是在冰点以上，冷却是冷藏的前处理。冷藏是指经冷却后的食品在冷藏温度（常在 0℃以上）下保持不变的一种储藏方法。冷却与冷藏包装技术主要适用于果蔬产品、生鲜肉、巴氏鲜奶以及鲜蛋等生鲜食品。其包装的基本原理是鲜活食品在 0～5℃时处于较低的呼吸强度，从而抑制生鲜食品酶的活性，降低生鲜食品呼吸代谢速率和微生物的腐败速度。特别是生鲜果蔬和鲜肉的包装，应用冷却与冷藏包装技术后，果蔬和鲜肉的保鲜期被延长，采后品质得以保持，从而提高了果蔬和鲜肉的商业价值。但是，这种包装储藏方法不像冷却和冷冻包装可长时间储藏，只能满足市场流通的需要。此外，采用该包装技术时，要同时考虑包装材料（辅助材料）、包装工艺以及包装环境等多种因素，特别是包装用辅助材料要具有良好的低温适应性，即不能在低温状态下降低其使用性能。

拓展阅读 4-1
冷链食品包装技术

（二）物理包装技术

物理包装技术的原理主要是利用光、电、运动速度、压力等物理参数对生鲜食品进行作用，使之对环境反应迟缓，改变其原来的生物规律，最终实现保鲜。这里主要介绍高压放电产生的臭氧保鲜包装技术和减压保鲜包装技术。

1. 臭氧保鲜包装技术

臭氧是氧的同素异形体，性质极为活泼。臭氧的生物学特征表现为强烈的氧化性和消毒效果，能杀死空气中的大肠杆菌、赤痢菌及各种病毒等，对果蔬农产品表面的病原微生物生长也有一定的抑制作用。但是臭氧无穿透作用，无选择特异性。臭氧的保鲜包装特性是利用它极强的氧化能力。臭氧极不稳定，易分解为初生态的氧原子（[O]）和氧气分子（O_2），而臭氧的保鲜性主要源自氧化性极强的初生态氧原子的氧化能力。当初生态的氧原子和霉菌等微生物接触时，就会使微生物的细胞氧化并破坏，导致微生物死亡。在果蔬的采后生理方面，有学者研究发现，臭氧能抑制酶活性和乙烯的形成，降低乙烯的释放率并可使储藏环境中的乙烯氧化失活，从而延缓果蔬产品的衰老，降低腐烂率。

【案例 4-1】臭氧在果蔬储存方面的应用

柑橘：柑橘对臭氧不敏感，甚至在 85.64mg/m^3 的高浓度下也不敏感。由于乙烯和其他的新陈代谢产物被臭氧氧化，使柑橘的成熟减慢。浆果：草莓、木莓、葡萄在储藏期间，霉菌菌落极可能发展。这可用 4.28～6.42mg/m^3 的臭氧，使霉菌的生长受到抑制，而且对浆果的质量和香味没有影响，储藏期延长 1 倍，但包装方式不能妨碍臭氧与浆果接触。梨：对某些特殊品种的梨所做的研究表明，在臭氧浓度 6.42 mg/m^3、温度在 5℃的情况下冷藏 17d 没有变坏，呼吸强度也没有增加。西红柿：用于储藏的西红柿，要先用皮厚、坚实的晚熟品种，五六成熟。分层单摆平放，按所需的温湿度或气调条件控制。进库前需对空库用臭氧进行消毒。日常防霉时臭氧浓度在 8.56～10.7mg/m^3 时两天开机一次或 4.28～6.42mg/m^3 时每天开机一次，达到浓度即停臭氧发生器。储藏一个半月，好果率达 80%～90%。马铃薯：其储藏条件为温度 6～14℃，相对湿度 90%以上。臭氧浓度 15～18 mg/m^3，对马铃薯处理6～10h，可使马铃薯疫霉菌落停止生长，而马铃薯的颜色、味道、密度都没有变化。在臭氧的作用下，马铃薯的淀粉和维生素 C 含量增加，糖分下降。

2. 减压保鲜包装技术

减压保鲜包装技术，也称减压储藏技术，被国际上称为 21 世纪的保鲜技术，是集真空预冷、减压气调和低温保持于一体的综合保鲜技术，属气调冷藏的进一步发展。其是将包装的生鲜食品通过降低储藏环境压力，并维持一定低温及相对湿度进行包装的新型保鲜技术。具体方法就是将储藏环境（如储藏库）中的气压降低，形成一定的真空度，一般是降到 10kPa 以下。这种减压储藏技术在农产品保鲜方面具备特有的优势，最先在番茄、香蕉等果蔬上试验，不但能抑制果蔬产品及微生物的生理代谢活动，而且能及时排出储藏环境内的有害气体并不断补充水分。因此，近年来，减压储藏在农产品采后保鲜的应用正逐步受到重视，并已被用于生鲜食品的保鲜储藏。减压保鲜处理后，果蔬的保鲜期比常规冷藏的保鲜期延长几倍，是一种具有广阔前景的保鲜包装技术。

（三）气调保鲜包装技术

1. 气调包装的定义

所谓气调保鲜，就是指采取一定的技术手段或方法调节或者控制生鲜果蔬产品储藏环境中的气氛组成（O_2 和 CO_2 的比例），抑制或减缓多数好氧微生物和霉菌的生长繁殖。根据调控气体组成的方式不同，可将气调包装分为主动气调包装和被动气调包装。主动气调包装是指采用机械调控或者人为控制的方法调控储藏环境中的 O_2 和 CO_2 气氛组成，使果蔬始终处在较为理想的储藏环境中，抑制果蔬的呼吸作用，所以又叫控制气氛包装（controlled atmosphere packaging，CAP），又称气调储藏。但是需要昂贵的设备投资，如大型气调库或小型的气调包装机，成本相对较高。被动气调包装是指在达到生鲜果蔬适宜的气氛组成的过程中，无须外界设备充气，通过气调包装材料本身的气体透过性和生鲜果蔬自身的呼吸作用之间建立的动态平衡而自动调节气氛组成，所以该方法又被称为自发气调包装或平衡气调包装（MAP）。该技术无须设备投资，因其便捷、经济和高效的优点在未来果蔬采后储藏中将会有很好的发展潜力。

虽然国际上 MAP 与 CAP 有时通用，但包装业界已逐步统一将气调包装称为 MAP。MAP 通过在包装内充入单一气体[如氮气（N_2）、二氧化碳（CO_2）]，或充入两种气体（如 CO_2/N_2）或两种以上的气体（如 $O_2/CO_2/N_2$）来实现。而充入的气体种类和组分比例则可根据不同食品种类以及不同的防腐保鲜要求来确定。这种通过充入单一气体或多种混合气体来改变包装内的气氛的充气包装是加工食品的主要包装形式，而对于生鲜果蔬或冷鲜肉的包装来说，则主要采用具有一定气体透过性和选择透过性的气调包装材料包装来调节包装内的气氛组成，从而达到保鲜目的。

2. 气调包装技术的原理

气调包装技术的原理就是将二氧化碳、氧气、氮气等按照一定的比例进行混合后注入食品的包装中，从而置换出包装中原有的空气。CO_2 的主要作用是抑制细菌、霉菌的生长繁殖。O_2 是混合气体中的保鲜成分，可用于防止果蔬的无氧呼吸以及维持冷鲜肉的色泽。N_2 由于化学性质不活泼一般作为填充气体。不同的气体比例对食品有不同的保鲜效果，因此，不同的食品要采取不同的混合气体进行气体的置换来抑制细菌、霉菌的繁殖和动植物细胞的呼吸作用，从而达到防腐以及保证食品的外观、色泽和鲜度的目的。

3. 气调包装方法

气调包装方法主要是根据被包装产品的特性选择包装材料和包装气体，如果确定了包装材料，则关键就是选择包装内的气体组成比例。因此，气调包装材料以及气体比例的确定是进行气调包装的核心。气调包装常用材料有纸箱类、塑料类和复合材料类三大类。

【案例 4-2】食品包装不知如何选择？看看盒马鲜生怎么做

盒马鲜生品种繁多，各类生鲜熟食应有尽有，它们的包装是吸引年轻消费群体的又一大卖点，那么盒马鲜生的包装是怎么实现的呢？这种盒装的产品都是运用气调保鲜来进行包装的，这类气调包装方便快捷、安全卫生，在不添加防腐剂的情况下还可以延长食物的保鲜期。

气调包装的原理是采用保鲜气体（O_2、CO_2、N_2 按食品特性配比混合），对包装盒或包装袋内的空气进行置换，改变托盘内食品的外部环境，达到抑制细菌（微生物）的生长繁衍，从而延长食品的保鲜期或货架期。不同的食品，保鲜气体的成分及比例亦不同。

盒马鲜生里面的卤制熟食的气调包装是将 CO_2、N_2 按照 30%和 70%的比例进行混合。冷鲜肉则是将 20%的 CO_2 和 80%的 O_2 进行混合，如果混合比例发生较大的波动，保鲜周期也会不稳定，造成保鲜期缩短。采用德国威特混配器混合保鲜气体，可以将混配比例误差缩小到 1%的误差，让每一盒的保鲜周期都在统一范围，那每种气体的作用是什么呢？CO_2 具有抑制大多数腐败细菌和霉菌生长繁殖的作用；N_2 是惰性气体，与食品不起作用；作为填充气体，O_2 主要是维持冷鲜肉鲜红的颜色，增加卖相。

气调包装成品在储存、运输和销售过程中，需要把温度控制在 4℃左右范围内，可以让产品保鲜期达 7d 以上。盒马鲜生的气调包装整个工艺流程与传统加工工艺流程相比，具有流程合理、操作方便、能耗少、卫生安全性高、保鲜货架期长等突出优点。盒马鲜生采用盒式气调包装，不仅在外表上依靠包装精美的特点吸引消费者，还能依靠盒式气调包装锁鲜的特点延长货架期，保留食物本身口感。

（四）生物包装技术

现代生物技术主要包括基因工程、细胞工程、酶工程、发酵工程、蛋白质工程。现代食品工业的发展和人们生活与生产方式的改变，用已有的包装技术很难满足人们对包装的要求。现代生物技术在食品包装中的应用将促进食品包装行业的创新，推动包装行业的发展。现代生物技术中，最有希望用于食品包装领域的是酶工程。可用于食品包装的酶的种类很多，其中葡萄糖氧化酶、细胞壁溶解酶和溶菌酶在食品包装中的应用较广泛。

四、冷链食品物流包装技术

随着人民生活水平的不断提高，消费者也在不断追求高质量的生活品质，各种生鲜食品越来越受到消费者的青睐。生鲜食品在从生产者到最终消费者的过程中，有 80%以上的时间是在配送和运输环节上，因此及时准确地追溯信息以及应用先进的运输技术和包装技术对物流活动起着至关重要的作用。下面简单介绍几种常见的生鲜物流配送包装技术。

（一）信息技术

1. 条码技术

条码技术应用非常广泛，已经从物流供应链的零售末端前推到配送、仓储、运输等物流各个环节。我国条码的应用已经给企业带来了很多好处，取得了许多成绩。加入条码系统之后，实现了货物分拣、自动分配库位、库位查询、自动打印运输标签、进出库信息采集等功能，使管理人员可实时掌握收货、发货以及库存等信息，大大改变了原来仓库作业效率低、易出错的情况。

2. 射频技术(RFID 技术)

射频技术主要应用在食品冷链物流安全生产与管理、仓储与物流配送管理以及温度监控等方面。目前我国已经综合应用 RFID 射频电子标识、一维条码标签和 EAN·UCC 成品编码技术，建立了可靠的猪肉加工链信息可追溯系统，实现了屠宰加工环节前的现场数据采集，保证了加工链信息的连贯性。

（二）定位技术(GPS 技术)

GPS 技术主要应用在为驾驶人提供导航服务，为冷链物流监控中心提供实时测量位置的信息以及记录车辆的行驶轨迹。其研究热点是开发GPS软件产品以及深化GPS各类应用。GIS(geographic information system,地理信息系统)技术主要应用于物流分析,其研究热点是开发基于GIS的决策支持系统与应用服务关键技术。利用GIS能高效地处理空间和属性数据的优势来建立物流配送系统,必将是以后的发展趋势。

(三) 包装技术

企业要根据产品种类和流通容器内部的空气循环控制产品发霉和腐烂,并尽量扩大运输规模,提高运输效率,发挥规模成本优势。例如我国生鲜产品所用的外包装通常采用高分子材料制作,其中聚苯乙烯(俗称泡沫板)材料制作的保温箱估计要占到总量的八成以上。尽管这种材料导热系数较低、保温性能良好、材料的成型性也较好以及具有良好的防水、防潮性能,但是它也具有一个缺点,即高分子材料的降解性比较差,因此要加快包装技术的绿色化普及。

(四) 运输技术

随着我国人民物质生活需求从温饱型转为营养调剂型,小批量、多品种、高保鲜已成为鲜活货物运输的主导。面对这种状况,大力发展先进的运输技术对保证产品在运输过程中的质量起着至关重要的作用。目前我国冷藏运输装备技术水平不论是在车辆结构上还是在制冷机组等相关设备的可靠性,以及在车体隔热、气密性、载货容积、重量上,抑或在新材料应用等方面,均与世界先进水平有较大差距。

第二节　冷链食品包装材料及进展

食品包装作为包装业的支柱产业,在我国包装行业中占有重要的地位。而完成食品包装的重要手段之一就是采用适当的包装材料进行包装。食品包装材料就是指用于制造食品包装容器和构成食品包装的材料的总称。根据世界包装组织提供的信息,目前位于前四位的传统包装材料主要有纸、塑料、金属与玻璃,其总和占食品包装总额的90%左右,其中塑料包装材料的年消费量增长速度最快。

冷链食品是指在生产、储运、销售,直到最终消费前的各个环节都必须保持在规定的冷链环境中的食品。而在冷链食品储运和销售的过程中,通常也需要具有特定性能的包装材料来达到保护食品和方便储运的目的,我们将这种包装材料称为冷链食品包装材料。冷链食品包装材料与传统的包装材料一样具有形式多样的特点,且其基材仍以传统包装材料的基材为主,而从创新与改进的角度来说,复合包装材料是冷链保鲜包装材料的重点。

一、冷链食品包装材料概述

(一) 冷链食品包装材料的分类

冷链保鲜包装材料按材料的物理特性可以分为以下几类。

（1）片材类，主要包括塑料、纸板、金属板材及复合板材等。

（2）软材类，主要包括纸、塑料及金属等膜类与箔类柔性材料。

（3）刚性类，主要包括玻璃、陶瓷及纸塑复合材料。

（4）散材类，主要包括各种保鲜剂，如粉剂、水剂与气体等。

（二）冷链食品包装材料的要求

由于在冷藏和冷冻条件下，包装材料的性能同常温下的性能有很大的不同，因而正确选用合适的包装材料是冷链包装取得良好效果的重要环节。用于冷冻食品的包装材料需耐低温、耐高温、阻隔性优异、耐油、印刷性良好等。因冷冻商品一般要经过冷却、冻结、冻藏、解冻等程序，因此包装材料通常必须具备以下特点。

1. 耐高低温性能

最能耐低温的是纸，铝箔在－30℃还能维持柔软性。塑料一般在－80℃还能维持柔软性，但遇超低温加液氮－196℃，则材料会脆化。耐高温性一般以能耐100℃沸水30min为标准。

2. 透气性

商品包装有充气包装和真空包装两类。这两类包装必须采用透气性低的材料，因低透气性材料能保持特殊香气及防止干燥。包装材料经长期储藏或流通，材料会老化，为防止老化，可在材料中加防氧化剂或紫外线吸收剂，一般仅加防氧化剂。

3. 耐水性

包装材料需能防止水分渗透，但不透水的包装材料容易由于环境温度的改变，在材料上凝结雾珠，使透明度降低，故使用这种材料时还需考虑环境温度。

二、常见传统冷链食品包装材料

纸、塑料、金属、木材、玻璃、陶瓷及复合包装材料等是主要的传统包装材料。典型的包装材料及包装容器见表4-1。

表4-1 典型的包装材料及包装容器

包装材料	包装容器类型
纸、纸板	纸盒、纸箱、纸袋、纸罐、纸杯、纸质托盘和纸浆模塑制品等
塑料	塑料薄膜袋、中空包装容器、编织袋、周转箱、片材热成型容器、热收缩包装、软管、软塑料、软塑箱和钙塑箱等
金属	马口铁、无锡钢板等制成的金属罐和桶等，铝、铝箔制成的罐、软管和软包装袋等
复合材料	纸、塑料薄膜、铝箔等组合而成的复合软包装材料制成的包装袋和复合软管等
玻璃、陶瓷	瓶、罐、坛和缸等
木材	木箱、板条箱、胶合板箱和花格木箱等
其他	麻袋、布袋、草或竹制包装容器等

冷链保鲜包装材料发展较快的主要是纸包装、塑料包装、金属包装、玻璃及瓷包装四大类。木材包装主要用于重型产品（如机电产品）的包装，其有逐渐被纸和塑料包装取代

的趋势，再加上国际上强调环保与资源的问题，木材包装一般情况下不提倡，因此木材包装用得越来越少；而陶瓷包装因制作工艺与速度等问题，用量也较少。

（一）纸包装材料及包装容器

纸包装材料由于其优异的包装性能，在食品的保鲜包装材料中占有相当的比重。其良好的加工性能，使其包装容器的结构和形式多种多样。而且随着人们的求新心理与包装产品的不断推陈出新，纸包装的种类也层出不穷。特别是纸箱、纸袋、纸盘及纸托盘在食品包装中占有很大的市场份额，而且其比例还在不断扩大。

纸包装材料及包装容器在食品保鲜包装中发挥着重要的作用，主要是其具有以下优异的包装特性。

(1) 透气性。透气性是纸包装最大的保鲜特性。在保鲜包装中，鲜活农产品具有呼吸作用，会产生呼吸热。纸包装可以让包装内部的呼吸热及时透出，防止温度升高，降低呼吸损耗，从而延缓衰老。

(2) 吸湿性。吸湿性也是纸包装的又一大保鲜优点，如超市中的鲜肉托盘包装，适宜的纸包装垫可吸走鲜肉表面析出的少量水分，从而延缓鲜肉的腐变速度。

(3) 保鲜功能性。如常见的各种保鲜包装纸箱，可以在纸箱内部加入具有抑菌保鲜作用的中草药或抗氧化成分等，从而使包装纸箱具有抑菌的保鲜作用。

(4) 韧性与保护性。一定厚度的纸包装具有一定的强度和韧性，可对食品特别是鲜活食品起到一定的保护作用。

（二）塑料包装材料及包装容器

塑料是一种以高分子聚合物——树脂为基本成分，再通过添加一些用来改善其性能的各种添加剂制成的高分子材料。其分子结构的特殊性使其具有一系列特殊的性能，如优异的化学稳定性、良好的耐低温性、优异的力学强度和韧性等保鲜包装需具备的性能。且塑料原料来源丰富、成本低廉，因此成为近 40 年来世界上发展最快、用量巨大的包装材料。塑料包装材料及容器有逐步取代玻璃、金属和纸类等传统包装材料的优势和潜力，是食品包装中用得最多的包装材料与包装容器。常见的用于食品包装的塑料主要有聚乙烯(PE)、聚丙烯(PP)、聚苯乙烯(PS)、聚酯(PET)、聚氯乙烯(PVC)、聚碳酸酯(PC)、乙烯-醋酸乙烯共聚物(EVA)、聚酰胺(PA)、聚偏二氯乙烯(PVDC)、聚乙烯醇(PVA)、乙烯-乙烯醇共聚物(EVOH)和离子键树脂等。其中，高阻氧的有 PET、PA、PVDC、PVA 和 EVOH 等，高阻湿的有 PE、PP 和 PVDC 等，耐紫外光的有 PS 等，耐低温的有 PE、EVA 和 PA 等，阻油性和机械性能好的有 PP、PET、PA 和离子键树脂等，既耐高温灭菌又耐低温的有 PET 和 PA 等。各种塑料的单体分子结构不同，聚合度不同，添加剂的种类和数量不同，性能也不同，即使同种塑料，不同牌号，性质也会有差异。其中，在保鲜包装方面用得最多的是塑料保鲜膜。然而，不容忽视的是，某些品种的保鲜膜还存在着某些卫生安全方面的问题。如 PVC 保鲜薄膜，其本身无毒，而单体氯乙烯则有毒性，另外聚氯乙烯薄膜中添加的增塑剂，在较高的使用温度下会缓慢释放产生 HCL 气体，从而产生安全隐患。

【案例 4-3】聚氯乙烯作为食品包装材料的危险性

聚氯乙烯是经常使用的一种塑料，它是由聚氯乙烯树脂、增塑剂和防老化剂合成的树脂。据了解，聚氯乙烯塑料制品在较高温度下会慢慢地分解出氯化氢气体，这种气体对人体有害。含铅盐防老化剂的聚氯乙烯制品和乙醇、乙醚及其他溶剂接触会析出铅，若聚氯乙烯包装容器盛装油条、炸糕、炸鱼、熟肉类制品和蛋糕等点心类食品，铅分子会慢慢扩散到油脂中去，对人体健康会产生极大的危害，并且废弃的聚氯乙烯燃烧会产生大量的二噁英、卤氢酸和铅等有害物质，对空气、土壤和水质等环境均造成不同程度的污染。因此，聚氯乙烯不宜作为食品包装容器。

（三）金属包装材料及包装容器

金属包装材料是一种历史悠久的包装材料，用于食品包装已有近 200 年的历史。金属包装材料及容器是以金属薄板或箔材为原材料，再加工成各种形式的容器来包装食品。目前，金属包装材料及制品多用于加工农产品的包装。作为保鲜包装主要用作罐头农产品的包装，如常见的三片罐包装。也有许多农产品半成品的包装使用金属包装。而最能体现金属保鲜包装的是一些周转箱及活鲜动物（鱼类及禽类）圈养容器（笼等）。另外，金属箔与纸复合材料被广泛用于农产品的保鲜包装，还有许多长途储运的农产品保鲜包装容器也离不开金属包装。金属包装材料主要的优异特性如下。

（1）优良的阻隔性能。金属包装材料及包装容器具有优异的阻气、阻水、阻光和保香等隔离性能。对许多气体（O_2、CO_2 及水蒸气等）有优异的阻隔效果，还对包括紫外光在内的许多光线起到很好的阻隔作用。这些都是保鲜所必需的性能。

（2）良好的热传导性能。金属包装材料良好的热传导性主要体现在加热与散热方面。作为加热所需的特性表现为加热灭菌，使被包装物品不受包装的污染。而良好的散热性则可使热处理工序提高效率，并且合理的结构能使鲜活食品在包装中散去热量。

（3）卫生安全性能。金属包装不易腐烂变质，也不易滋生细菌，同时还可通过加热使表皮得以杀菌，最终使被包装物品得到良好的卫生条件。

（4）良好的保护性。优异的强度和加工适应性是金属包装良好保护性的体现。金属包装容器可根据不同的被包装物的性能要求制成不同的结构和厚度，以提高强度保护包装物。适应性是指金属可以适应大部分物品的包装要求进行设计、加工和处理，能适应物品的体积和形态制成相应的结构与大小。

这些对于易腐、怕挤压和重压的产品包装储藏及运输具有十分重要的意义。然而，金属包装材料的化学稳定性差、不耐酸碱，特别是用其包装高酸性食物时易被腐蚀，同时金属离子易析出而影响食品风味。因此，通常对使用的金属包装容器及其制品进行涂层处理，即在包装的内层涂布内层涂料，从而隔绝金属与食品的接触。

（四）玻璃和陶瓷包装材料及包装容器

玻璃是以石英石、纯碱、石灰石和稳定剂为主要原料，加入澄清剂、着色剂和脱色剂等，经调温熔炼再经冷凝而制成的一种非晶体材料。玻璃是一种古老的包装材料，用于食品包装已有 3 000 多年的历史。罐头就是玻璃保鲜的典型包装。生鲜食品保鲜中能体现玻璃包装材料保鲜应用的就是半成品或腌制品的包装，如泡菜类食品就多为玻璃或陶瓷容器包装，还有果汁类产品也多用玻璃包装。

玻璃本身具有的优异性能，使其在作为包装材料时显示出显著的特点，如玻璃具有优异的高阻隔性、透明性、化学稳定性、易成型加工性等。但玻璃容器重量大且易碎，这些缺点影响了其在食品包装上的使用与发展，尤其是受到塑料和复合包装材料的冲击。随着玻璃改性技术的发展，目前具有高强度、轻量化的玻璃材料及其制品已开始广泛地使用。目前我国玻璃使用量占包装材料总量的 10%左右，在一定程度上，其优异的高阻隔性能是其他包装材料无法取代的，因此，仍是食品包装中重要的包装材料之一。

（五）复合包装材料

随着人们生活水平的不断提高，对商品包装质量保证和卫生保证的意识也不断增强。在现代商品包装过程中，有些商品（特别是食品）的包装，对于包装材料的各种性能有着严格的要求，如要求包装材料具有防潮、防水、阻隔气体、避光、耐热、耐油、耐高温、易热封和便于印刷等优异性能。然而，同一种包装材料很难同时满足多项要求。因此，在包装生产过程中，通常将两种或两种以上具有不同特性的包装材料采用特定的包装技术手段进行复合，使其拥有多种综合包装性能，复合包装材料便应运而生。这种包装材料克服了单一材料的缺点，获得了单一材料不具备的优良性能，已成为目前食品包装材料最主要的发展方向。

复合包装材料一般主要由三层组成，即基层（又叫外层）、功能层（又叫中间层）和热封层（又叫内层）。基层，主要起美观、印刷、阻湿等作用。外层材料应当是熔点较高、耐热性能好、力学性能好、耐磨、印刷性能好、光学性能好的材料，常采用的有纸、铝箔、玻璃纸（PT）、聚碳酸酯（PC）、尼龙（PA）、聚酯（PET）、双向拉伸聚丙烯（BOPP）等。功能层，主要起阻隔、避光等作用，三层以上复合材料的中间层通常采用阻隔气体与水分及遮蔽光线等性能好且机械强度高的材料，如铝箔、聚偏二氯乙烯（PVDC）、乙烯-乙烯醇共聚物（EVOH）、真空镀聚酯膜（VMPET）等。层与层之间则涂有黏合剂用于黏合。一般外层材料与中层材料之间使用溶剂型热固性聚氨酯黏合剂，内层与中层之间使用改性聚丙烯乳液黏合剂或用特殊改性的含羰基丙烯共同树脂等。外层用黏合剂要求黏合强度高、工艺简单、成本低；内层用黏合剂要求耐高温、剥离强度高、无毒、无味，不影响食品的营养成分，能很好地保持食品的色香味。热封层，与包装物品直接接触，要求具有良好的耐化学性、耐渗透性、热封性、黏合性、耐油性等性能，常用的有聚乙烯（PE）、流延聚丙烯（CPP）和 EVA 等。

三、新型冷链食品包装材料

（一）纳米包装材料

纳米包装材料是随着聚合物材料的迅猛发展而出现的一种新型的功能性材料。所谓纳米包装材料，是指通过纳米技术，将分散相尺寸为1～100nm的纳米颗粒或晶体与其他包装材料合成或添加、改性等制成的具有某一特性或功能的新型复合包装材料。纳米包装是指应用纳米技术，采用纳米复合(包装)材料，使包装具有超级功能或奇异特性的一类包装总汇。

纳米包装材料主要是通过对包装材料进行纳米合成、纳米添加、纳米改性，使其具备纳米结构、尺度及特异功能的包装新特性。由于纳米粒子具有表面效应、量子尺寸效应、体积效应和宏观量子隧道效应，所以纳米材料表现出传统包装材料不具有的许多特异性质，如特异的高机械性能(韧性、耐磨性)、高阻隔性能、高耐热性能、抗菌抑菌性能等，从而满足特种包装功能需求。纳米包装技术在包装领域内具有广阔的应用前景，将成为现代包装材料发展的方向。目前，在食品包装领域研究和应用比较广泛的主要有抑菌性纳米包装材料、保鲜性纳米包装材料、高阻隔性纳米包装材料和防伪性纳米包装材料等。

(二) 可食性包装材料

可食性包装材料(edible packaging materials)是以可食性生物大分子物质为主要基质，以可食性增塑剂为助剂，通过一定的加工工序使不同分子之间发生相互作用，然后干燥形成兼具力学性能和一定选择透过性的结构致密的包装材料。可食性包装材料主要通过阻止包装内外物质的互相迁移，避免食品在储藏及运输过程中发生气味、质构等品质变化，从而保持食品品质，延长其货架期。可食性包装材料是一种特殊的包装材料，在实现包装功能之后，能将“废弃物”转变为可食用原料。

可食性包装材料按特点和作用分为可食性包装膜、可食性包装纸和可食性包装容器等。

1. 可食性包装膜

(1) 蛋白质类可食性膜。蛋白质类可食性包装材料是以蛋白质为基料，利用蛋白质的胶体性质，同时加入其他添加剂改变其胶体的亲水性而制得的包装材料。蛋白质可食性膜多为包装膜，根据蛋白质的来源不同，可分为胶原蛋白薄膜、乳基蛋白薄膜及谷物蛋白蛋薄膜。这三种薄膜的基料或来源如表4-2所示。

表4-2 三种蛋白质类可食性薄膜的基料或来源

蛋白质薄膜名称	基料或来源
胶原蛋白薄膜	动物性蛋白质
乳基蛋白薄膜	乳清蛋白、干酪蛋白或其两者组合蛋白
谷物蛋白薄膜	大豆蛋白、玉米蛋白、小麦、谷物、米糖、花生、禽蛋及鱼类高蛋白

(2) 多糖类可食性包装膜。多糖类可食性包装膜的基质主要包括植物多糖和动物多糖两大类，常用的有以淀粉、改性纤维素、动植物胶和壳聚糖等为基质的可食性包装膜类，其中淀粉类可食性薄膜最早被开发。近年来，随着成膜材料与工艺和增塑剂研究应用等方面的改进，淀粉类可食性包装膜在力学强度、透明度、耐水性和阻氧性方面都有很大的提高。但是淀粉膜的热封性较差，这在一定程度上限制了其在食品包装领域的应用。

(3) 脂类可食性包装薄膜。脂类可食性包装薄膜按脂肪源的不同可分为植物油薄膜、动物脂薄膜及蜡质薄膜三类。脂类物质具有极性弱和易于形成致密分子网状结构的特点，所形成的材料阻水蒸气能力强，但存在薄膜厚度难以调控的缺点，制备时容易产生裂纹或孔洞而降低其阻水能力，并降低其力学性能。因此，脂质在可食性材料中已经很少单独使用，通常与蛋白膜和多糖类薄膜制备成复合型可食性包装薄膜使用。

(4) 复合型可食性包装薄膜。为了克服单一可食性包装薄膜的性能缺陷，复合型可食性包装膜的研究和应用成为可食性包装膜当前的发展趋势。美国威斯康星大学食品工程系在研究开发可食性包装材料中，将不同配比的蛋白质、脂肪酸和多糖结合在一起，制造成一种可食用的包装薄膜。这种包装薄膜的脂肪酸分子越大，减缓水分散逸的性能越佳，同时由于复合膜中蛋白质、多糖的种类、含量不同，复合膜的透明度、机械强度、印刷性、热封性、阻气性、耐水耐湿性表现会相应不同，因此可以满足不同食品包装的需要。目前，我国研制成功的一种复合包装膜是以玉米淀粉为基料，加入海藻酸钠或壳聚糖，再配以一定量的增塑剂、防腐剂，经特殊工艺加工而成，该复合膜具有较强的抗拉强度、韧性以及很好的耐水性，因此，可用于果脯、糕点、方便面汤料和其他多种方便食品的内包装。

2. 可食性包装纸

可食性包装纸是一种用可以食用的原料加工制成的像纸一样的包装材料。目前市场上出现的可食性纸可以分为两大类：一类是将常用的食品原料，如淀粉、糖等进行糊化，加入一些调味的物质，再进行定型化处理，从而得到一种像纸那样薄的包装材料；另一类是把可以食用的无毒纤维进行改性，然后加入一些食品添加剂，制成一种可食用的“纸片”，用来做食品包装。可食性包装纸是一种蔬菜深加工产品，在加工为“纸”后，不仅保留了蔬菜中原来的膳食纤维、维生素 B、维生素 C、矿物质及多种微量元素，还具有低糖、低钠、低脂、低热量的优点。

3. 可食性包装容器

制作这种容器的材料，不仅可以食用，而且还由于加入有熏味、酱味、鸡味以及酸、辣、咸等添加剂而具有不同风味。澳大利亚已生产盛装炸土豆的可食性容器、可食性汉堡盒、肉盘及蛋盒等新产品，并利用可食性颜料在容器上添加各种图案，来吸引消费者目光。

（三）高阻隔性包装材料

所谓高阻隔性包装材料，主要是指在一定条件下对 O_2、CO_2、水蒸气、光线和异味等具有优异阻隔性能的包装材料。通常用包装材料的渗透系数来表征材料的阻隔性能。渗透系数是指一定厚度的包装材料在一定的温度湿度条件下，单位时间、单位面积上透过气体体积。渗透系数越小，表明材料的阻隔性越好。

对于食品、药品和化学品等产品的包装，通常要求其包装材料具有一定的阻隔性，从而避免 O_2、水蒸气或光线对内装物品质量的影响，进而提高产品的保质期。此外，对于一些先进的包装技术如充气包装、真空包装、无菌包装或脱氧剂包装也都要求包装材料具有优异的阻隔性能。如今，塑料包装材料及容器的阻隔性越来越受到关注。早期被公认的高阻隔性包装材料主要是聚对苯二甲酸乙二醇酯(PET)、聚萘二甲酸乙二醇酯(PEN)、聚酰胺(PA)、乙烯-乙烯醇共聚物(EVOH)和聚偏二氯乙烯(PVDC)，然而，由于以上单一材料可能存在阻隔性单一和成本高等缺陷，近年来采用普通薄膜为基材进行蒸镀处理的方法以及采用PVDC进行涂布制备新型的高阻隔性复合包装材料，已成为制备高阻隔性包装材料的主要趋势。

第三节 冷链食品的包装原理

由于冷链能最大限度地保持食品的新鲜状态、色泽风味和营养成分，冷链物流被认为是最好的食品储运形式。下面就冷链果蔬、畜禽产品及水产品的包装技术做简单介绍。

一、冷链果蔬产品的包装原理

果蔬是人们补充必要营养成分的重要食品之一，在冷链物流中，恰当的包装工艺对于保持果蔬品质起着至关重要的作用，如采用合理的包装材料和包装技术可防止果蔬发生氧化、失水以及微生物和灰尘的污染等，以保持食品的良好品质。

（一）生鲜果蔬的保鲜机理

1. 抑制呼吸

生鲜果蔬采后仍是生物活体，仍进行着强烈的呼吸作用。因此，采后通过一定的技术方法抑制其呼吸进程是延缓果蔬衰老、延长其储藏期、维持货架品质的关键。目前常用的抑制果蔬呼吸作用的保鲜包装技术是气调保鲜包装技术。气调包装利用包装材料适宜的气体透过和CO_2/O_2的选择透过性，结合果蔬自身的呼吸作用，在一定时间内达到相对稳定的动态平衡，使包装内部达到适合果蔬储藏的气氛环境，达到抑制果蔬的呼吸作用和延缓衰老的目的，从而具有保鲜的作用。

2. 抑制蒸发

生鲜果蔬因本身的高水分含量而呈现鲜嫩饱满的感官状态。通过包装可使生鲜果蔬蒸腾散失的水分留在包装内部而形成高湿微环境，从而抑制水分的散失，保持饱满鲜嫩的果蔬外观；但是如果包装材料的透气性太差则易造成包装内部的过湿状态，使包装内部易产生“结露”现象，从而为微生物的生长繁殖提供“温床”。因此，生鲜果蔬包装时应选用具有适宜透湿性的包装材料，也可采用纳米微孔膜等功能性材料来调整包装内部湿度，使之维持在适宜状态。

3. 抑制后熟

呼吸跃变型果蔬采后由于乙烯的作用而使呼吸高峰提前出现，从而加快果蔬的衰老速度。乙烯是一种植物激素，广泛存在于植物的各种组织、器官中，是由蛋氨酸在供氧充足的条件下转化而成的。乙烯由于具有“自促作用”，即乙烯的积累可以刺激更多的乙烯产生，在一定浓度(mg/kg)下会促进果蔬呼吸，加速叶绿素分解、淀粉水解及花青素的合成，从而加快果蔬成熟及衰老。包装中使用功能性包装材料和乙烯去除剂，可有效去除果蔬储藏过程中产生的乙烯或抑制内源乙烯的生成，从而抑制果蔬后熟而达到保鲜目的。

4. 调湿、防雾和防结露

如果包装材料透湿性太差，包装内部的高湿度环境会使包装内部逐渐形成水雾环境，当外部温度低于包装内部空气露点温度时，水汽就会在包装内壁结露，同时也会因包装内

高 CO_2 浓度而形成碳酸水，滴落在果蔬表面易导致"湿浊"现象发生，从而使果蔬感官品质变差，商品价值降低，严重者会发生微生物侵染而导致腐败变质。采用防雾、防结露等功能性包装材料，可有效防止水雾和结露现象。

（二）鲜切果蔬的保鲜包装机理

鲜切果蔬较整个生鲜果蔬而言，其保鲜难度更大，对保鲜提出的要求更多。尤其是鲜切果蔬的切口部位极易发生失水、氧化褐变变色以及病理性衰败等，进而影响鲜切果蔬的品质和货架期。温度是影响鲜切果蔬采后呼吸作用的一个非常重要的因素，温度越低，酶活性越小，果蔬衰老劣变的速度就会越慢，从而使果蔬的货架期越长。冷链运输正好可以达到此目的。除了温度这个因素之外，包装内部的气氛组成是影响果蔬呼吸速率的另外一个重要因素。通过具有一定气体透过性的包装材料对鲜切果蔬进行包装，可使果蔬在保证正常的有氧呼吸的同时，严格控制氧气的含量，避免过量氧气引起的果蔬氧化褐变变色。另外，包装内部的 CO_2 含量也会对果蔬的保鲜期产生影响，过低（＜7%）会加速果蔬的氧化褐变，过高（＞18%）则会产生异味，适量的 CO_2（＞10%）才会有抑制氧化褐变的作用。

（三）速冻果蔬产品包装机理

速冻果蔬是指新鲜果蔬原料经过一定的处理，再经过冻结后包装冻藏的产品。它是目前国内外最具发展潜势的冷冻食品。速冻果蔬能较好地保持果蔬原有的鲜度、脆度、营养以及色泽；将温度迅速降低到微生物生长活动温度之下，可有效地抑制微生物的活动，保证食用安全；此外，冷冻食品食用方便，可解决季节性供需平衡问题，与罐头食品相比，速冻产品具有口味鲜和能耗低等优点。

包装是储藏速冻果蔬的必要手段，可有效地控制速冻果蔬在储藏过程中因冰晶体升华而发生干耗，即水分由固体冰的状态蒸发而形成干燥状态。因为产品失水的同时也伴随着色泽的变化，所以在产品表面保持一层冰晶层，采用不透水汽的包装是增加相对湿度、防止失水的有效方法。速冻果蔬的包装应坚固、清洁、无异味、无破裂，密封性好、透气率低，还应详细注明果蔬产品的食用方法和保藏条件。包装既要符合相关食品卫生技术标准与要求，又要便于储藏、运输、销售和开启食用。

二、冷链畜禽产品的包装原理

（一）冷链肉制品的包装机理

冷冻是一种保持肉类的质量并延长其储存期的手段。这种方法之所以有效，是因为几乎所有微生物在低温下都会停止繁殖，甚至某些微生物在一定低温下会被冻死。当温度低于冰点，约在−8℃，肉类的腐败速度就会减慢。在该温度下，细菌和霉菌会停止增殖。当温度下降，肉类的物理、化学变化将会更加缓慢，但并不会完全停止，甚至当储存温度低达−30℃时，肉类的物理、化学变化也不会完全停止。因此，肉类在低温条件下的保存期并不是无限的。肉中的脂肪随着储存期的延长会慢慢地发生酸败，产生哈喇味；如果暴露在光线下，瘦肉中的鲜红颜色(肌红蛋白)将会褪色；肉的表面将会发生不可逆的脱水反应。因此，为了避免鲜肉的脱水，应该把鲜肉裹包在气密的、不透水蒸气的材料中。最常采用的包装材料是热收缩薄膜。一般采用的是偏二氯乙烯与其他单体的共聚物薄膜，因为它不仅有良好的防水蒸气透过性，而且其隔氧性能比其他包装材料都好。使冷冻肉类能够长时间储存并保持其质量的主要措施是冷藏。但是冷冻温度一定不能高于－18℃。理想的冷冻温度是－25℃或者更低一些。包装材料不仅能保护肉产品不受盐水的侵袭污染，而且在长期储存过程中能防止产品冻伤。包装材料可以采用不同的塑料复合薄膜，但其耐寒性(低温脆性)应该满足冷冻低温的要求，而且透氧率应适宜，以免脂肪发生酸败。

(二) 冷链蛋制品的包装机理

禽蛋的包装对保护鲜蛋质量及减少破损有重要的意义。鲜蛋具有以下储运特性。

1. 孵育性

新鲜禽蛋存放温度以－1～0℃为宜，因为低温有利于抑制蛋内微生物和酶的活动，使鲜蛋呼吸作用缓慢，水分蒸发减少，有利于保持鲜蛋营养价值和鲜度。当温度增加到10～20℃时就会引起鲜蛋渐变，21～25℃时胚胎开始发育，25～28℃时发育加快，改变了原有形态和品质，37.5～39.5℃时仅3～5d胚胎周围就会出现树枝血管。即使是未受精的蛋，气温过高也会引起胚珠和蛋黄扩大。

2. 易潮性

潮湿是加快鲜蛋变性的又一重要因素。鸡蛋虽然有坚固的蛋壳保护，但是雨淋、水洗、受潮都会破坏蛋壳表面的胶质薄膜，造成气孔外露，细菌就容易进入蛋内繁殖，加快蛋的腐败。因此，在鸡蛋的保存过程中要尽量在通风、干燥的环境下进行。

3. 冻裂性

蛋既怕高温，又怕0℃以下的低温。当温度低于2℃时，易将鲜蛋蛋壳冻裂，蛋液渗出；当温度为－7℃时，蛋液开始冻结。因此，当气温过低时，必须做好保暖防冻工作。

4. 吸味性

鲜蛋能通过蛋壳的气孔不断进行呼吸，故当存放环境有异味时，有吸收异味的特性。如果鲜蛋在收购、调运、储藏过程中，与农药、化学药品、煤油、鱼、药材或某些药品等有异味的物质或腐烂变质的动植物放在一起，就会带异味，影响食用及产品质量。因此，要求蛋品储存在清洁、干净、无异味的环境中，以免影响鲜蛋的品质。

5. 易腐性

鲜蛋含有丰富的营养成分，是细菌最好的天然培养基。当鲜蛋受到禽粪、血污、蛋液及其他有机物污染时，细菌就会先在蛋壳表面上生长繁殖，并逐步从气孔侵入蛋内。在适宜的温度下，细菌就会迅速繁殖，加速蛋的变质，甚至使其腐败。

6. 易碎性

挤压、碰撞极易使蛋壳破碎，造成裂纹、流清等，使之成为破损蛋黄或散蛋黄，这些均为劣质蛋。在日常生活中，蛋壳的破裂会造成蛋品销售量降低、储存期缩短、蛋中的营养成分下降等一系列不良反应。

鉴于上述特性，鲜蛋必须存放在干燥、清洁、无异味、温度适宜、通气良好的地方，并要轻拿轻放，切忌碰撞，以防破损。

（三）冷链乳制品的包装机理

牛乳丰富的营养为微生物的生长繁殖提供丰富的物质基础，被称为微生物天然的培养基。在储存和运输中，由于用具、环境的污染，温度适宜，微生物很快能在其中繁殖。因此多数乳制品的酸败属于微生物酸败，表现为牛乳的酸度提高，加热时会出现凝固，发酵时产生气体，有酸臭味，有的会出现变色现象。低温储藏则可在一定程度上抑制微生物带来的变质影响。此外，乳制品中的脂肪含量较高，一般以脂肪球粒或游离脂肪存在，所以在氧气存在的条件下，脂肪被激活，乳脂肪就在脂肪的作用下分解产生游离脂肪酸，从而带来脂肪分解的酸败气味，在温度较高时这种作用就会更加明显。辐照也会使乳中的营养成分(B族维生素和维生素C)以及一部分的氨基酸发生光照损失，有时也会出现变味等品质劣变现象。基于以上分析，采用一定的包装材料对其进行包装，如采用高阻气、阻光的包装材料，加上冷链储藏，即可消除微生物、氧气以及光照等因素对乳及乳制品的影响。

（四）冷链水产品的包装机理

冻结水产品的包装有内包装和外包装之分，对于冻品的品质保护来说，内包装更重要。包装可把冻结水产品与冻藏室的空气隔开，因此可防止水蒸气从冻结水产品向空气中转移，这样可抑制冻品表面的干燥。为了达到良好的保护效果，内包装材料不仅应具有防湿性、气密性、一定的强度，而且还要安全卫生。常用的内包装材料有聚乙烯、聚丙烯、PT/PE、PET/PE、PA/PE、铝箔等。在包装冻结水产品时，内包装材料应紧贴冻结水产品，如果冻品与内包装材料之间有空隙，冰品升华仍有可能发生。但是采用普通的包装方法不可能使内包装材料紧贴冻结水产品，因此可采用包冰衣后再进行内包装的方法。

第四节 冷链食品的包装机械与装备

一、冷链食品包装机械概述

食品包装就是采用适当材料、容器和包装技术把食品包裹起来，以便食品在运输和储藏过程中保持其价值和原有状态。包装过程包括成型、充填、封口、裹包等主要包装工序以及清洗、干燥、杀菌、贴标、捆扎、集装、拆卸等前后包装工序，转送、选别等其他辅助包装工序。包装机械是指完成全部或部分包装过程的机器。

包装机械是包装工业的重要基础，在轻工机械行业中占有重要的地位。包装机械为冷链食品包装提供重要的技术保障，对冷链食品行业的发展起着重要的作用。包装机械是使冷链食品产品包装实现机械化、自动化的根本保证。包装机械由被包装物品的计量与供送系统、包装材料的整理与供送系统、传动系统、执行机构、成品输出机构、动力机与传动系统、控制系统等组成。

二、包装物料供送计量装置

包装物料的状态、形状和物性直接影响物料的计量和供送。包装物料的准确计量和快速稳定供送是实现机械化包装的首要条件。物料计量是产品包装的一个重要环节，包装物料多种多样，随着物料的不同，包装方式和包装规格也各不相同。即使对同一种物料，由于销售的需要也会有多种规格的包装，导致计量方式和装置的多样化、复杂化。

包装物料的计量供送方式，根据物料的计量方法可分为计数计量法、容积计量法、称重计量法。一般来说，形体规则的固体块状物品或颗粒状物品采用计数计量，形体不规则的块状物料采用称重计量，液体或黏稠性物料通常采用容积计量。

（一）计数式计量装置

计数法是采用机械、光学、电磁等检测方式，测定每一规定批次的产品数量的方法，广泛应用于规则的条状、块状、片状、颗粒状产品的包装计量。按计数方式的不同，可将计数计量装置分为单件计数装置、多件计数装置、转盘计数装置和履带式计数装置等。

1. 计数检测系统

依据人工检测产品数量时眼看、手摸的原理，计数检测系统可分为光学检测（模拟眼看）系统和非光学检测（手摸）系统两大类。

光学检测系统安装有一个光敏接收装置，产品顺序通过光敏接收装置时，光敏元件检测输出光电信号变化一次，就表明一个产品通过了检测区。记录光电信号变化次数，即可实现产品的计数。这种方法适用于能有效遮断光线的产品计数，并不适用于透明的、折叠形的、带孔的物品计数。

非光学检测系统主要包括摆轮装置、电气触头、磁场触头几类。摆轮装置适用于具有固定形状和尺寸的特定产品，计数精确，对于形状、大小相同的规则物品的高速计数很适合。电气触头装置在每个待计数产品通过检测区与开关接触时，电气开关反应一次，记录一个计数单位。磁场触头装置在每个待计数产品通过检测区时，与装置电磁源传来的磁通接触或扰乱磁通，记录为一个计数单位。

上述计数装置中，光学检测计数装置和摆轮装置具有对物体的记忆判别能力，计数功能更为完善和精确。

2. 单件计数装置

单件计数装置在每通过一件产品时便记一次数，并显示已装件数。

图 4-1 为堆积计数充填机构示意图。该机构工作时，计量托与上下推头协同动作，完成取量及集合包装的工作。开始时，托体做间歇运动，每移动一格，从料仓中落下一包至托体中，但料仓的启闭时间随着托体的移动均有一相应的滞差，故托体移动 4 次后才能完成一次集合计数充填工作。该机构主要用于几种不同品种的组合计数充填包装，每种各取一定数量（或等额，或不等额）包装成一个集合包装。它还可用于小包的形状样式及大小有差异的产品的计数充填包装。

3. 多件计数装置

多件计数装置利用物品的长度、面积等特征量，进行规定数量的产品计数，如 5 件或

10件为一组，并将其充填到包装容器内。

1）规则物品装箱的多件计数充填装置

图4-2为规则物品多件计数充填装置。以10件为一组的规则物品分成5路进入计量工位，当物品接触到安装在计量室一端的5个触点开关3时，触发计量信号，表明计量室内已装满10件，接着启动上压板2和下托板4，使其下移一件的厚度距离，上压板退回上位，腾出空位供随后的物品进入计量室。如此重复5次后，再由底部的触点开关发出指令信号，控制水平推板5向前推移，完成50件物品为一组的装箱包装。

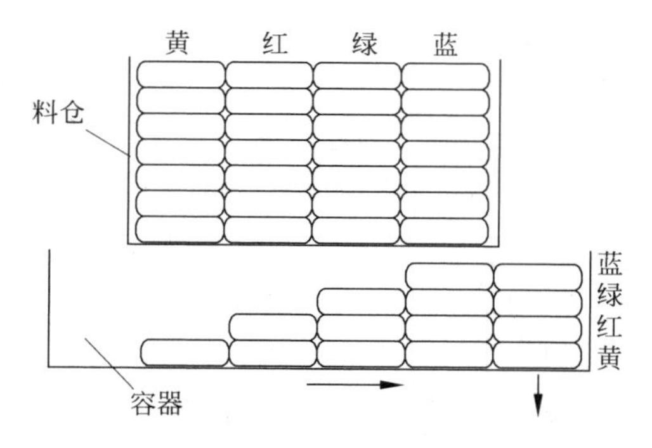

图4-1　堆积计数充填机构示意图

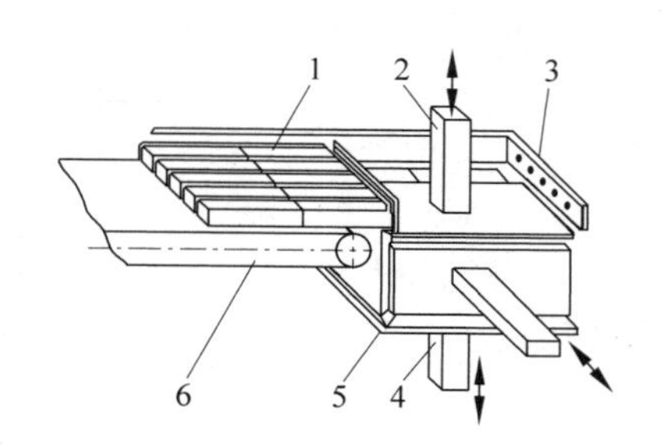

图4-2　规则物品多件计数充填装置

1—物品；2—上压板；3—触点开关；4—下托板；5—水平推板；6—输送带

2）容积计数充填装置

图4-3为容积计数充填装置工作原理图。物料自料斗1下落到计量箱3内，形成有规则的排列。计量箱充满时，即达到预定的计量数，料斗与计量箱之间的闸门2关闭，同时计量箱底门打开，物品充填到包装盒内，完成一次充填包装。

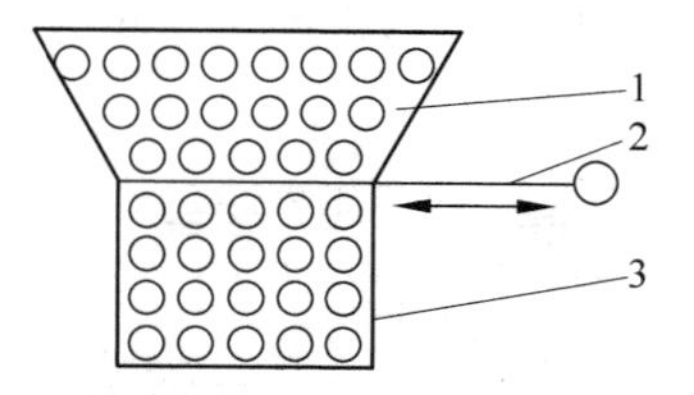

图4-3　容积计数充填机构示意图

1—料斗；2—闸门；3—计量箱

（二）容积式计量装置

容积式计量装置常采用量杯式、螺杆式及定量泵式等结构形式，可适用于粉状、颗粒状固体物料和液体、膏体状物料。这类装置结构简单、投资较少、调试及维修容易、计量速度高，但精度较差。

1. 量杯式

量杯式计量装置在充填机上应用很广，结构形式较多，常用的有转盘式、转鼓式、柱塞式、插管式等。采用量杯式计量的物料，要求它们的容重较稳定。为补偿容重的变化及适应充填量的变化，相应地以采用可调式量杯为佳。一种可调量杯由上下两个半只组成，一个半只固定，另外半只则可调整上下之间的相对位置，从而改变容积的大小，如图 4-4 所示。另一种可调量杯则是在量杯的内侧添加壁厚不等的衬杯，以改变容积大小。如在计量过程中要根据物料容重变化自动调节容积，则前者的结构较适宜，应在自动控制中增加对产品重量检测的装置，根据检测数据来判断量杯容积应扩大还是缩小，再通过伺服电机加以执行，使上下量杯间相对位置按需发生变化。

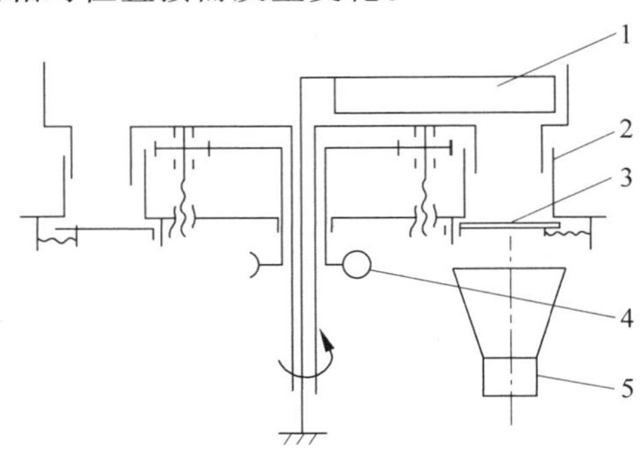

图 4-4 可调量杯式计量装置

1—刮板；2—可调量杯；3—杯底活门；4—调节装置；5—料斗

2. 螺杆式

螺杆式计量装置实质上是一种螺旋给料器，粉末及小颗粒物料充填计量时经常应用该设备。计量速度可达 120 次/min，精度在±0.5%～±2%之间，若将它与电子秤配合应用，精度可达±0.25%。其结构形式有百余种之多，而其原理都是利用螺旋达到边供送边定量的目的。要求物料的容重较为稳定，而且给料也要稳定、连续。螺杆式计量装置如图 4-5 所示，通常由电机通过减速装置，再经电磁离合器带动计量螺杆，由电磁离合器控制螺杆转数，再由出料口的闸门控制出料口，由此实现较为精确的计量。

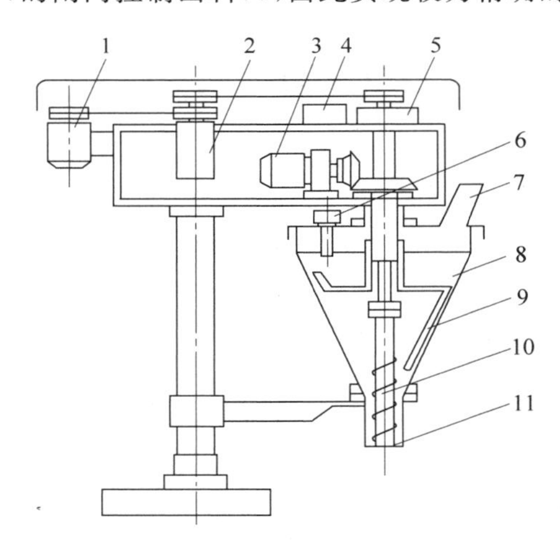

图 4-5 螺杆式计量装置

1—变速电动机；2—电磁离合器；3—减速电动机；4—脉冲计数器；5—电磁刹车；6—料位控制器；7—加料口；8—料筒；9—搅拌器；10—充填螺杆；11—出料口

3. 定量泵式

充填物料是液体或黏度较大的膏体时，往往采用定量泵计量充填，作为定量泵使用的有柱塞泵、齿轮泵等，它们与有关阀门组合使用，可实现间歇定量供料。

（三）称重式计量装置

对于易吸潮结块、粒度不均匀、容重变化较大或计量精度要求高（0.1%～1%）的粉状、块状充填物料，必须采用称重法进行计量，常用的设备为电子秤。

称重又可分为间歇式称重与连续式称重两种，两者在计重方式与原理上大有不同。

1. 间歇式称重

电子秤中的杠杆秤，其原理最古老，称重精度高，灵敏度好，在包装计量方面曾广泛使用，但它的效率较低。图 4-6 所示就是一台不等臂杠杆电子秤，适合粉粒状物料的称量。

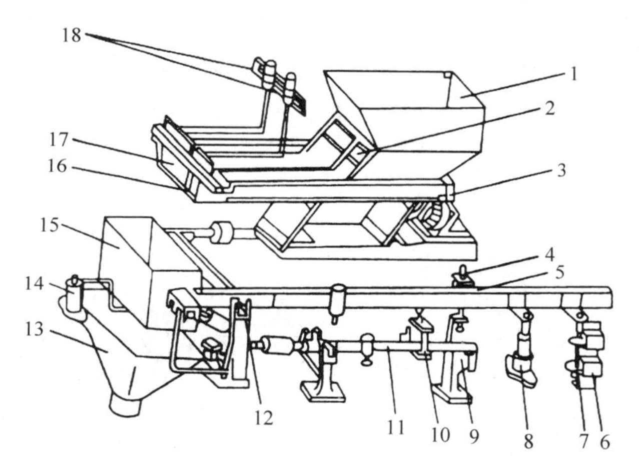

图 4-6　杠杆电子秤

1—料斗；2—闸门；3—槽式电磁振动给料器；4—限位器；5—大秤杆；6—接近开关；7—接近棒；8—油阻尼器；9—吸引磁铁；10—小秤杆吊件；11—小秤杆；12—支点；13—充填斗；14、18—气缸或电磁铁；15—秤斗；16—小出料口开关挡板；17—大出料口开关挡板

其称量原理是：粉粒物料储存在料斗 1 中，槽式电磁振动给料器 3 的振动使料斗内物料经闸门 2 时，料层被控制而产生适当的厚度，通过振动槽和槽端的开关挡板 16、17 流入秤斗 15，秤斗在大秤杆 5 的一端。大小出料口挡板处于全开状态的供料为大加料，此时大秤杆绕支点 12 产生运动，由油阻尼器 8 的作用加上大秤杆下的小秤杆 11 的综合作用，可减少大加料对秤体的冲击。这时，大秤杆通过小秤杆吊件 10 及吸引磁铁 9 被固定不动。大加料到总量的 80%～90%，大秤杆尾部的接近棒 7 随秤杆绕支点上升到接近开关 6 时，发出大加料终了信号，使大出料口开关挡板在气缸或电磁铁 18 作用下关闭大出料口，但振动器仍然振动，让大加料槽内继续积聚物料，以实现下一循环的迅速大加料。此时，小出料口仍开着，继续向料斗内做微小供料。原吸住小秤杆的磁铁开始释放，大秤

杆右端上升，带着尾部接近棒靠近接近开关到一定距离，发出满秤信号，致使小出料开关挡板关闭，振动器停振，等待料斗放料充填入袋的指令。放料指令下达，气缸或电磁铁14动作，料斗底部钩子脱落，物料靠自重下落，放料完毕，料斗底门利用弹簧力关闭，准备进行下一工作循环。

2. 连续式称重

连续式称重实质上是定时式计重，常用皮带秤或螺旋秤来实现，它们都是通过控制物料的稳定流量及其流动时间间隔进行计量的。当物料容重发生变化时，则借调节物流的横截面积或移动速度，使单位时间内物料的重量流量保持稳定。故要求有较完善的闭环控制系统，才能获得足够的精度与较高的生产率。

图4-7所示为适宜于粉粒物料连续称重的电子皮带秤简图，它主要由供料器、秤体、输送带、称重调节器、阻尼器、传感器等部分组成。秤体又分主、副两部分，其中主秤体7由平行板弹簧与秤架组合而成，做近似直线运动，副秤体10则是绕支点转动的杠杆作配重用。当物料由料斗1经自控闸门2流到输送带5上，连续运转的输送带将物料带至秤盘4时，皮带秤立即可测出该段皮带上物料的重量，从而得知物料容重的变化，据此转换成电信号的变化。由称重调节器3控制料斗闸门2的开度，以保持物料流量的稳定。

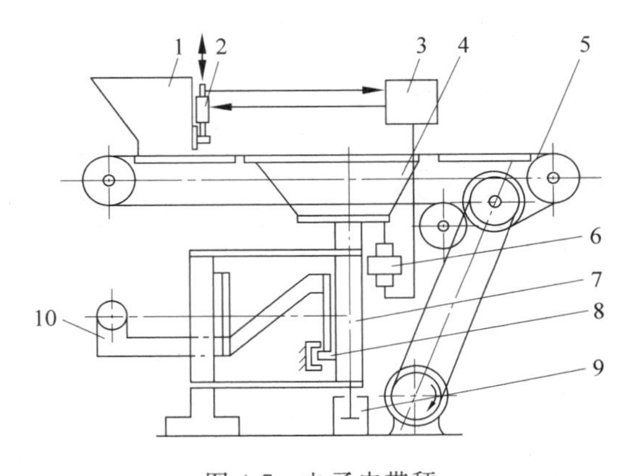

图4-7 电子皮带秤

1—料斗；2—闸门；3—称重调节器；4—秤盘；5—简图输送带；
6—传感器；7—主秤体；8—限位器；9—阻尼器；10—副秤体

充填机应用的电子皮带秤常与同步运转的等分盘配合使用，将皮带秤输送带上的某段范围内物料分成分量相等的充填量。

三、冷链食品袋装技术装备

（一）冷链食品袋装的工艺流程

制袋—充填—封口机也称袋装机，是将粉状、颗粒状、流体或半流体状物料充填到用柔性材料制成的袋型容器，并完成排气（或充气）、封口和切断等包装工序的包装机械。现在市场上的袋装食品的主要包装袋形如图4-8所示。

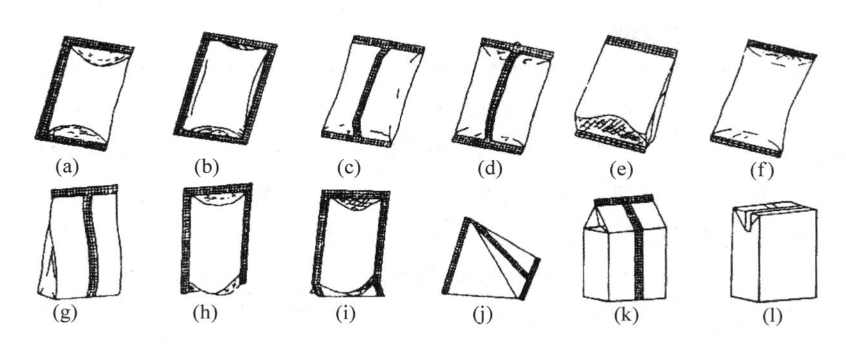

图 4-8　袋形示意图

(a) 三边封口式；(b) 四边封口式；(c) 纵缝搭接式；(d) 纵缝对接式；
(e) 侧边折叠式；(f)筒袋式；(g) 平底楔形袋；(h) 椭圆楔形袋；(i) 底撑楔形袋；
(j) 塔形袋；(k) 尖顶柱形袋；(l)立方柱形袋

制袋常用柔性材料为热合性能良好的单层及复合塑料薄膜。这些材料具有质轻、价廉、易印刷、易封口的特点，能有效地保护产品，制成的包装产品轻巧美观，商品性较好，是软包装产品中的重要成员。食品袋装的主要工艺流程如图 4-9 所示，其中充填机的主要功能是袋成型(或开袋)—充填—封口。

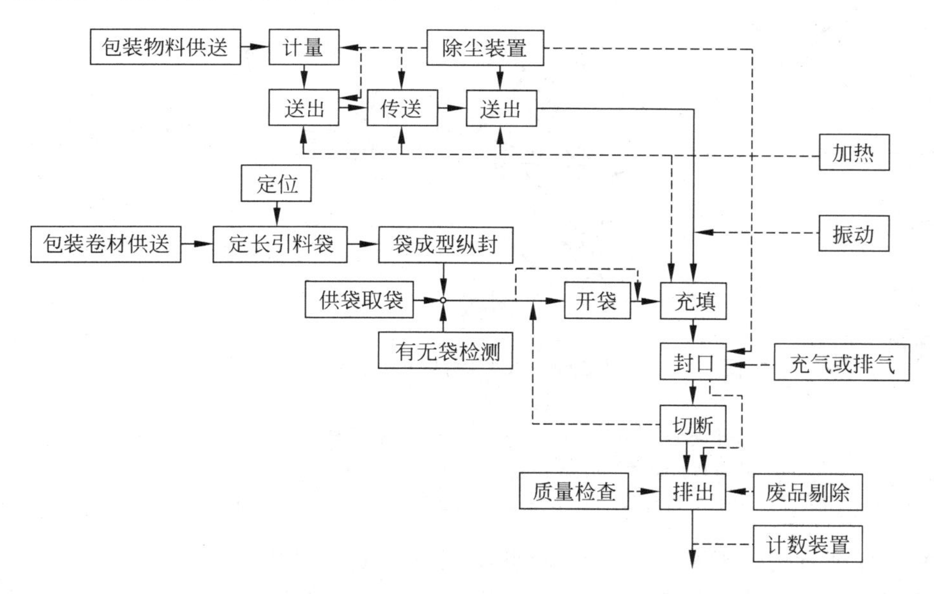

图 4-9　食品袋装的主要工艺流程

(二) 冷链食品袋装设备的工作原理

1. 设备分类

袋形的多样化，决定了充填机机型的繁多，从总体布局及运动形式方面考虑，主要类型如下：①根据工艺路线的走向来分，有立式与卧式；②根据制袋、充填、封口等主要工序间的布局状况来分，有直移型与回转型；③根据装料的连续性来分，有间歇式与连续式。

2. 典型设备的工作原理

袋子成型—充填—封口机的主要构成部分有：产品定量与充填装置、制袋成型器、封袋（包括纵封、横封）与切断装置等。

就袋的结构形式来说，应用最广的是扁平袋卧式成型（制袋）—充填—封口包装机，如图 4-10 所示。由于卧式机型包装材料在成型制袋中物料充填管不伸入袋管筒中（与立式机型相比），袋口的运动方向与充填物流方向呈垂直状态，袋之间侧边相连接，这些因素使得扁平袋卧式包装机的包装工艺程序和包装操作执行机构均比立式机型复杂，需增加一些专门的工作装置，如开袋口和整形装置等，故此类机型已逐渐被立式机型所取代。

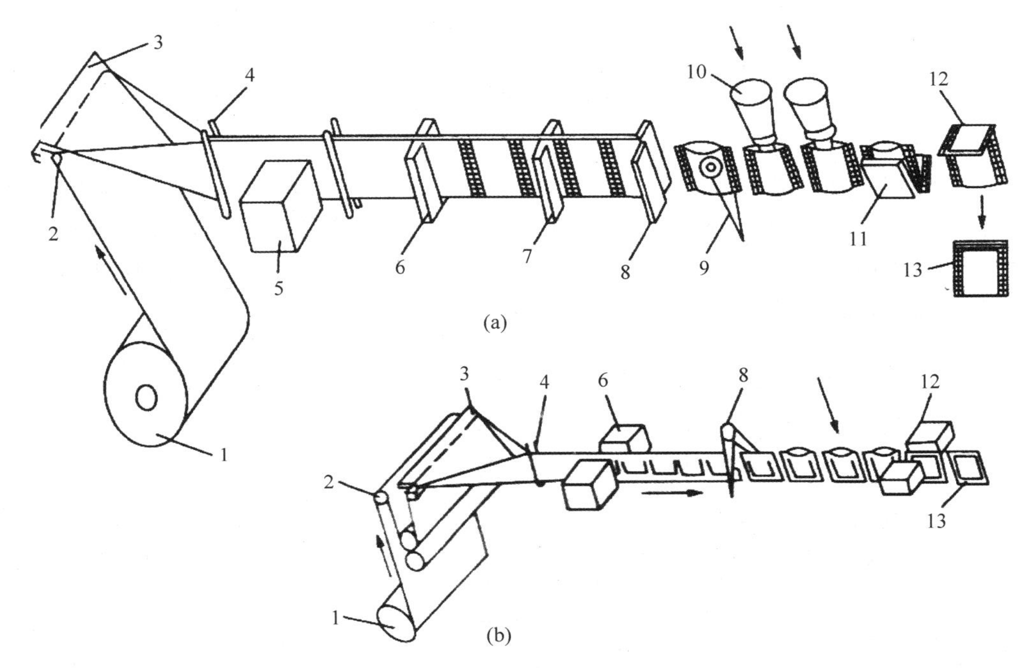

图 4-10 扁平袋卧式成型（制袋）—充填—封口包装机

(a)三面封式；(b)四面封式

1—包装材料卷；2—导辊；3—成型折合器；4—保持杆；5—光电检测控制器；
6—成袋热封装置；7—牵引送进装置；8—切断装置；9—袋开口装置；
10—计量充填装置；11—整形装置；12—封口装置；13—成品排出装置

图 4-11 所示为扁平袋立式成型（制袋）—充填—封口包装机，有多种机型，图 4-11(a)为三面封式，图 4-11(b)为四面封式，有单列、两列及多列四面封式，主要应用于小分量的物料包装。

3. 回转式袋装机

图 4-12 为间歇回转式袋装机，该机采用卷筒薄膜，先定长横封、切断，再将包装袋输送到间歇回转的工序盘 7 上，工序盘停歇时依次完成开袋、充填和封口等包装工序。

图 4-13 为连续回转式袋装机，平张薄膜经三角成型器、横封、底部封合、切断等完成制袋，通过回转计量装置完成物料充填，再进行顶部封合完成包装过程。

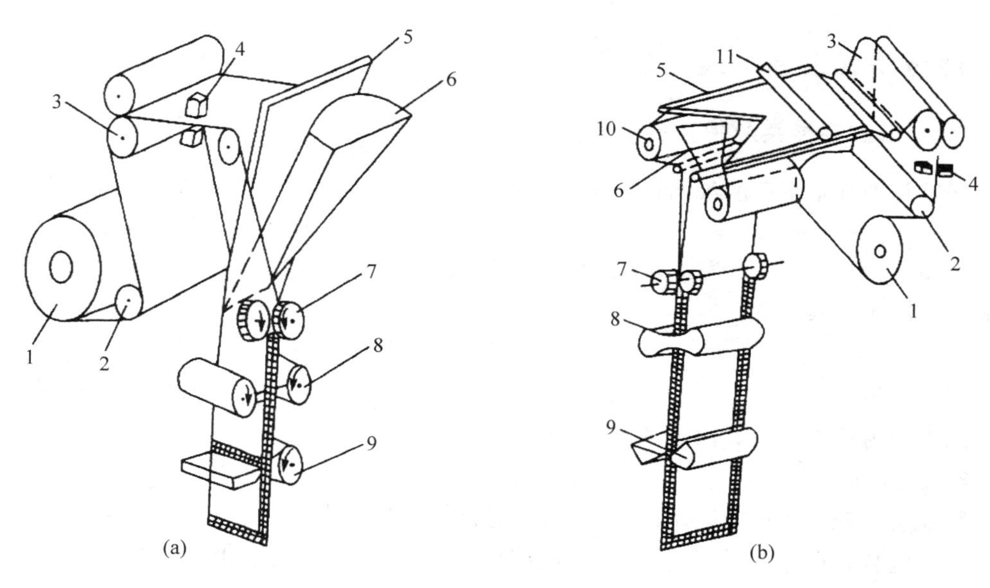

图 4-11　扁平袋立式成型(制袋)—充填—封口包装机

(a)三面封式；(b)四面封式

1—包装用薄膜卷；2—导辊；3—预松装置；4—光电检控装置；5—制袋成型器；6—充填管；7—纵封装置；8—横封装置；9—切断装置；10—转向辊；11—压辊

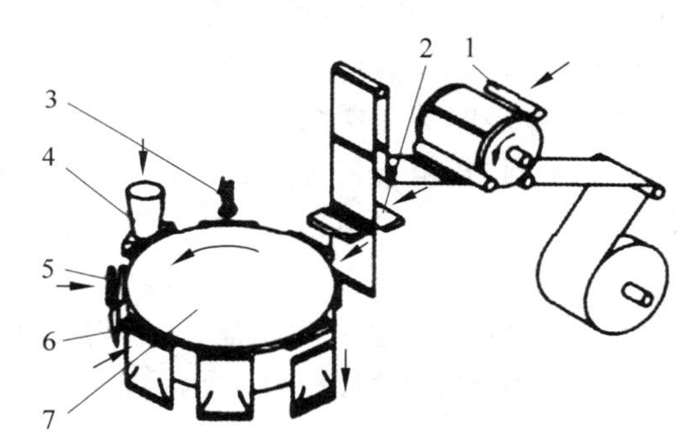

图 4-12　间歇回转式袋装机

1—横封器(封底)；2—切刀；3—开袋器；4—料斗；5—横封器(封口)；6—袋夹；7—工序盘

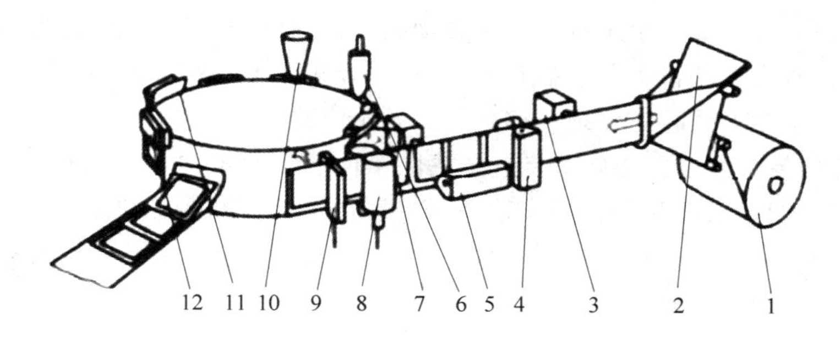

图 4-13　连续回转式袋装机

1—卷筒薄膜；2—三角成型器；3—光电管；4—横封器；5—底部封合器；6—机械孔道；7—气动孔道；8—牵引辊；9—切刀；10—进料斗；11—排气；12—顶部封合器

四、冷链食品装盒与装箱技术装备

（一）纸盒的种类及装盒机械的选用

纸箱与纸盒是主要的纸制包装容器，两者形状相似，习惯上小的称盒，大的称箱，一般由纸板或瓦楞纸板制成，属于半刚性容器。由于它们的制造成本低、重量轻，便于堆放运输或陈列销售，并可重复使用或作为造纸原料，因此至今乃至将来仍是食品、药品、饮料包装的基本形式之一。

1. 纸盒的种类

纸盒的种类和式样很多，差别大部分在于结构形式、开口方式和封口方法。通常按制盒方式可分为折叠纸盒和固定纸盒两类。

2. 装盒机械的选用

装盒包装是一种广为应用的包装方式，它是将被包装物品按要求装入包装盒中，并实施相应的包装封口作业后得到的产品包装形式。包装作业可借助手工及其他器具，也可用自动化的装盒包装机完成。现代商品生产中，装盒包装工作主要采用自动化的装盒机来完成。装盒包装工作中涉及待包装物品、包装盒与自动装盒机三个方面，三者之间以包装工艺过程相连接。

装箱机械是用来把经过内包装的商品装入箱子的机械，装箱工艺过程和装盒类似，所不同的是装箱用的容器是体积大的箱子，纸板较厚，刚度较大，包装用纸箱按结构可分为瓦楞纸箱和硬纸板箱两类，用得最多的是瓦楞纸箱。通常由制箱厂先加工成箱坯，装箱机直接使用箱坯。采用箱坯种类不同，装箱工艺过程也不同，即使采用相同箱坯，工艺过程也有多种，因此装箱机械也就表现为种类多样。

1）装盒方法

（1）手工装盒法。最简单的装盒方法就是手工装盒，不需要其他设备，主要缺点是速度慢，生产率低，对食品和药品等卫生条件要求高的商品，容易污染，只有在经济条件差、具有廉价劳动力的情况下才适用。

（2）半自动装盒方法。由操作工人配合装盒机来完成装盒过程。用手工将产品装入盒中，其余工序，如取盒坯、打印、撑开、封底、封盖等都由机器来完成，有的产品装盒时还需要装入说明书，也需要用手工放入。半自动装盒机的结构比较简单，装盒种类和尺寸可以变化，改变品种时调整机器所需的时间短，很适合多品种、小批量产品的装盒，而且移动方便，可以从一条生产线很方便地转移到另一条生产线。

（3）全自动装盒方法。全自动装盒方法除了向盒坯储架内放置盒坯外，其余工序均由机器完成。全自动装盒机的生产率很高，但机器结构复杂，操作维修技术要求高，设备投资也大，变换产品种类和尺寸范围受到限制，这方面不如半自动装盒机灵活，因此，适合于单一品种的大批量产品装盒。

2）装盒设备的选用

装盒机的装盒方式要根据装盒方法来确定，装盒机的生产能力和自动化程度则根据产品生产批量、生产率及品种变换的频繁程度来确定，首先要与产品生产设备的生产率相匹配。自动化程度并非越高越好,而是要恰当,既要符合操作维修人员的技术水平,又能达到最佳经济效益。此外,在组成产品生产线时,还要考虑到产品装盒的某些工序所需要的附属装置能否与主机配套。

(二) 装盒机械及工艺路线

根据不同的装盒方式,装盒机械一般分为充填式和裹包式两大类型。

充填式能包装多种性态的物品,使用模切压痕好的盒片经现场成型或者预先折合好的盒片经现场撑开(有的包括衬袋)之后,即可进行充填封口作业;裹包式多用来包装呈规则形状(如长方体、圆柱体等)、有足够耐压强度的多个排列物件,而且需借助成型模加以裹包,相关作业才能够完成。它们各有特点和适用范围,但占优势地位的应属充填式装盒机械,也就是包装机械术语国家标准所指的“开盒—充填—封口机”及“成型—充填—封口机”等机种。

1. 充填式装盒机械

1) 开盒—充填—封口机

该类机械在工艺上可采用推入式充填法及跌落式充填法。

(1) 推入式充填法。图 4-14 为连续式开盒—推入充填—封口机外形简图。此类装盒机械的传动路线大体上如图 4-15 中的实线部分所示,从能流分配看,是由单流与分流组成的混流传动,而且多数为连续回转运动,少数为往复移动或摆动。虚线部分则表示各主要工作单元在相位调整方面的对应关系,以确保整个机械系统协调可靠。为此,在适当部位铺设手盘车(如图 4-15 中的手盘车 2、3),特别对上述三条传送链带,应选择推料杆作为相向对称调节其他两条链上分立挡板和分立夹板有效作用宽度的基准,从而扩大装盒的通用能力。手盘车 1 供全机手动调试之用。由于无级调速电机和有关传动附加了必要的技术措施,故能保证实现整体的单向传动。

这类机型一般设有微机控制及检测系统,可自动完成无料(包括说明书)不送盒,无盒(包括吸盒、开盒动作失效)不送料,而且连续三次断盒即自行停车。此外,对生产能力、设备故障和不合格品能够自动进行分类统计和数字显示;当变换纸盒规格时,只需以按键方式向微机控制系统输入几个主要参数,便可达到调整全机或分部试车的目的。

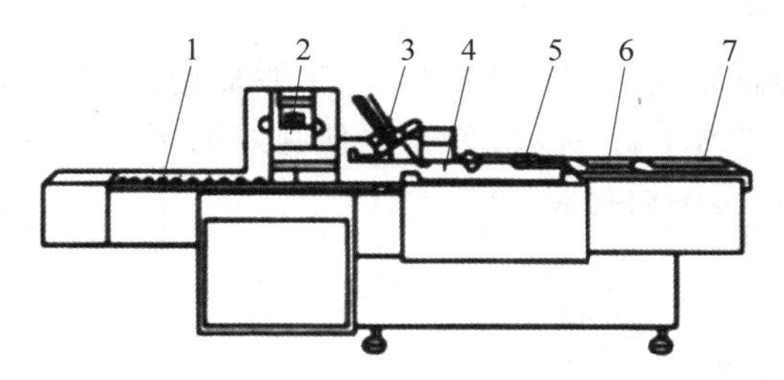

图 4-14 连续式开盒—推入充填—封口机外形简图

1—内装物传送链带;2—产品说明书折叠供送装置;3—纸盒片撑开供送装置;
4—推料杆传动链带;5—纸盒传送链带;6—纸盒折舌封口装置;
7—成品输送带与空盒剔除喷嘴

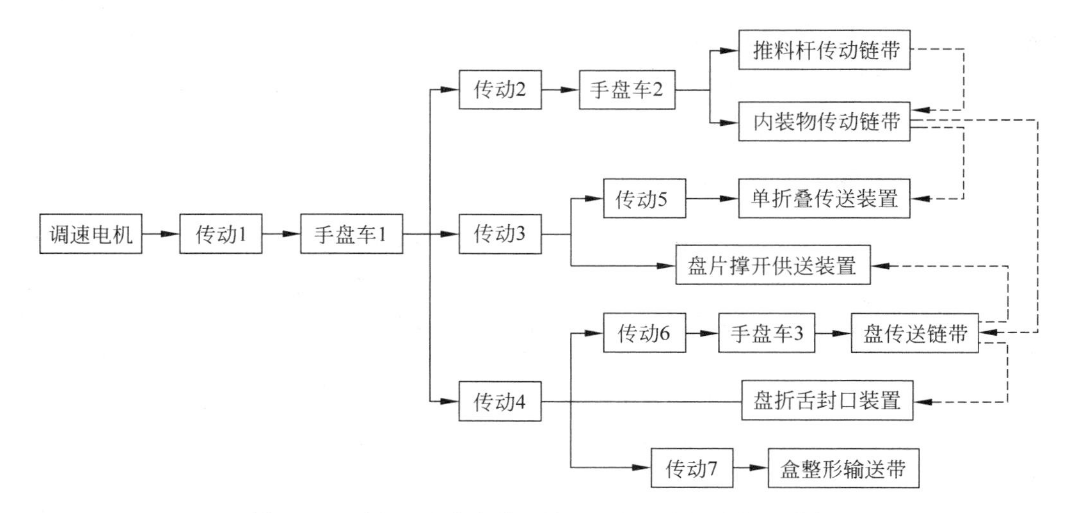

图 4-15　开盒—自落充填—封口机多工位连续传送路线

（2）跌落式充填法。图 4-16 所示为开盒—自落充填—封口机多工位连续传送路线，适用于上下两端开口的长方体纸盒，散粒物料大都依靠自身重力进行自落充填，为便于同容积式或称重式计量装置配合工作，并且合理解决传动问题，将计算—充填—振实工位集中安排在主传送路线的一个半圆弧段，其余的直线段可用于开盒、插入链座、封盒底、封盒盖等作业。对这种盒型，多以热熔胶粘搭封合。

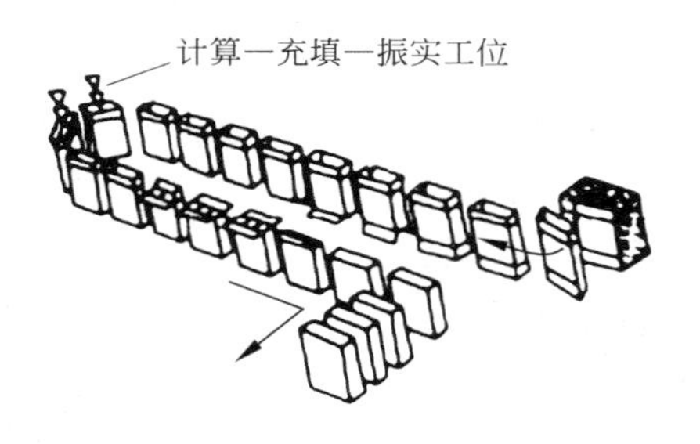

图 4-16　连续式开盒—推入充填—封口机传动路线

2）成型—充填—封口机

该类机型的工艺通常采用的有衬袋成型法、纸盒成型法、盒袋成型法、袋盒成型法等。

（1）衬袋成型法。如图 4-17 所示，首先把预制好的折叠盒片撑开，逐个插入间歇转位的链座，并装进现场成型的内衬袋。

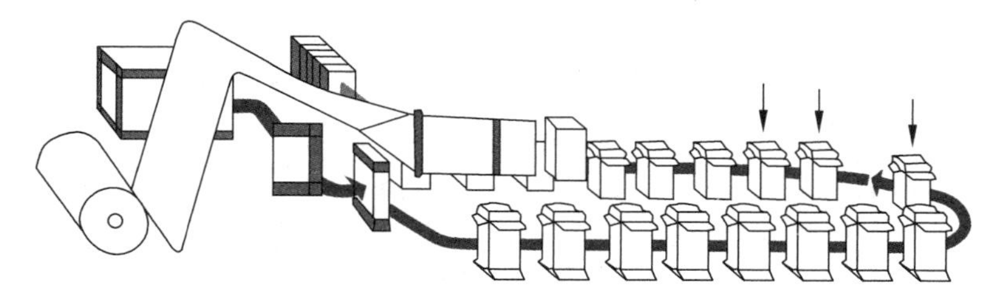

图 4-17　开盒—衬袋成型—充填—封口机多工位间歇传送路线

这种包装工艺方法的特点是：采用三角板成型器及热封器制作两侧边封的开口衬袋，既简单省料，又便于实现袋子的多规格化；因底边已被折叠，因此主传送过程减少一道封合工序；纸盒叠平，衬袋现场成型，不仅有利于管理工作，降低成本，还使装盒工艺更加机动灵活，尤其能根据包装条件的变化适当选择不同品质的盒袋材料，而且也可不加衬袋很方便地改为开盒—充填—封口的包装过程；其缺点主要是需要配备一套衬袋现场成型装置，占用空间较大。

(2) 纸盒成型法。图 4-18 所示为盒成型—夹放充填—封口机多工位间歇传送路线，适于顶端开口难叠平的长方体盒型的多件包装，纸盒成型是借模芯向下推动已模切压痕好的盒片使之通过型模而折角粘搭起来的，然后将带翻转盖的空盒推送到充填工位，分步夹持放入按规定数量叠放在一起的竖立小袋及隔板。经折边舌和盖舌后，就可插入封口。

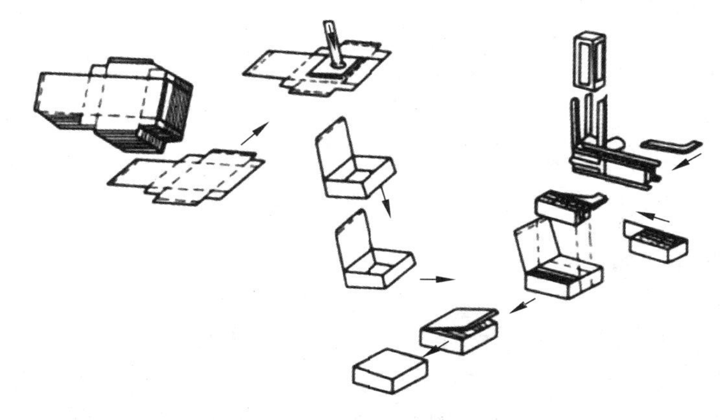

图 4-18　盒成型—夹放充填—封口机多工位间歇传送路线

(3) 盒袋成型法。图 4-19 所示为盒袋成型—充填—封口机多工位间歇传送路线。先将纸盒片折叠粘搭成为两端开口的长方体盒型，转为竖立状态移至衬袋成型工位。采用翻领形成型器和模芯制作有中间纵缝、两侧窝边、底面封口的内衬袋。

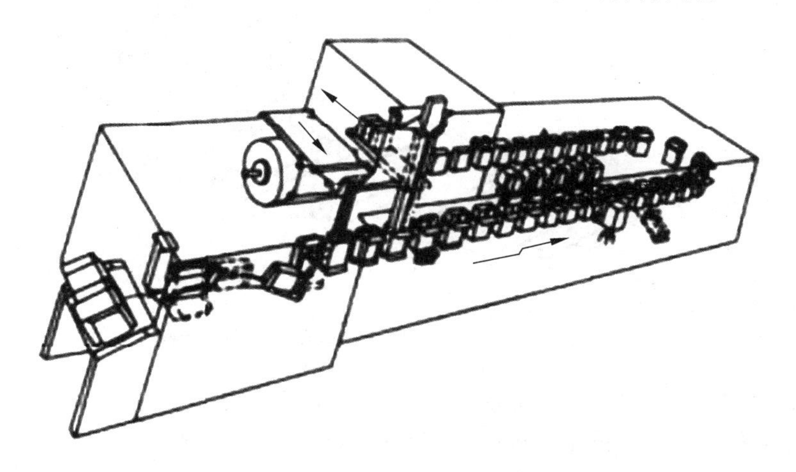

图 4-19　盒袋成型—充填—封口机多工位间歇传送路线

（4）袋盒成型法。图4-20所示为袋盒成型—充填—封口机多工位间歇传送路线。卷筒式衬袋材料一经定长切割，即以单张供送到成型转台，该台面上均布辐射状长方体模芯，借机械作用将它折成一端封口的软袋。接着，用模切压痕好的纸盒片紧裹其外，待粘搭好了盒底便推出转台，改为开口朝上的竖立状态。然后沿水平直线传送路线依次完成计量充填振实、物重选别剔除、热封衬袋上口、粘搭压平盒盖等作业。由于该机的成型与包装工序较分散，生产能力有待提高。

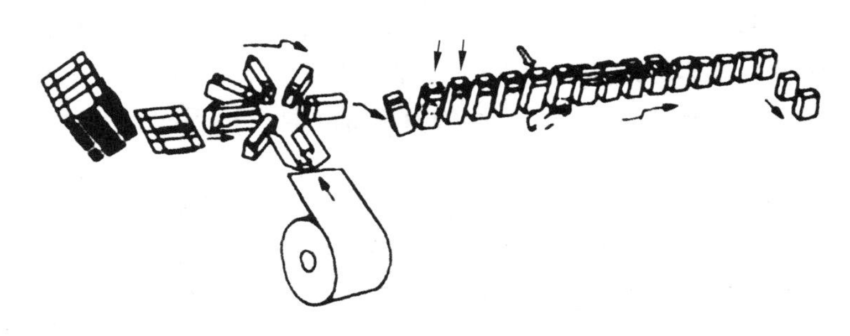

图4-20　袋盒成型—充填—封口机多工位间歇传送路线

2. 裹包式装盒机械

1）半成型盒折叠式裹包机

（1）连续裹包法。图4-21所示为半成型盒折叠式裹包机多工位连续传送路线，适用于大型纸盒包装。工作时先将模切压痕好的纸盒片折成开口朝上的长槽形插入链座，待内装物借水平横向往复运动的推杆转移到纸盒底面上之后，再开始各边盖的折叠、粘搭等裹包过程。采用此裹包式装盒方法有助于把松散的成组物件包得紧实一些，以防止移动和破损，而且，沿水平方向连续作业可增加包封的可靠性，大幅度提高生产能力。

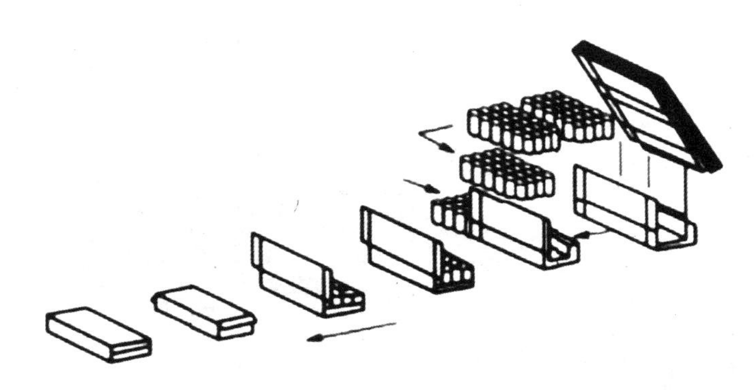

图4-21　半成型盒折叠式包机多工位连续传送路线

（2）间歇裹包法。图4-22所示为半成型盒折叠式包机多工位间歇传送路线，借助上下往复运动的模芯和开槽转盘先将模切压痕好的纸盒片形成开口朝外的半成型盒，以便在转位停歇时从水平方向推入成叠的小袋或多层排列的小块状物，然后在余下的转位过程完成其他边部的折叠、涂胶和紧封。

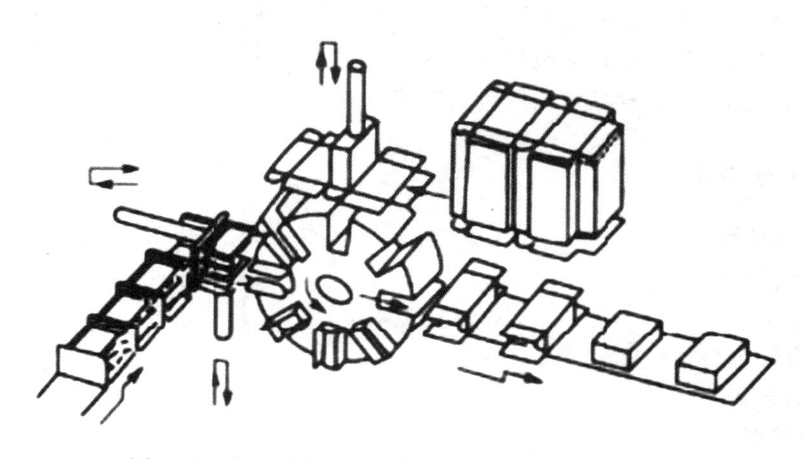

图 4-22　半成型盒折叠式裹包机多工位间歇传送路线

2）纸盒片折叠式裹包机

图 4-23 所示为纸盒片折叠式裹包机多工位间歇传送路线，适于较规则形体（如长方体、棱柱体等）且有足够耐压强度的物件进行多层集合包装，先将内装物按规定数额和排列方式集积在模切纸盒片上，然后通过由上向下的推压作用使之通过型模，即可一次完成除翻转盖、侧边舌以外盒体部分的折叠、涂胶和封合，接着沿水平折线段完成上面的粘搭封口，经稳压定型再排出机外。

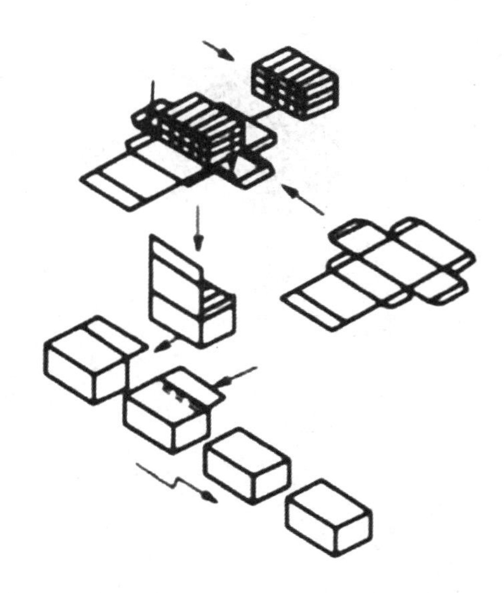

图 4-23　纸盒片折叠式包机多工位间歇传送路线

【本章小结】

本章从冷链包装的概念出发，概述了目前常见的冷链食品的包装技术以及物流包装技术。同时，介绍了影响冷链食品保质保鲜效果的重要因素——冷链食品包装材料的分类、性能要求以及常见冷链食品包装材料的性能及其应用。最后，在分析冷链食品包装原理的基础上，介绍了冷链食品常见的包装机械与装备。

【本章习题】

一、名词解释

1. 冷链保鲜包装
2. 气调包装
3. 可食性包装材料
4. 速冻果蔬

二、简答题

1. 简述冷链保鲜包装的要求。
2. 简述减压保鲜技术的原理。
3. 简述气调包装技术的原理。
4. 简述生鲜果蔬的保鲜机理。

三、论述题

请结合本章学习内容，谈一谈冷链包装技术的发展趋势及展望。

【即测即练】

第五章

冷链食品包装技术的应用

【本章学习目标】

1. 了解冷链食品的新型包装技术；
2. 熟悉各类冷链食品的包装方法；
3. 掌握果蔬、畜禽产品及水产品的包装工艺及操作要点。

【导入引言】

大家在享用新鲜的时季果蔬、体会各种奶制品带来的美好体验的同时，有没有想过这样一个问题：这些食品是如何保持其“光鲜亮丽”的品质呢？如果要保持这些食品的良好品质，我们需要首先从哪些方面入手，才能为保持这些食品的“新鲜”品质打下基础？本章我们主要探讨这些问题。

第一节　冷链果蔬产品的包装

我国作为农业大国和生产果蔬大国，每年的果蔬产量和产值在国际上都名列前茅。然而，由于果蔬产品具有很强的季节性和区域性，因此其对储藏保鲜要求也比较高。大量在旺季采摘的果蔬如果储藏条件和保鲜方式不当，会导致果蔬大量腐烂而失去商业价值，从而造成严重的经济损失。据商务部2018年的统计，果蔬因采后处理不恰当、储运保鲜技术落后以及储运设备不完善等，损失高达每年800万t，经济损失达800亿元。由于国内外市场贸易流通和跨区域冷链物流等的需要，采后果蔬储藏保鲜具有重要的意义。

一、生鲜果蔬产品的包装

（一）生鲜果蔬的包装材料

用于生鲜果蔬冷链保鲜的包装材料种类繁多，目前应用最多的主要包括塑料薄膜材料、纸质包装材料、塑料片材、蓄冷材料、隔热包装容器以及保鲜剂等。

1. 塑料薄膜材料

常用的薄膜保鲜材料主要有PE、PVC、PP、BOPP、PS、PVDC、PET/PE、KOPA/PE薄膜，以及PVC、PP、PS与辐射交联PE等的热收缩膜和拉伸膜。这些薄膜常制成袋、套和管状，可根据不同需要进行选用。由于生鲜果蔬特殊的保鲜需求，近年来开发了许多功能性保鲜膜，除了能改善透气透湿性外，还有某些独特的功能，如有通过涂布脂肪酸或掺入表面活性剂制备具有防雾、防结露性能的薄膜；还有通过混入泡沸石为母体的无机系抗菌剂制备抗菌性薄膜；通过混入陶瓷、泡沸石、活性炭等制备吸收乙烯等有害气体的薄膜。随着人们环保意识和绿色包装理念的建立，人们越来越关注塑料及其包装制品对环境造成的污染问题。因此，可生物降解的生鲜果蔬保鲜薄膜的开发和研究逐渐受到人们的广泛关注。利用生物可降解薄膜本身的气体透过性（阻隔性）和水蒸气透过性，通过共混或共聚的方法制备具有一定气体透过性、CO_2/O_2 选择透过性以及水蒸气透过性的保鲜膜，这种保鲜膜可用于生鲜茼蒿、草莓、菠菜、鲜食葡萄的冷藏保鲜包装。

【案例 5-1】PVA 活性包装膜对圣女果的保鲜效果

采用 PE 膜、PVA 膜、PVA 活性包装膜对圣女果进行保鲜包装，通过对圣女果的感官评价，同时测定其失重率、腐败率、维生素 C 及总糖含量等各项指标的变化，比较三种不同包装膜对圣女果的保鲜效果。三种包装膜均适用于圣女果的保鲜包装，可延长供货寿命；通过对保鲜后圣女果各项性能指标进行测定，发现 PVA 活性包装膜能够更好地延缓圣女果的腐败，降低变质率，维持较高的维生素 C 及总糖含量，延长圣女果的保鲜期 6d 以上，达到了很好的保鲜效果。

2. 纸质包装材料

1）葡萄保鲜包装纸

（1）SO_2 保鲜纸。该保鲜纸是将 SO_2 保鲜剂（SO_2 释放剂、缓释剂、胶黏剂、稳定剂和防水剂）按照一定的比例组成以 150g/m² 左右的涂布量均匀涂布于纸包装基材制成的一类具有抗菌保鲜性能的包装纸。

（2）中草药速效保鲜包装纸。该保鲜纸是将焦亚硫酸盐或重亚硫酸盐与中草药抗菌剂及胶黏剂组成保鲜剂涂刷到单层基材上，再与另一层基材粘贴，经干燥制成。该保鲜纸可连续释放二氧化硫气体、中草药灭菌挥发油，从而达到对葡萄防腐保鲜的目的。

2）柑橘保鲜包装纸

DH-1 型柑橘保鲜包装纸是以联苯（DP）、透明质酸（HA）和石蜡为主要原料制成的一种保鲜包装纸。质地柔软，且具有一定的弹性。经储藏试验证实，该药纸具有制造工艺简单、使用方便、保鲜效果好等特点。

3）其他果蔬保鲜包装纸

果蔬电气石保鲜纸是一类能抑菌防腐、透气、防霉、操作简便、成本低廉的果蔬保鲜纸。电气石具有在常温常压下自发释放负离子和远红外线、产生生物静电的特性，从而使电气石保鲜纸具有延缓果蔬呼吸、抑制和杀灭有害细菌的保鲜作用。该保鲜纸采用亚纳米粉作为填料和胶料，填充了纸张纤维间绝大部分的孔眼，降低纸张的透气性，防止果蔬水分蒸发；又因黑色电气石透光度极差，从而避免了光线对包装后果蔬的照射。电气石保鲜纸是一种无任何副作用的环保性包装纸，水果、蔬菜无须喷施保鲜剂或防腐剂，可直接进行包装，操作简单、成本低廉。由于电气石含 8.5%左右的硼，是一种能促进植物根系发达的肥料，使用后该保鲜纸不会造成白色污染。

4）瓦楞纸箱

普通瓦楞纸箱是由全纤维制成的瓦楞纸板构成的，对于水蒸气有很强的透过性。为了达到对果蔬包装内部调湿的效果，近年来各种功能性瓦楞纸箱开始受到广泛关注。例如，通过在纸箱表面包裹发泡聚乙烯、聚丙烯等薄膜制成的具有调湿作用的瓦楞纸箱；在纸板中加入聚苯乙烯等隔热材料制成的具有保温效果的瓦楞纸箱；还有在纸箱表面涂布可以释放出远红外线的远红外陶瓷粉制成的具有抗菌作用的瓦楞纸水果包装箱等。

3. 塑料片材

保鲜包装用塑料片材大多以吸水能力数百倍于自重的高吸水性片材的树脂为基材。例如，在该片材中混入活性炭后除具有吸湿、放湿功能外，还具有吸收乙烯、乙醇等有害气体的能力；混入抗菌剂则可制成抗菌性片材，可作为瓦楞纸箱和薄膜小袋中的调湿材料、凝结水吸收材料，从而改善吸水性片材在吸湿后容易助长微生物繁殖的缺点。目前已开发出的多种功能性片材已应用于蘑菇、脐橙、涩柿子、青梅、花椰菜、草莓、葡萄和樱桃等果蔬的保鲜包装。

4. 蓄冷材料和隔热包装容器

蓄冷材料和隔热包装容器联合使用可起到简易保冷的效果，保证果蔬在流通过程中处于低温状态，从而提高保鲜效果。蓄冷材料在使用时要根据整个包装所需的制冷量来计算所需的蓄冷剂量，并将它们均匀地排放于整个容器中，以保证能均匀保冷。发泡聚苯乙烯箱是常用的隔热容器，其隔热性能优良并且具有一定的耐水性，目前在苹果、龙须菜、生菜、硬花甘蓝等果蔬中已有应用，但是其废弃物难以处理。因此，可使用前述的功能性瓦楞纸箱以及以硬质发泡聚氨酯和发泡聚乙烯为素材的隔热性板材式覆盖材料作为其替代品，从而缓解造成的环保压力。

5. 保鲜剂

对于生鲜果蔬来说，目前市场上广泛使用的用于保持果蔬品质的一类材料就是保鲜剂。保鲜剂种类繁多，概括起来主要有以下几类。

1）气体调节剂

气体调节剂主要包括脱氧剂、CO_2 发生剂、除乙烯剂等。脱氧剂多用于耐低氧环境的水果，如巨峰葡萄等；CO_2 发生剂多用于柿子、草莓等耐二氧化碳的水果；去乙烯剂（包括去乙醇剂）有多孔质的凝灰石、吸附高锰酸钾的泡沸石、经溴酸钠处理的活性炭等，多用于呼吸跃变型果蔬的保鲜。

2）涂布保鲜剂

涂布保鲜剂主要有天然多糖类、石蜡、脂肪酸盐等。如壳聚糖以及壳聚糖复合涂膜保鲜剂等。其中涂蜡是目前比较成熟的一种保鲜方法，广泛用于苹果、柑橘、梨等果蔬的保鲜包装。

3）抗菌抑菌剂

抗菌抑菌剂有日柏醇、二氧化氮、ClO_2、银、泡沸石、SO_2 等。

4）植物激素

植物激素是一类可抑制果蔬呼吸、延缓衰老、抑制褐变变色，保持果蔬的脆度和硬度等品质的保鲜剂，主要有赤霉素、细胞激动素、维生素 B_9 等。

为进一步提升保鲜效果，保鲜剂通常与包装材料结合使用。

（二）生鲜果蔬的包装技术与方法

1. 内包装方法

1）塑料袋包装

选择具有适宜透气性、CO_2/O_2 选择透过性和透湿性的薄膜对果蔬进行保鲜，可以起到自发气调的效果。或者采用有氧充气包装，来达到同样的保鲜效果。充气包装要求薄膜材料具有良好的透明度，对水蒸气、O_2 和 CO_2 有适当的透过性，并具有良好的封口性能，且安全无毒。

2）浅盘包装

将果蔬放入纸浆模塑盘、瓦楞纸板盘、塑料热成型浅盘等，再采用热收缩包装或拉伸包装来固定产品。这种包装具有可视性，有利于产品的展示销售。目前，杧果、白兰瓜、香蕉、番茄、嫩玉米穗、苹果等都可以采用这种包装方法。

3）打孔膜包装

果蔬在进行完全密封包装时，其包装内易因无氧呼吸而出现厌氧腐败、过湿状态以及微生物侵染等现象。因此，常用打孔膜包装以避免袋内 CO_2 的过度积累和过湿现象。大多数的绿叶蔬菜和部分果蔬适宜采用此方法。但是，在实施打孔膜包装时，打孔的面积和打孔的直径以及打孔的数量需要依据试验做进一步的确定，以保证最佳的保鲜效果。一般以包装内不出现过湿所允许的最少开孔量为准。这种方法也称有限气调包装。

4）简易薄膜包装

该包装方法常用聚乙烯(PE)薄膜对单个果蔬进行简单裹包拧紧，因此只能起到有限的密封作用，目前在柑橘类果蔬包装中应用最多。

【案例 5-2】生物可降解薄膜用于茼蒿的保鲜包装

聚己内酯(PCL)薄膜、聚己内酯/聚碳酸亚丙酯共混膜(PCL/PPC)和 LDPE 薄膜都可用于茼蒿的采后保鲜包装，通过茼蒿理化性能和感官品质的测定发现，PCL/PPC共混膜可以较好地保持茼蒿的叶绿素含量，延缓黄化，并保持较好的感官评分，较 LDPE 组可延长 6d 的保鲜期。以上研究结果表明，生物可降解自发气调薄膜在果蔬保鲜包装方面具有优势，会越来越受到青睐。

5）硅窗气调包装

硅窗气调包装是一种在塑料袋上烫接一块硅橡胶窗，通过硅橡胶窗上的微孔来调节包装袋内气体组成的包装方法，这种方法通常适用于果蔬的包装。其包装原理是利用硅胶膜对氧气和二氧化碳有良好的透气性及适宜的 CO_2/O_2 选择透过比，对果蔬所处环境的气体成分进行调节,从而达到控制呼吸作用的目的。同时还可抑制酶的活性和微生物的活动,以此来延缓果蔬的衰老,提高果蔬的储藏保鲜效果。

2. 外包装方法

果蔬的外包装是指对果蔬的内包装进行的二次包装,其主要目的在于提高果蔬的耐储运性,并再次为生鲜果蔬的保鲜创造有利的保鲜环境。目前常用的外包装主要有瓦楞纸箱和塑料箱等。为了改善保鲜和运输环境条件,外包装通常配合各种保鲜剂和各种缓冲衬垫材料一起使用,如脱氧剂、除乙烯剂、抑菌剂、蓄冷剂、吸湿性片材等。

二、鲜切果蔬产品的包装

随着社会进步和人们生活节奏的加快,消费者对果蔬食用的消费方便性和安全性要求越来越高。在欧美,一种洗净分切的包装果蔬产品应运而生,起初只限于餐厅、旅馆等餐饮业的应用,近几年超市货架零售的分切包装果蔬也日趋普遍。我国鲜切果蔬保鲜包装产品成为果蔬食用消费的新发展趋势。

新鲜果蔬在田间采收后,带有大量的田间热,加上呼吸热,其体温在短期内不易降低,因而在降至储藏最适低温前势必存在一个温度逐渐下降的"高温"阶段。这个"高温"阶段时间越长,旺盛的呼吸作用维持的时间就越长,如果蔬类的番茄、甜椒,呼吸强度的温度系数在2.3左右,即每升高10℃,呼吸强度要增加2.3倍。因此,生鲜果蔬在进行包装之前,必须先在0~4℃的条件下进行预冷操作,使果蔬的温度达到适宜冷链运输的温度。

国内铁路运输的水果、蔬菜大部分都是未经预冷而装入冷藏车的,结果是冷却速度很慢,保鲜质量差。如广东的香蕉(28℃)不经预冷直接装车,5d后才能降为14℃。国外都强调设置专门的预冷库,强调产地预冷,采取先预冷后包装工序等。例如日本,它们很少进行长期储藏,但为了提高商品质量,对于那些远途运输的蔬菜或虽离市场较近但易腐变质的蔬菜,近年来都要求预冷后运送至市场。国外常用的预冷方式有室内冷却、强制通风冷却、水冷却、包装冰冷却和真空冷却。室内冷却,使用方便,但冷却速度慢,特别不适用于易腐变质的商品。水和包装冰冷却容量大、冷却快、费用少,但商品必须保持在5℃以下,否则易为细菌、真菌感染而腐烂。另外,像纸板箱装货的场合,也很难采用这种方法。真空冷却效率最高,如叶菜类中的一些品种,经30min即可冷却到5℃以下,预冷效果很好,但设备费较高,只有在需要快速预冷大量产品(30 t/h)和长期船运中才较经济。强制通风冷却具有速度快,产品和包装容器不会积聚凝结水等优点,而且目前使用的排管或鼓风冷库费用很少就能进行改装,是国际上普遍采用的方式。

(一)鲜切果蔬的包装材料

鲜切果蔬的包装要慎选原料,配合适当的采收时间和条件,采后预冷与运输过程中要控制温度并管理搬运堆码操作,避免物理性损伤和外来污染。在加工前保持原料的最佳新鲜状态,并在工厂加工处理时注意卫生和温度控制,减少蔬菜品质劣变和微生物污染,然后进行包装和冷链流通。

目前,用于鲜切果蔬产品包装最广泛的包装材料是塑料薄膜,该类薄膜具有透明、保湿、透气、密封性好并且价格低廉等特点,特别适合于具有较强蒸腾作用的鲜切果蔬的包装。常用的塑料包装薄膜主要有以下几类。

1. 普通塑料薄膜

PE、PP 制成的塑料薄膜，利用其透气性好的特点，可用于鲜切果蔬的保鲜包装。PVC 具有透明度和光泽性较高等特点，利用其制成拉伸膜和热收缩膜，也比较适合于鲜切果蔬的包装。此外，还有 PS、PET/PE、KOPA/PE 等薄膜，以及 PVC、PP、PS、辐射交联 PE 等的热收缩和拉伸膜，这些薄膜常制成不同规格的小袋对鲜切果蔬进行包装。

2. 新型功能包装薄膜

近年来，HDPE 微孔薄膜包装袋广泛用于新鲜水果的包装。该薄膜是在薄膜袋上增加一定数量的微孔(40μm)，增强包装内 O_2 和 CO_2 气体交换及自动调节功能，避免因 O_2 过低或 CO_2 过高而引发无氧呼吸、产生大量乙醇和乙醛等挥发性物质积累而影响果蔬的风味。这种薄膜袋内的 O_2 浓度一般可保持在 10%～15%，适用于耐 CO_2 果蔬产品的包装，特别适合具有较高代谢活性的鲜切果蔬的包装。

3. 可降解新型生物抑菌薄膜

由于塑料薄膜包装带来的“白色污染”，以及化学系杀菌剂可能危害人体健康和造成环境污染等问题，可降解的新型生物杀菌绿色包装材料是当前国际食品包装的新热点。它是以可降解高分子材料为基材加入生物杀菌剂，使包装材料具有一定的气体透过性，同时兼具可降解和防腐杀菌的保鲜性能，特别适合于鲜切果蔬产品的包装，在生鲜食品包装中具有广阔的应用前景。

（二）鲜切果蔬的包装技术与方法

目前，鲜切果蔬的包装形式主要有袋装、盒装和托盘包装。块茎类鲜切蔬菜(如土豆、萝卜等)可采用袋装真空包装形式，叶菜类鲜切蔬菜可采用盒装和托盘包装形式，根据果蔬品种的呼吸强度等级选择充气包装或者自发气调保鲜包装形式。如欧美等国家和地区的超市零售分切果蔬沙拉采用充气包装，其充入的理想气体比例需要通过试验进行确定。除气调包装技术外，减压包装、涂膜包装以及智能包装技术在鲜切果蔬的保鲜包装中应用也较为广泛。

1. 气调包装

气调包装是鲜切果蔬常用的保鲜包装方法。气调包装主要包括两种方法：控制气调包装(CAP)和改善气氛包装(MAP)。CAP 是通过人工方法控制包装内部的 O_2、CO_2 和乙烯，以实现鲜切果蔬的保鲜。MAP 是利用鲜切果蔬自身的呼吸作用结合包装材料的气体透过性，来降低储藏环境中的 O_2 浓度和提高 CO_2 浓度，从而达到抑制呼吸代谢、保持品质的气调保鲜效果。在实际应用时，常常将 MAP 和 CAP 结合使用，包装时采用适合果蔬储藏的理想的气氛组成，然后通过功能性气调薄膜来调控包装内部的 O_2 和 CO_2 以及乙烯的浓度，从而达到完美的气调保鲜效果。

【案例 5-3】高氧自发性气调包装

高氧自发性气调包装是近年来出现的一种新型包装方法，包装袋内的 O_2 浓度一般保持在70%～100%，具有抑制酶活性，防止由此引起鲜切果蔬产品酶促褐变发生；防止无氧呼吸引起的发酵，保持鲜切果蔬产品的品质；有效地抑制好氧和厌氧微生物生长，防止病原体生物引起的腐烂等优点。高氧自发性气调包装适用于在高CO_2浓度和低O_2浓度下易出现无氧呼吸发酵的果蔬产品，特别适用于鲜切果蔬产品的保鲜。对易腐的果蔬产品可采用80%～90%O_2+10%～20%CO_2。在欧洲市场上采用高氧包装鲜蘑菇，在8℃下货架期可达8d。

2. 减压包装

减压包装保鲜技术是在真空技术发展的基础上，将常压储藏替换为真空环境下的气体置换储存方式。减压包装属于一种特殊的气调保鲜方法。其原理主要包括两方面：一方面在持续的减压条件下，降低O_2浓度，并抑制乙烯的生成；另一方面在减压条件下把鲜切果蔬释放出的乙烯从环境中排除，从而达到储藏保鲜的目的。减压包装保鲜与真空包装相比，具有迅速改变储藏容器内的压力，精确控制包装内部的气体环境，从而获得稳定的超低氧环境，以此来降低鲜切果蔬的呼吸强度和乙烯生成速度，达到保鲜目的。

3. 涂膜包装

涂膜包装是将可食性涂膜材料涂于果蔬表面而形成具有一定气密性的涂层，达到抑制果蔬水分散失、调控其呼吸速率以及生理生化反应速率，延缓乙烯产生的速率，抑制褐变和变色的发生，改善鲜切果蔬产品外观品质的一种包装方法。该保鲜方法具有简单方便、经济快捷的特点，成为近年来研究开发的热点。对鲜切果蔬而言，将各种天然可食的涂膜保鲜材料进行复配，可在果蔬表面形成一层透明、光泽度好且具有较好选择透气性和阻气性的涂层，从而改变鲜切果蔬产品表面的气体环境，有效地抑制水分的蒸发和微生物的侵入及繁殖，降低呼吸作用，减少内部物质的转化和基质的消耗；同时阻碍乙烯的生物合成，减少细胞膜脂质过氧化和自由基损伤，延缓细胞衰老。用于鲜切果蔬的可食性涂膜包装材料主要有多糖、蛋白质、纤维素和类脂。采用卡拉胶和海藻酸钠复合涂膜对鲜切马铃薯片进行涂膜处理，并结合真空包装，在4℃条件下储藏可使鲜切马铃薯片保鲜期延长至15d，且其保鲜效果明显优于PE保鲜膜和未涂膜直接真空包装处理组。

4. 智能包装

智能包装是一种能够自动监测、传感、记录和溯源食品在流通环境中所经历的内外环境变化，并通过复合、印刷或粘贴于包装上的标签以视觉上可感知的物理变化来告知和警示消费者食品安全状态的技术。近年来，智能包装在鲜切果蔬包装上的研究和应用成为热点，并且在部分鲜切果蔬如产品中得到相应的商品化应用。其中以新鲜度无损检测的智能标签包装最为突出，如用以检测青椒和西蓝花等鲜切蔬菜新鲜度的CO_2敏感型智能包装标签的开发与研究。智能包装作为一种新兴的高科技包装技术，在产品的信息收集、管理、控制等方面较其他包装技术有明显的优势，因此将在今后果蔬保鲜包装方面具有极广阔的发展和应用前景。

三、速冻果蔬产品的包装

食品速冻技术是以食品中水分快速结晶为基础，迅速降低食品温度的加工技术。速冻食品的要求是在30min内通过$-1\sim50$℃的最大冰结晶生成带，并使其中心温度迅速降低到-18℃以下。速冻食品由于在解冻时冰晶融化的水分能迅速被细胞吸收而不至于产生汁液流失，因此被认为是一种能最大限度保持食品原有新鲜程度、色泽风味和营养成分的食品储藏加工技术。然而，并不是所有的食品都适合于速冻加工，适合于速冻加工的果品主要有草莓、杨梅、荔枝、菠萝、香蕉、樱桃、桃、杏、苹果、柑橘和葡萄等。达到食用成熟度的水果，在经过认真分级挑选，去掉次果和烂果后，即可进行后续的包装过程。

（一）速冻果蔬产品的包装材料

1. 包装材料的要求

由于速冻品要经长时间低温冻藏，食用前还需解冻，因此对包装材料的要求较高，主要包括以下几方面。

1）耐高低温性

速冻食品要在-30℃以下低温冻结和冻藏，所以要求包装材料具有优良的耐低温性能，即在低温下保持其柔软性、不硬脆、不破裂。同时，随着人们生活方式的改变和微波炉等电器的使用，包装材料也应具有耐热性，以适应微波解冻和蒸煮的要求，能在100℃高温下解冻时不破裂，也不发生物料迁移等食品安全性问题。

2）气密性

速冻产品除了普遍需要的密封隔气要求外，有时还需要真空或充气处理，所以要求包装材料具有较低的气体透过性，以利于保香，并防止干耗与氧化。热封强度是食品包装在流通过程中一个非常重要的指标，低温下OPP/CPP的热封强度比较低，而以PE为热封层封复合材料，在低温下具有良好的热封强度，如PA/PE复合膜。

3）抗老化性

包装材料要求经长时间冷藏后不老化、不破裂。其次是在低温时，包装材料的物理耐冲击性要强。通常在低温时，包装材料易变脆，易受物理冲击而破损，从而无法保证包装质量。因此，在冷冻包装中，必须选用在低温下有足够冲击强度的材料来进行包装。低温下常见包装材料的冲击强度和撕裂强度如表5-1所示。

表5-1 低温下常见包装材料的冲击强度和撕裂强度

包装材料/μm	冲击强度/(N/cm)			撕裂强度/(N/cm)纵/横		
	20 ℃	0 ℃	−20℃	20℃	0℃	−20℃
CPA/PE(40/40)	>300	197	169	120/248	116/259	104/206
OPA/PE(15/50)	252	200	153	46/50	57/60	54/54
PE(80)	71	95	101	423/538	454/637	149/579
PET/PE(12/50)	69	80	77	46/53	107/97	166/86
PT/PE(300/50)	47	39	29	69/90	55/92	43/59
OPP/CPP(20/30)	90	80	83	33/208	39/50	43/36

由表5-1可知，尼龙复合膜无论是低温还是常温下都具有很高的冲击强度。尤其是流延尼龙CPA/PE复合材料，冲击强度超过定向尼龙OPA/PE复合膜。低温下的撕裂强度以尼龙和PE复合的最好，而且流延尼龙CPA/PE比定向尼龙OPA/PE复合膜的撕

裂强度还要高好多倍。还应当指出的是，在−20～20 ℃的范围内，PE 单膜的冲击强度随温度的下降而提高。因此 PE 塑料薄膜袋是速冻果蔬产品常用的保鲜包装材料。

2. 常用包装材料

1）内包装材料

速冻果蔬产品常用的内包装材料主要有耐低温性能与耐撕裂强度好的 PE、EVA、PA 以及各种复合薄膜材料。

2）中包装材料

速冻果蔬产品的中包装材料主要有印刷性能较好的涂蜡纸盒、马口铁罐、纸板盒以及塑料托盘等。

3）外包装材料

速冻果蔬产品常用涂塑或涂蜡的防潮纸盒以及用发泡聚苯乙烯作为保温层的瓦楞纸箱或木箱进行外包装。速冻果蔬产品包装前要经过筛选。冻结蔬菜的包装形式各异，对于冻结后包装的蔬菜，在没有低温包装条件的情况下，应先进行大包装。一般每塑料袋 15～20 kg，然后装入纸箱内加底盘堆垛储藏。直接销售的每袋装 0.25～1kg。具有低温包装条件的，则可以直接进行小包装或充气包装，包装规格可根据供应对象和消费需求而定。个人消费及方便食品要用小包装，一般每袋装 0.5 kg 或 1 kg；半成品或厨房用料可装 5～10 kg。包装后如不能及时外销，需放入−18℃的冷库储藏，其储藏期因品种而异。在分装时，应保证在低温下进行，一般速冻产品在−4～−2℃时，即会发生重结晶，所以应在−5℃以下的环境中包装。

（二）速冻果蔬产品的包装方法

为加快冻结速度和提高冻结效率，多数果蔬速冻食品采用先冻结后包装的方式。但有些产品如叶菜类为避免破碎也可先包装后冻结。经过切分的果蔬食品一般也多采用先包装后冷冻的方式，采用先包装后冷却方式时，应注意包装材料的隔热作用。大型桶装食品冷冻时，原料最好先预冷至 0℃后再装桶冷冻。速冻果蔬常用的包装方法主要有以下几种。

1. 真空/充氮包装

果蔬速冻品包装袋内部的空隙越大，果蔬的干耗就越高，氧化就越严重。因此可采用抽真空包装或抽气充氮包装，使包装材料紧贴产品。但应注意的是，若是在冻结前包装，则包装应留适量的空隙，以防果蔬冻结后产品体积膨胀而胀破包装袋。

一般来说，完全密封的包装比不能完全密封的效果好，真空包装比普通包装效果要好。但针对果蔬产品，很多品种的储藏时间不是很长，有的为了追求利润，只有几个月就要面市，甚至只是长途运输而已，所以从追求利润最大化原则考虑的话，通常选择拉伸包装。

2. 拉伸包装

拉伸包装是用拉伸薄膜在室温和受拉状态下对物品进行裹包的一种包装方法。由于靠拉伸薄膜的回弹力而将物品紧紧裹住，因此可以产生与收缩包装类似的效果。拉伸包装可以在生产环境温度下进行操作，内装物品不受热影响，尤为适合冷冻食品的包装。由于拉伸薄膜透明性好，可以清晰地看到内装物，便于识别产品，有利于产品销售。且拉伸包装操作较简单，可节省设备投资，包装费用也较低。同时，由于薄膜柔韧，薄膜的拉伸力可由人工或机械较为准确地控制，可按物品外形成型，因此特别适合于外形不规整的果蔬产品的包装。但是拉伸包装也有其不足，如防潮性差，薄膜有自黏性，包装件间易黏结。但由于其操作简便、节省能源，目前仍得到广泛的应用。

3. 热成型—充填—封口包装

热成型—充填—封口包装适合于先包装后速冻的产品。产品经热成型—充填—封口包装后进入速冻隧道或冷库成为速冻产品。热成型—充填—封口工艺是在加热条件下对热塑性片状包装材料进行深冲，形成包装容器，然后进行充填和封口的。热成型包装所用材料应满足一些基本条件，如对产品的保护性、热成型性、透明性，真空包装的适应性和热封合性等。常用成型材料为任何可热成型及热封合的单片或复合材料。

4. 预成型—充填—封口包装

预成型—充填—封口包装是指作为包装容器的托盘是预先单独分开制得的，而后进行充填、封口包装，进入速冻隧道或冷库得到速冻产品，其包装作业可在枕式包装机上进行。

第二节　冷链畜禽产品的包装

一、冷链肉制品的包装

冷链畜禽产品肉制品种类繁多，因此需采用多种包装方法和适当的包装材料。肉制品经过包装后可以避免由于阳光直射、与空气接触、机械作用、微生物作用等而造成的产品变色、氧化、破损、变质等现象，从而大大延长保存期。

在《畜禽产品包装与标识》(NY/T 3383—2018)中具体规定针对畜禽产品的塑料包装应使用不含氟氯烃化合物的发泡聚苯乙烯(EPS)、聚氨酯(PUR)、聚氯乙烯(PVC)的材料，优先使用可重复利用、可回收利用或可降解的包装材料。具体的包装材料可采用真空等级的聚偏氯二氯乙烯薄膜、复合材料、深冷级的聚乙烯、乙烯/醋酸乙烯共聚物等耐低温的塑料薄膜。

(一) 热收缩包装

未经热处理定型的定向拉伸薄膜称热收缩薄膜。拉伸薄膜聚合物大分子的定向分布状态是不稳定的，在高于拉伸温度和低于始点温度的条件下，分子热运动使大分子从定向分布状态又恢复到无规则线团状态，使拉伸薄膜沿拉伸方向收缩还原。

热收缩包装(heat shrink packaging)是利用具有热收缩性能的塑料薄膜对物品进行包裹、热封，然后让包装物品通过一个加热室加热到一定温度，使薄膜自行收缩紧贴裹住产品而形成一个整齐美观的包装件。其主要用于销售包装和运输包装，既可单件包装，也可多件包装，特别适合于形态不规则物品的包装。该方法对被包装食品具有很好的保护性、商品展示性和经济实用性。

（二）热收缩包装的类型和特点

1. 热收缩包装的类型

热收缩包装的类型主要有以下三种。

(1) 用于物品的单件收缩包装或多件集合包装。如图5-1(a)、(b)所示，单件物品通过热收缩薄膜的包装可增加其外表的光泽度，并可满足包装品的密封、防潮、美化等要求；多件集合包装则可起到捆束的作用，使多个单件物品聚集成一个整体的包装件，方便运输和销售。

(2) 包装薄膜配合托盘时物品进行包装。如图5-1(c)、(d)所示，食品盛于托盘之中，上面覆盖薄膜材料，经加热收缩后形成一个密封、卫生的包装件。这种类型广泛用于速冻食品、生鲜食品、罐头饮料等的包装，既能方便地包装不规则物品，又能使多件物品整齐排列形成集合包装件，可靠地保护食品品质和方便运输。

(3) 物品放入纸盒或纸箱，外套薄膜进行热收缩包装。如图5-1(e)所示，这种热收缩包装类型可使包装件免除捆扎、封贴等工序，既可防尘防潮，又美观大方。

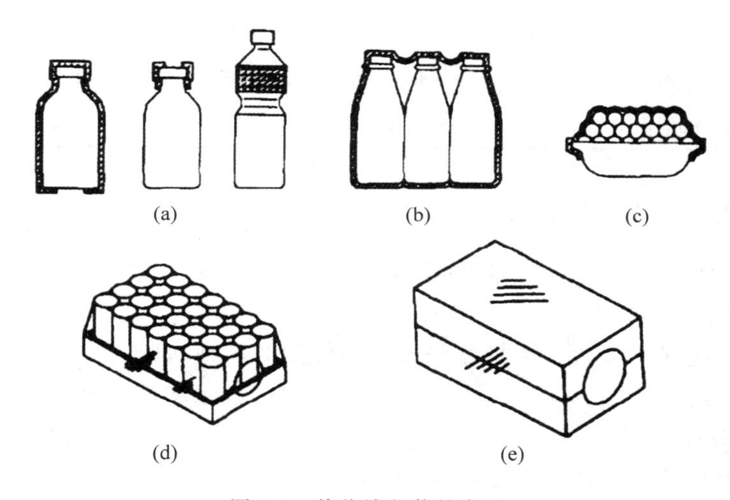

图5-1　热收缩包装的类型

(a) 单件收缩包装；(b) 多件集合包装；(c) 托盘包装；(d) 托盘集合包装；(e) 封箱(盒)式收缩包装

2. 热收缩包装的特点

(1) 包装适应性好。热收缩包装能适应各种大小及形状的物品包装，有效地紧贴包裹物品，尤其适用于一般方法难以包装的异形物品，如蔬菜、水果、整体的肉类食品及带盘的快餐食品或半成品的包装。

(2) 良好的密封性和保护性。热收缩包装可实现对食品的密封、防期、保鲜包装；热收缩包装的密封性能较好，可防尘防水，甚至可以户外堆积存放；可用于低温储藏，广泛用于新鲜蔬果、肉类食品、速冻食品的低温储存；收缩时塑料薄膜紧贴在物品上，能排出物品表面的空气，从而延长食品的保存期。

(3) 良好的捆束性。热收缩包装能实现多件物品的集合包装或配套包装；采用合适的收缩膜进行热收缩包装，可避免物品在运输中松包或损坏，且比普通捆扎更简易方便；利用薄膜的收缩性，可把多件物品集合在一起，为自选商场及其他形式的商品零售提供方便。同时，多件物品在包装内位置相对固定，减轻了运输中的振动碰撞，避免损失，且包装材料轻、用量少、包装费用低。

(4) 改善商品外观。收缩薄膜一般透明，包装时紧贴食物的表面，对产品的色、形有很好的展示；盒、瓶、罐装食品再用收缩包装后，可强化包装品的保护功能；增加包装的外观光泽和透明度，能提升商品的装潢效果，强化促销功能。

(5) 包装工艺及使用的设备简单，且通用性强，便于实现机械化快速包装。

目前运用于食品热收缩包装的薄膜主要有聚氯乙烯(PVC)、聚乙烯(PE)、聚丙烯(PP)、聚酯(PET)、聚苯乙烯(PS)等，其性能指标如表5-2所示。

表5-2 常用收缩薄膜的性能

薄膜材料	薄膜厚度/mm	收缩压力/MPa	收缩率/%	收缩温度/℃	热封温度/℃
PVC	0.013～0.038	1.0～2.0	30～70	66～149	135～187
PE	0.025～0.051	0.3～6.9	20～70	88～149	121～204
PP	0.013～0.038	2.0～4.1	50～80	93～177	177～204
PET	0.013～0.017	4.8～10.3	35～55	71～121	98
PS	0.013～0.051	0.1～0.4	40～80	88～177	149～204

(三) 常用于肉类制品热收缩包装类型

肉类制品热收缩包装复合膜主要有两类，分别是聚酰胺(PA)和聚偏二氯乙烯(PVDC)。

PA是分子主链中聚含有大量酰胺基团的线型结晶型高聚物，俗称尼龙。具有良好的化学稳定性、耐油性，耐碱和大多数盐，但不耐强酸，且水和醇能使其溶胀。耐寒、耐热性好，正常使用的温度范围为－60～130℃，最高可达到200℃。机械性能良好，强韧而耐磨，抗冲击强度比其他塑料明显高很多。成型加工性好，印刷性好，但热封性差。无毒，卫生安全，符合食品包装的卫生要求。通常通过定向拉伸或与PE等复合，提高防潮性能和热封性能，广泛应用于食品高温蒸煮包装和深度冷冻包装。

PVDC是由聚偏二氯乙烯树脂和少量的增塑剂与稳定剂制成的，是一种具有极性且较强的结合能力的高结晶性大分子化合物。PVDC透明性、光泽度良好，对气体、水蒸气、油有极好的阻隔性，是阻隔性复合材料的重要组成部分，耐高温和低温，使用范围是－18～135℃，也可以高温蒸煮。化学稳定性很好，不易受酸、碱和普通有机溶剂的侵蚀，但热封性较差，膜封口强度低，需要采用高频脉冲热封合。由于其成型加工困难，价格较高，因此常与其他材料复合制成高性能的复合包装材料。此外，PVDC制成收缩薄膜后可做复合材料的黏合剂，涂布在其他薄膜材料或容器表面，以显著提升阻隔性能，适用于长期保存的食品包装。《畜禽产品包装与标识》(NY/T 3383—2018)中详细规定了畜禽产品的具体包装要求。

二、冷链蛋制品的包装

（一）鲜蛋的包装与运输

1. 鲜蛋的包装

禽蛋的包装对保护鲜蛋质量及减少破损有重要的意义，需要做到以下几点。

（1）包装容器规格化。包装容器要按照规定的标准规格制作，统一尺寸形状和容量，坚固耐用，成本低，便于装卸和搬运。国内可采用木箱、竹篓、塑料筐等做包装容器，容量以 20～25kg 为宜。出口的鲜鸡蛋、鲜鸭蛋，采用符合 GB/T 6543—2008《运输包装用单瓦楞纸箱和双瓦楞纸箱》包装要求的纸板箱分级装箱，内衬纸板格或蛋模，每格（模）一蛋，大头朝上，每层用瓦楞纸板间隔，每箱装蛋 300 枚或 360 枚（鸭蛋为 300 枚）。纸箱及衬垫物需坚固、干燥、清洁、无霉、无异味，纸箱底面钉牢或粘牢，商标清晰。

（2）操作方法标准化。装箱时，注意同级同箱，轻拿轻放，鲜蛋竖放，大头朝上。蛋间填充物要求柔软、清洁、干燥、无异味并富有弹性，避免蛋同四周箱板接触。涂膜蛋采用蛋托盛装。蛋箱要做到盖严、压紧不致松散，标明品名、质量、级别和“请勿倒置”的字样。搬运时，摆齐码平。

（3）技术人员专业化。担任鲜蛋包装工作的技术人员必须具备相当的专业知识，懂得鲜蛋的结构和性能，有一定的感官鉴定技能，熟悉照蛋技术，能比较准确地鉴别各种类型的次劣蛋，熟悉鲜蛋的包装和储藏技术。包装工人则要加强岗位培训工作，熟悉并掌握包装鲜蛋的技术要求，达到专业化包装水平。

2. 禽蛋的运输和装卸

（1）禽蛋的运输。禽蛋在运输过程中最易破损。因此，运输的原则是减少中间环节，缩短运输时间，实行快收快运和直拨直调。

运输时，在快速安全的前提下，根据不同地区、路途远近、不同季节和蛋量等因素，选用适当的运输用具。无论采用何种运输工具，在运输过程中都应有防雨、防晒、防尘和控温设施；冬季要防寒保暖，夏季要防热降温；装运鲜蛋的车船等工具要清洁卫生，凡装过农药、汽油、煤油等有毒、有异味的车船，一般不能作为运输工具使用。对于出口鲜蛋的运输，在炎夏或严冬季节和运输路途较长、中途气温变化较大的情况下，要求利用有保温设备的冷藏车、船运送（低温不应低于－3.5℃），以便延缓蛋内的生化变化和抑制微生物的活动，从而有效地控制鲜蛋在运输过程中发生腐败变质的概率，达到安全运输的目的。

（2）禽蛋的装卸。装卸和运输有着不可分割的联系，在装卸工作中应该注意以下几点：上下装必须双手搬运，轻拿轻放，不拖不拉，不野蛮装卸；箱、篓必须放平稳，顺序卡紧，不许歪放倒置，以防动摇；装卸堆码时，箱装以井字形为宜，篓装以品字形上下错开装载为宜，箱篓混装时耐压力大的木箱应放在底层，篓放在上层。装卸堆码中须备有防雨、防晒、防冻设备。

（二）咸蛋真空包装、涂膜包装

1. 咸蛋真空包装

传统咸蛋一般都采用泥包法或草灰法进行加工，咸蛋在腌制成熟之后一般不再进行进一步包装，产品保质期短，且食用不方便，限制了咸蛋作为方便旅游食品的市场开发。为了提高产品的货架期，目前大多数咸蛋产品都采用真空方式包装。其基本工艺流程如下：咸蛋→抽真空包装→杀菌→冷却。

在咸蛋真空包装过程中，杀菌工艺是非常关键的，它直接影响咸蛋的保质期和产品的品质质量。有人研究了不同杀菌工艺对真空软包装咸蛋感官性状的影响，结果见表5-3。

表5-3　不同杀菌工艺参数对真空软包装咸蛋感官性状的影响

温度/℃	时间/min	蛋白色泽	蛋白组织状态	咸蛋风味
108	20	正常	细腻	良好
	30	蛋白淡黄	细腻	良好
115	15	正常	细腻	良好
	20	蛋白淡黄	细腻	良好
	30	蛋白褐色	细腻，稍粗	良好
121	10	正常	细腻	良好
	15	正常	细腻	良好
	20	蛋白淡黄	细腻，稍粗	良好
	30	蛋白褐色	细腻，稍粗	良好

由表5-3可见，不同杀菌温度对咸蛋的风味影响不大，但对蛋白组织状态有一定影响。高温和长时间杀菌使蛋白组织状态变得粗糙，同时对蛋白色泽产生较大影响，使蛋白色泽加深。在蛋清中含有丰富的蛋白质和糖类，高温下会发生美拉德反应，使蛋清的颜色加深，蛋的商品价值下降。温度越高，时间越长，蛋白褐变越深。在115℃、15min和121℃、15min条件下杀菌对咸蛋感官性状影响不大。

微波真空包装指利用微波能对包装的物料进行杀菌处理，在杀菌的同时进行真空包装，避免了传统的真空包装一般需要进行二次加压杀菌处理，以及在杀菌过程中由于温度过高造成包装内部压力升高，从而导致包装材料破裂和封口部分剥离，或由于温度或时间不够而达不到杀菌的效果。传统的热力杀菌，低温加热不能将食品中的微生物全部杀灭（特别是耐热的芽孢杆菌），而高温加热又会不同程度地破坏食品中的营养成分和食品的天然特性。

真空包装设备由真空系统、充气系统、电器控制系统、气动控制系统组成，有以下三种不同的工作模式。

(1) 真空模式。将包装物品放入加热棒下并将抽气嘴套入袋中→踏一次脚踏开关→加热棒在气缸作用下下滑到海绵条压住袋口→袋口停顿→抽真空（像捆扎机一样可根据要求预先设定抽真空时间）→气嘴后退→加热棒继续下滑压住袋口加热、封合、冷却→成品→加热棒恢复至最高位（真空包装机就完成了1个工作循环）。

(2) 充气模式。将包装物放入加热棒下并将抽气嘴套入袋中→踏一次脚踏开关→加热棒在气缸作用下下滑到海绵条压住袋口→袋口停顿→抽真空→充气→气嘴在气缸作用下后退→加热棒继续下滑加热、封口、冷却→成品→加热棒复位（真空包装机完成1个工作循环）。

(3) 封口模式。（可当作一般封口机使用）将包装物放入加热棒下→踏一次脚踏开关

→加热棒在气缸作用下下滑到海绵条压住袋口加热、封口、冷却→成品→加热棒复位(完成1个工作循环)。

食品进入微波杀菌真空包装设备后,关闭炉门(连锁微动开关),启动微波装置,对食品进行微波杀菌,杀菌完毕后(或杀菌中途),启动真空包装系统,对食品进行真空包装。达到杀菌包装同步完成,避免真空包装后再进行二次杀菌。

2. 咸蛋涂膜包装

1）咸蛋涂膜包装技术

涂膜法是在咸蛋表面均匀地涂上一层有效薄膜,以堵塞蛋壳气孔,阻止微生物的侵入和咸蛋内部水分的挥发,从而使咸蛋达到较长时间储藏、保鲜的目的。一般蛋品的涂膜剂有水溶性涂料、乳化剂涂料和油质性涂料等几种。油质性涂料剂,如液状石蜡、植物油、矿物油、凡士林等。此外,还有聚乙烯醇、聚苯乙烯、聚乙烯甘油一酯、白油、虫胶、聚乙烯、气溶胶、硅脂膏等涂膜剂。

与真空包装材料相比,涂膜保鲜包装材料具有如下特点。

(1) 涂膜保鲜包装新材料安全、卫生、可降解,不会产生传统蛋制品包装白色废弃物。

(2) 包装成膜速度快,已具备自动化生产条件,可实现高效节能,显著提高生产效率。

(3) 蛋制品涂膜包装耗材少,每个咸蛋耗涂膜干物质0.05kg,比真空包装用材降低95%,包装成本降低50%以上,可显著提高经济效益。

(4) 蛋制品涂膜包装产品外观自然美观、保鲜效果好,咸鸭蛋包装6个月后各项指标在国家标准范围内。

2）涂膜包装设备

章建浩开发了咸蛋涂膜包装设备(CN2008100248.X0),如图5-2所示。该设备集咸蛋清洗、熟煮、涂膜、烘干于一体,生产规模大,效率高。

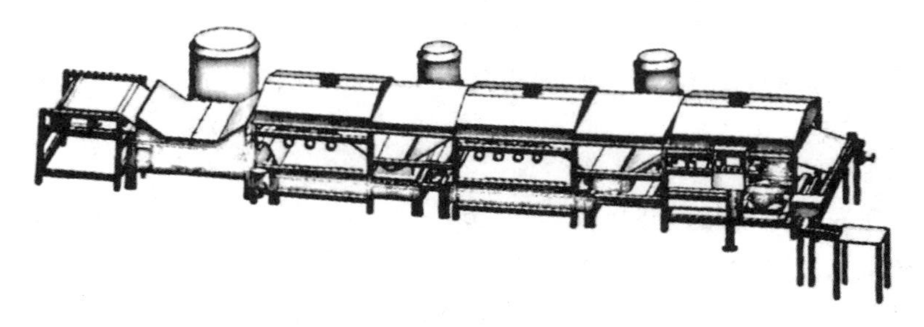

图5-2　咸蛋涂膜包装设备

资料来源:蔡朝霞,马美湖.蛋品加工新技术[M].北京:中国农业出版社,2013

(三) 洁蛋包装设备

鸡蛋根据重量分级后,要按重量装入容器中,然后装箱供运送销售。我国一般根据消费习惯和某地市场的情况进行食用鲜蛋的包装,使用专门的蛋盒、蛋托、蛋盆、蛋箱等内包装,按一定的数量包装后,放入外包装的纸箱内供运送。常用的蛋容器有透明塑料盒和塑料蛋托或纸蛋托,用人工或自动装托机进行包装。

图5-3为生产线上用的自动装托机示意图,由自动派蛋托装置、空蛋托分配输送装

置、蛋品整列掉头装置、装蛋装置和满蛋托输送装置组成。空蛋托由自动派蛋托装置分出一个蛋托，再由空蛋托分配输送装置将空蛋托逐个输送至装蛋装置下方等待装蛋，分级后的蛋由蛋入口处进入蛋品整列掉头装置内进行整列并掉头使蛋大头朝上，再落入装蛋装置中，由装蛋装置将蛋放入空蛋托内，最后装满的蛋托由满蛋托输送装置输送出进行人工装箱操作。

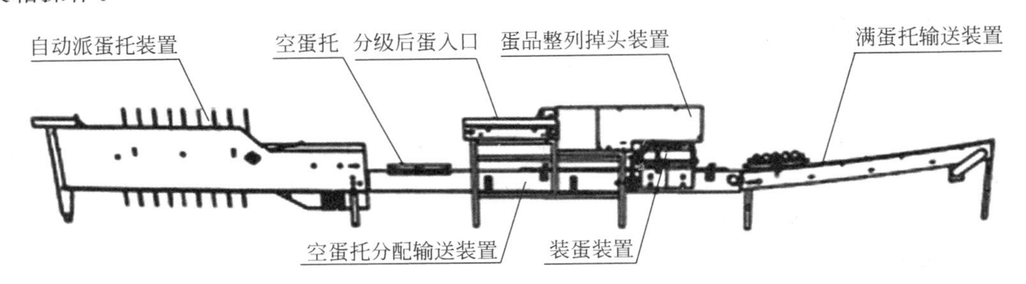

图 5-3 生产线上用的自动装托机示意图

资料来源：蔡朝霞，马美湖. 蛋品加工新技术[M]. 北京：中国农业出版社，2013

三、冷链乳制品的包装

随着人们生活水平的提高和对乳制品认识的加深，营养丰富及易被人体消化吸收的乳及乳制品成为人们不可缺少的食品之一，且其销量呈现逐年增加的趋势，乳制品不再是婴儿和老人、病人的专用食品，而是成为人们饮食中的一种日常食品。特别是近些年来，随着科技的发展，乳制品的种类不断增多，营养保持得更好，保鲜期更长，携带或饮用更加方便，深受广大消费者的青睐。

（一）乳制品的包装要求

根据乳制品的特性，结合现代消费和营销观念，乳制品包装的要求主要包括以下几方面。

1. 防污染、保安全

防污染、保安全是食品包装最基本的要求。乳制品丰富的营养物质，是微生物理想的培养基，极易受微生物的侵染而变质。有效的包装结合低温储藏可有效防止微生物的侵染，同时避免有毒有害物质的污染，保证产品的卫生安全。

2. 良好的保护作用

合理的包装可保护制品的营养成分及稳定的组织状态。乳中的脂肪是乳制品独特的风味来源，极易发生氧化反应而变味。多种因素可促进氧化的发生，如热、光、金属离子等，通过合理的包装则可有效延缓氧化反应的发生。乳中的维生素和氨基酸等生物活性成分也很容易受光、热和氧的影响而失去活性，通过避光保存，则可得到保护。

3. 方便开启性

从产品的开启到使用说明，从营养成分到储藏期限，所有包装上的说明及标识都是为了使消费者食用方便、放心。例如易拉罐的拉扣、利乐包上的吸管插孔、适合远足的超高温灭菌乳，任何一种包装上的更新都显示着这一发展趋势。

4. 方便销售和运输

所有的乳制品从生产者到销售者手中都要经过运输和销售这些环节，所有的包装，包括包装材料、包装规格等，必须满足销售和运输的要求。

5. 宣传和广告作用

现代包装从包装设计初始即将其产品的市场定位、市场预测列为市场调查的一项重要内容。首先，产品的包装可展示其内容物的档次，高档的制品其包装也精美，给人以卫生可靠的感觉，但价格档次也高；其次，产品的包装要赢得消费者的好感，从颜色、图案等方面吸引消费者注意，增强其市场竞争能力，起到一个很好的广告效应。

6. 绿色环保要求

基于环保压力的考虑，现代包装必须开始考虑环保要求，即要求用后的包装材料能够循环再利用，或者使用后能够焚烧或自然降解（包括微生物降解和光降解等），而不对环境造成污染。

（二）常见冷链乳及乳制品的包装

液态牛奶种类的多样化催生出液态奶包装形成的多样化。低温液态牛奶包装是指需要结合低温冷链运输和储藏的一类牛奶包装。乳品企业选择包装形式的衡量指标主要是成本、鲜奶的货架保鲜期以及产品的市场定位等。

1. 巴氏杀菌乳的包装

1）无菌屋顶包

无菌屋顶包由于外形像一个“小房子”而得名，其包装上通常有“鲜牛奶”的字样。屋顶包里面的牛奶是巴氏杀菌奶，牛奶虽然经过了杀菌处理，但是采用的巴氏杀菌法，该法只杀灭了大部分的致病菌，还留有部分未杀灭的非致病菌。因此，这种屋顶包的牛奶对温度敏感，要求在4℃左右储存，保鲜期一般较短，一般为7d左右。无菌屋顶包采用的包装材料主要采用纸、塑复合材料，如三层的纸/PE复合包装材料。

2）普通巴氏牛奶

该类牛奶与无菌屋顶包的相同点在于牛奶原料都是经过巴氏杀菌处理，所不同的是该类巴氏奶通常采用塑料袋和玻璃瓶等包装材料进行包装。由于同样是巴氏杀菌奶，因此也要求冷藏，保质期一般很短，仅为2～3d。

【案例5-4】巴氏杀菌奶包装符合国际潮流而且便宜安全

21世纪，巴氏奶出现了多样化，在国内中小城市遍布各种包装形式的巴氏奶，这时巴氏奶的包装形式有塑料袋、纸制屋顶盒、12升容量的塑料桶，各种形式和容量的包装满足了不同家庭消费者的需要。另外，中国家庭冰箱等冷链设备已经普及，延长了巴氏奶的保质期限，乳制品可以在一定期限内进行家庭储存。家庭人口少或冰箱等冷链设备不具备的消费者可以选择容量小的小包装乳制品，家庭人口多或拥有冷链设备的消费者可以选择容量大的大包装乳制品。而今，在国内一些城市如北京、武汉、南京、南昌、广州等，广口玻璃瓶等包装的巴氏奶又开始兴起，这是因为人们认为玻璃瓶包装的安全性比较好,还有一些怀旧时尚的影响。同时,随着人们环保意识的增强,玻璃瓶可以回收重复利用,减少了包装废弃物对环境保护的压力。玻璃瓶包装的乳制品直接送到家,既安全又快捷,最大限度保证了乳制品的新鲜。据专家介绍,目前我国乳制品包装与国外发达国家相比没有差别。在消费成熟国家,巴氏奶包装占据主导地位的是纸制屋形盒、12 升或 1 加仑的塑料桶,便宜的巴氏奶包装符合国际潮流。

2. 酸奶的包装

酸奶是典型的发酵乳制品,发酵乳按其存在形态可分为凝固型(硬质)、搅拌型(糊状)和液体型。固态产品的凝冻在机械作用下易遭受破坏或发生乳清分层,产品经合适包装后受到的机械破坏作用将减少。

凝固型酸牛乳最早采用瓷罐包装,之后采用玻璃瓶,现在塑杯装酸牛乳已占据了大部分市场。塑杯包装是目前酸奶包装的主要包装形式,也有采用纸盒包装形式。

搅拌型酸奶多用塑料杯和纸盒,其主要适合生产规模大、自动化程度便捷的工厂使用。容器的造型有圆锥形、倒圆锥形、圆柱形和口大底小的方杯等。圆锥形适合调羹食用,倒圆锥形适合保持酸奶的硬度,印刷明显,小盖封口卫生较安全,且对震荡有保护作用,尤其适合凝固型酸奶。制造塑料杯的材料主要有聚氯乙烯(PVC)、聚苯乙烯(PS)、高密度聚乙烯(HDPE)等材料。这类塑料材料最大的问题是有害低分子混合物(主要是成型时的加工助剂)从塑料容器中向产品中发生迁移现象从而引发安全隐患问题。如常见的 PVC 塑料瓶,由于增塑剂的存在,其极易发生迁移问题,并且产品与包装材料接触时间越长,这种问题越严重。

3. 奶酪的包装

1) 奶酪的包装要求

奶酪的包装和储存条件对其保质期影响极大。乳酪的包装要求主要有两方面:一方面是隔氧,以防止霉变;另一方面是保持水分,以维持其柔软的组织特性,避免失重。

2) 奶酪包装材料的要求

用于乳酪包装的材料其一般要求如下。

(1) 无毒性。包装材料必须与产品的特性相适应,不允许有害物质或成分转移到奶酪中污染产品。

(2) 机械强度。应结合封口方法和批量包装的要求,考虑包装材料的机械强度。

(3) 水分的控制。包装材料应具备极低的水蒸气透过率,以防止乳酪在储存中散失水分。例如瑞士生产的契达干酪,其水分含量为 38%,出厂后第一个月水分散失应少于 4%,随后的熟化过程中每个月水分散失不超过 1%。

(4) 透氧率。由于引起乳酪变质的微生物都是嗜氧菌,为了防止奶酪发生霉变,必须最大限度地控制包装内部的氧气浓度。因此,要求包装材料具备极低的透氧率。需要注意的是,在实际生产中,包装的热封合效果较包装材料的透氧率更为重要。

(5) 二氧化碳透过率。几乎所有有生命的微生物都会放出二氧化碳。但加工完善的硬质乳酪,其中的微生物菌群所放出的二氧化碳很少,一部分二氧化碳溶解在水中,一部分则散失出去。在某些情况下，一些发酵菌在短时间内放出大量二氧化碳，如果密封包装不能及时透过二氧化碳，则很可能造成包装薄膜穿孔，甚至发生膨胀现象。但实际上，包装内部存在少量的二氧化碳，能有效地抑制霉菌的繁殖，防止乳酪霉变。因此，要求奶酪的包装材料具有适当的二氧化碳透过率。

4. 奶油的包装

一直以来，鲜奶油是用蜡纸盒包装的，需结合低温进行储藏。但这种纸盒会吸收水分而发生变形，因此目前常采用聚苯乙烯(PS)等塑料片材制成的塑料盒替代蜡纸盒进行包装。封盖使用铝箔热封于容器边缘。另外，也有应用长方圆顶或与 PE 层复合的纸板盒包装，也有用铝箔做内衬阻隔材料。传统的玻璃瓶加铝箔盖的包装在一些地区仍有应用，但很快被吹塑成型的相似性状的 PE 容器代替，并以塑料盖封口。

5. 黄油的包装

影响黄油风味的主要反应是黄油的表面氧化，因此选用内衬铝箔层的复合材料包装，可有效地阻隔光线。这种包装材料在欧洲很流行，在北美洲也呈增加趋势。此外，黄油表面若过于干燥则易引起黄油的褪色，而包装材料如果完全不透水蒸气，又会使产品表面湿度增加，助长霉菌的生长繁殖。因此，对霉菌极其敏感的黄油，常采用羊皮纸进行包装，以保持其表面的干燥。黄油的零售包装一般采用铝箔与定量为 $40g/m^2$ 的防油纸或羊皮纸复合材料，有时只用纸或羊皮纸，羊皮纸虽然耐油，但仍能透过氧气，加上它的半透明性，易使黄油发生氧化。因此，如果要对黄油进行长期保存，最好采用带有铝箔的复合包装材料，可同时避免光、氧和水蒸气带来的影响。

第三节　冷链水产品的包装

一、陆运活鲜水产品包装中存在的问题

陆运作为当前活鲜水产品物流的主要方式之一，在其包装整个生命周期(处理—包装—仓储—运输—配送—销售—废弃物回收)的各个环节，均存在着大量的逆绿色设计和高能耗的问题。为了更好地适应市场的需求以及实现其包装设计的可持续创新，围绕其产业链与区块链的设计创新展开研究，通过以设计引领与整合设计的方式，使活鲜水产品包装在减量化的同时实现生态可持续性，无疑是当今包装设计应努力解决的问题。要对陆运活鲜水产品包装问题进行治理，必须去分析造成问题的原因，从而找到解决问题的方案。

(一) 资源成本消耗高

国民对高品质活鲜水产品的需求推动了整个行业的迅速崛起，大批量水产品以活鲜的方式投入市场，在辗转各地分销的陆运过程中，因包装不善导致资源消耗高的现象比比皆是。如在传统陆运过程中，为保证运输产品活体的新鲜安全，产业链各个环节需多次更换包装，而每次的包装方式与包装形态都会随着运输需求的条件有所调整，这就增加了储运过程中水体环境变化复杂与不可控因素发生的概率，流通过程中活体流通率不升反降，

实为事倍功半；又如在传统的活鲜水产品包装的整个生命周期内，所采用的包装材料以及包装附加物（如胶纸、油墨、泡沫气囊、干冰等）均不可降解，对生态环境造成了大量的负面影响，增加了对环境资源成本的过度消耗；再如当下包装系统领域内工艺技术与配套装备落后于产业发展，导致产能不足，活鲜水产产业链内各个包装环节无法有效衔接，断链现象严重，能源消耗高。

（二）包装功能的局限性

陆运活鲜水产品包装的功能虽在保活、保鲜上有创新增强，但从严格意义上说，尚停留在包装的初级阶段，即仅行使保护、储运及销售等基本功能，由于目前包装技术、材料以及方式的局限，还未能将包装功能提升至标准、安全、智能等层面。具体的局限性主要体现在以下三个方面：①包装保鲜时间有限。传统的包装方式只能保证水产品包装的运输，故市面上的水产品多选择以冰鲜或冷冻的方式供消费者购买，而活鲜产品包装需要提供的技术条件高，不可控因素多。②储运方式传统。目前我国陆运活鲜水产品的储运方式存在“密度高、回报低”的特点，主要也是受包装成本方面的制约，为适应供应链系统内多环节的包装配置，活鲜水产品包装系统化就具有了一定程度上的局限。③包装选材不当。我国传统的活鲜水产品包装从产品包装前的处理至中期储运到最后产品分销，每一环节均是以不同的包装形式呈现，这就意味着烦琐的包装流程所需的包装材料条件较为复杂，加之其包装使用环境的不稳定性，可供选择的包装材料不仅存在局限性，而且往往需要依赖于整个储运链中不同的环境，故容易造成顾此失彼的现象。

（三）安全隐患被忽略

从严格的科学规范要求来说，我国陆运活鲜水产品目前存在比较严重的安全隐患，其突出表现在于多样包装材料使用中产生的有害物质迁移。首先，生产包装材料时，因受其成型技术的影响，需要加入不同的添加剂与稳定剂，在长期接触下，包装材料安全难以得到保障。其次是在冷链运输过程中，由于所选取的材料对温度条件的调控能力不一，在温度变化较大的环境内会出现性能不稳定（如融出、析出）、局部材料渗透性过强的情况。以活鲜鱼类产品包装为例，活鱼存储在透气性包装容器内，即使在低温环境中，仅仅几小时后就会散发出强烈的腥味，这使得产品本身新鲜度受损的同时，外界的异味透过包装亦可污染产品。最后是在产品包装使用后，由于被包装产品的特殊性，部分包装附件的材料无法做简单的回收处理，对环境资源造成污染，这种问题不容忽视。

（四）产业链与区块链的不完整性

“新鲜”是活鲜水产品的价值所在，在整个产品的物流供应链上，未经处理的鲜销类水产占绝大多数，其保鲜保质期短、易腐烂变质的特点，限制了运输半径和交易时间。一方面，活鲜水产品的产业链内各个流通环节不能有效地衔接，“断链”现象严重。无法保证水产流通的整个过程均在恒温或冷藏状态下进行，目前市场上的冷藏设备无论是数量上还是功能上都不能满足现阶段活鲜水产品包装陆运的需求。另一方面，从全国乃至全球来看，信息技术还未在活鲜物流包装中被广泛应用，活鲜水产品包装缺乏经过统一规划设计的信息物流系统。产业内部与各企业之间信息化差距大，电子商务发展不足；活鲜水产品市场信息的收集和交流覆盖面小，加之传递手段落后、交换周期过长，影响了市场信息的时效性和准确性。综上所述，产业链与区块链不完整的现象在相当程度上影响着我国水产业的流通，包装中存在的问题亟待解决，其治理已到刻不容缓的程度。

二、常见水产品包装

（一）鱼的包装

鱼类的体内外细菌多，而本身的天然免疫素却较少，鱼肉中的酶有分解蛋白质的作用，致使肌肉组织变软、新鲜程度下降。当分解产物达到一定程度时，鱼肉还会发出臭味，并为细菌进一步滋生与繁殖提供有利条件。此外，鱼肉极易氧化，致使肉质变质、褪色或变色。仅靠冷冻与冷藏的方法对鱼类产品的保鲜作用还不够理想，若要取得更好的保鲜效果，可借鉴以下包装措施。

1. 袋装法

将加工后的新鲜鱼装入塑料袋中，最后将袋口热封，这是一种即时包装方法。加工完毕立即包装，同时在包装上标明鱼的质量、价格和包装日期，即可进行销售。经过包装的新鲜鱼类食品虽不能抑制其附着细菌的发育，但能够防止流通过程中细菌的二次污染，同时也美化了产品的销售外观，延长了保质期。包装、销售过程都应该在低温条件下进行，这样有利于保持鱼的新鲜度。同时，这种包装方法也存在缺点，即包装内积蓄的水滴和鱼汁将影响产品的销售；包装内鱼的质变过程不易察觉。

2. 刚性容器

鱼肉组织本来就脆弱，经冻结后，鱼肉组织会受到一定的伤害，包装时若受到过度的挤压就会造成鱼体破碎以及鱼肉组织的进一步受损，不仅影响到外观，而且受损伤部位的肉质易变坏影响食用。同时，损伤部分在解冻时，细菌极易滋生繁殖。显然，使用不易破坏、塌陷的刚性包装容器，有利于使鱼类产品在运输与搬运过程中免遭各种机械损伤，从而保持原有的形态和品质。

3. 用具有阻隔水蒸气性能的包装材料进行密封包装

鱼肉不仅在冻结过程中水分有所损失，而且在冷藏中因鱼体表面细小冰晶的升华，也会使鱼肉失掉水分，这将使鱼肉不断减轻并降低新鲜度。同时，由于鱼体表面水分不断蒸发，将由表及里形成一定厚度的海绵层，使鱼肉失去原有的味道和营养成分。因此，用具有阻隔水蒸气性能的包装材料进行密封包装，可以防止鱼肉在冷冻、冷藏及销售过程中的水分散失，从而保持其原有的新鲜度。必须注意的是，包装内所冻结的鱼类产品之间存在着多余的空隙，会使鱼体的水分蒸发，使鱼肉脱水，在包装内部出现凝霜。因此，应尽量减少包装容器内部的空隙。若以塑料薄膜袋包装，则应使薄膜紧贴鱼类产品。

4. 真空包装等防氧化方法

鱼类产品含有不饱和脂肪酸，有的鱼类含量很高。当其氧化后鱼肉会变为褐色并变味。包装处理时加防氧化剂的方法虽然有一定的效果，但也会对肉质产生一定的副作用，而采用真空包装则可以取得较好的保鲜效果。鱼的真空包装须将包装容器内的空气抽出，因而可使塑料薄膜袋紧贴鱼类产品，这对减少包装体积与内部空隙极为有利。为了防氧化，真空包装必须采用透氧性低的包装材料，并将包装容器严密封口，以隔绝包装外部的氧气。真空包装的关键不仅是采用真空度高的包装机械和良好的包装材料，重要的是采用正确的包装技术，否则鲜鱼仍然会发生腐败变质。真空包装应注意以下几点：①安全抽气，不能有残留的气体，残存空气是导致微生物繁殖的主要原因；②包装封口严密，若封口不严，空气马上会进入包装内部，封口时要注意包装材料内不要沾有油或蛋白质等残留物；③真空包装后需要减少流通过程和注意储藏，才能够更有效地延长新鲜鱼类的保存期。

5. 制造“人造空气”

制造“人造空气”，可以防止鱼类产品的氧化，抑制细菌的生长和繁殖。所谓“人造空气”，是指增加二氧化碳或氮气含量的空气。如果将鱼类产品置于二氧化碳浓度为10%的空气中，因其氧含量相对较低，不仅可以提高低温储藏效果，而且在常温条件下也有较好的保鲜效果。在冷库中，实现“人造空气”的环境，需要大型调气设备，其运转成本高；而在包装容器内实现气调就简单多了，仅需充气包装机，就可将包装内的空气抽出一部分，再充入一种或多种保护性气体。这样无论在冷藏还是在销售过程中，都能有效地保护鱼类产品的品质。为了使鲜鱼的“人造空气”包装达到预期效果，在进行包装时需要注意：①力求完全置换气体，如果置换不完全就会使空气残留，出现鱼肉色素氧化、香味散逸、霉菌繁殖等现象；②注意包装材料的材质和密封性，用于“人造空气”包装的包装材料必须是氮气、二氧化碳等难以透过的气体，另外还要防止从封口处漏气；③“人造空气”包装后仍然需要低温储藏和流通，经过“人造空气”包装的鲜鱼仍然有微量的细菌、霉菌和微生物附着于表面，如果温度过高，则会急速繁殖，使食品腐败变质。“人造空气”包装鲜鱼的室内适宜温度为3～10℃，储藏、流通适宜温度为－3～－2℃。

6. 避免紫外线照射

紫外线有促进鱼类产品氧化的作用(如日光、灯光等都含有紫外线成分)，并会使鱼肉升温，这些不利影响在鱼类产品置于冷藏陈列中销售尤为明显。因此，鱼类产品的包装可采用不透明的材料来防止紫外线的侵入。此外，印刷油墨也可以阻止90%的紫外线通过。所以，在透明材料表面用油墨多印一些图文之类，也可以起到遮光的作用。

无论采取什么样的包装方法，在包装过程中都应注意以下两个问题：一是在包装生产过程中，应控制工作环境的温度，一般1～3℃最佳，这一过程包括装载、运输、包装展销等各个环节。二是滴汁问题。如果冷藏温度在－2～3℃，鲜鱼将会发生滴汁现象，积存在包装容器内的鱼汁和血水将影响产品的外观及销售，如果包装前将鱼浸渍于聚磷酸盐溶液中，使鱼表层的细胞膨胀，进而破坏细胞壁，则鱼汁就不容易从肉中渗出了。

（二）虾的包装

目前，市场上比较流行的虾包装一般是采用聚乙烯塑料袋包装小虾并速冻储藏，为防止小虾氧化和丧失水分，外包装通常采用涂蜡的纸盒。实验证明，虾包装在涂蜡的纸盒中，盒外再包裹一层薄膜，冷藏在－18℃可以保存12个月。龙虾肉也可用涂蜡纸盒包装热封，并冷冻保藏。去皮的熟龙虾肉，煮熟后置于－29℃，其储存期可达到3～5个月。

（三）蟹的包装

目前，市场上对于蟹的包装尚没有特别成功的，原因是蟹肉冷冻后其鲜美味道会受到严重损失。冷冻方法对新鲜蟹肉质量的影响主要是会引起蟹肉颜色和肌肉组织的恶化；采用锡罐密封包装，如果余留空间太大，其中的空气足以使蟹颜色转变。为了保证新鲜蟹肉不变质，并且不变色，必须采用水蒸气透过率低的容器。同样，新鲜蟹腿也不宜采取冷冻保存，否则3个月后就会变色并失去香味。

（四）贝的包装

扇贝去壳、洗净、冷冻后，可保存7～8d，但如果不及早加以处理，就会过度脱水，不但会缩短其存储期，而且香味和营养成分也将受到损失。因此，鲜贝肉必须采用防潮包装，不论是大包装还是零售小包装，都可以采用涂塑热溶胶或聚乙烯的纸盒包装，这也是目前最为普遍的包装形式。

三、水产品的气调包装

气调保鲜目前在欧美发达国家得到迅速发展和广泛应用，主要应用于生鲜和熟肉制品、果蔬、新鲜水产品、鲜制意大利面制品（如通心粉、意式实心面）、咖啡、茶及焙烤食品等的储藏与保鲜。在英国，90%～95%的鲜制意大利面制品采用气调保鲜技术。在发达国家，气调包装技术在水产品保鲜中的应用比较普遍，近年来消费者对新鲜和无化学保鲜剂的方便即食水产食品需求增加，迫切需要采用新型保藏技术以解决传统冷却冷藏保鲜货架期短的缺陷，气调包装，尤其是气调包装与其他保鲜技术组合正成为新的研究热点，是一种非常有发展潜在的新型保鲜技术。

气调包装技术尤其适用于易腐食品包括水产品的保鲜，一系列研究表明在冷却条件下，该技术可显著延长各种新鲜水产食品的货架期，对产于不同水域（热带、温带、地中海海域）的海产鱼类均具有良好的保鲜效果。其中气调保鲜在各类大西洋鳕鱼及鱼制品保鲜中的应用研究报道最多，此外在黑线鳕、三文鱼、大西洋鲱、尖吻鲈、沙丁鱼等水产品保鲜中的应用也见诸报道。

（一）气调包装常用气体组成

在实际应用中，针对不同水产品以及制造商和消费者的相关需求，常常采用不同混合比例的氮气、氧气、二氧化碳的混合气体。对气体组成的选择主要考虑制品微生物菌群的生长特性、产品对氧气及二氧化碳的敏感性、产品颜色稳定性等。

一般40% CO_2/30% N_2/30% O_2 气体混合物常被推荐用于低脂鱼的保鲜，而40%～60% CO_2 与 N_2 的混合气体常被推荐用于高脂鱼的气调保鲜。依据相关采用不同气体组成气调保鲜水产制品的微生物、感官和生化特性研究结果，对大西洋鳕、整条去脏无须鳕、罗非鱼，最有效的气体组成为60% CO_2/40% O_2；对欧鳎鱼片，最有效的气体组成为40% CO_2/60% O_2；对大西洋鳕、黑线鳕、金头鲷最有效的气体组成为40% CO_2/30% N_2/30% O_2；而对虹鳟和波罗的海鲱，最有效的气体组成分别为60%

CO_2/40% N_2 和 40% CO_2/60% N_2。

（二）气调包装对微生物的抑制作用

Dalgaard 等在 20 组实验中，对产自丹麦、冰岛和希腊的气调保鲜生鲜鱼中磷发光杆菌(Photo bacterium phosphoreum)的存在和繁殖状况进行了研究。他们发现磷发光杆菌在所有海产鱼类中广泛存在，在一些气调包装的海产鱼中最高浓度甚至超过 10^7 cfu/g。与海产鱼类不同，在所有淡水鱼中未检测到磷发光杆菌。许多研究证明，在 0℃左右储藏温度下，磷发光杆菌是真空包装及气调包装大西洋真鳕(G. morhua)鱼片中最常见的微生物。Debevereand Boskou 对在不同气体组成(60% CO_2/30% N_2/10% O_2，60% CO_2/20% N_2/20% O_2，60% CO_2/10% N_2/30% O_2，60% CO_2/40% O_2)6℃下储藏的大西洋真鳕的微生物菌群进行了分析研究。实验结果表明，气调包装能有效抑制微生物菌群的增殖，但对总挥发性盐基氮(TVB)、三甲胺(TMA)的抑制作用有限。在无包装鱼制品中主要腐败菌为产硫菌(H_2S-producing bacteria)，它是公认的鱼制品中的主要氧化三甲胺(TMAO)还原菌，但在该实验中当细菌总数达 10^6 cfu/g 时，产硫菌的数量仅为 10^3 cfu/g。他们指出这种对 60% CO_2 具有很强耐受性的细菌可能是磷发光杆菌，该菌具有很强的氧化三甲胺还原能力，是低温储藏真空包装大西洋真鳕鱼制品的特定腐败菌(SSOs)。

（三）气调包装水产食品的安全性

气调包装水产食品有两种形式：一种是即食食品，如生鱼片、寿司、烟熏三文鱼、蒸煮贝壳类水产食品；另一种为在食用前要经过充分热加工以杀死所有病原菌营养体的水产品，如大部分新鲜鱼品。气调包装水产食品病原菌安全性控制是生产过程中至关重要的环节。鱼及贝类是食源性疾病的重要传播渠道。水产品中的病原菌有的来自天然水生环境，如 E 型肉毒杆菌和非分解蛋白的 B 型与 F 型肉毒杆菌，致病性弧菌、嗜水气单胞菌、类志贺邻单胞菌。有的是水产品常携带的，如单核细胞增生李斯特菌、非分解蛋白的 A、B 型肉毒杆菌、产气荚膜梭菌、芽孢杆菌。有的是源于动物或人的沙门氏菌、大肠埃希氏菌、金黄色葡萄球菌、志贺氏菌。在气调环境下储藏的水产食品与一般空气下储藏对照品相比，沙门氏菌、产气荚膜梭菌、葡萄球菌、溶血性弧菌、肠球菌增殖风险一般不会增加。但在厌氧条件下气调包装水产品的最危险病原菌一般公认为是 E 型肉毒杆菌和非分解蛋白的 B 型肉毒杆菌。此外，如果气调包装鱼制品在低于 10℃的温度下储藏，另一类重要的致病菌——单核细胞增生李斯特菌的增殖机会大大高于有氧情况下保藏的鱼制品。气调包装对单核细胞增生李斯特菌无明显影响，此菌能在无氧的、低温冷却条件下繁殖。但据报道，在 100% CO_2 环境中或 50% CO_2 与其他栅栏因子组合条件下，如添加细菌素、盐腌、降低 pH 值，李斯特菌的生长繁殖可得到一定控制。

因此，确保冷却气调包装水产制品安全性的有效途径是：一是保证在整个储藏过程中温度始终低于 3℃。二是对制品充分加热以保证所有芽孢被杀灭。三是对制品充分加热以杀灭非分解蛋白的芽孢，然后将制品在低于 10℃温度条件下储藏。后两种方法在实际水产品加工的环境条件下很难保证热加工后产品不受肉毒杆菌芽孢的污染。而且很多水产制品是在生鲜状态食用，因此采用热加工方式以保证水产制品微生物安全性的可操作性较差。当冷却储藏为唯一控制因子时，在5～8℃条件储藏时间不能超过5d，当储藏温度低于5℃时，其货架寿命最长为10d。

四、水产品的无菌包装

无菌包装技术就是将经过高温短时或瞬时灭菌的食品在无菌环境中包装密封在事先经灭菌的容器中，使包装食品达到商业无菌要求的新型保藏加工技术。它有三个无菌化要求，即食品的无菌化、包装材料的无菌化和包装环境（操作）的无菌化。

（一）水产品深加工制品的无菌化特点

由于水产品深加工制品一般含水分较多（除干制品外），物理强度不高，属耐热性较低的加工物料，应避免长时加热杀菌，宜采用高温短时杀菌方式，这样可获得色、香、味、形俱佳的高质量无菌产品，更接近现做现吃的厨房烹饪品，并能进行连续式的加工作业，以确保每一份产品的品质一致性；从加工效率来看，由于加工时间大大缩短，其加工效率较传统加工方法成倍提高；从产品理化指标看，能更多保留多种对人体有益的热敏型营养素，如各种维生素、氨基酸等。

1. 包装材料的无菌化特点

由于包装材料不必与食品一起进行高温高压杀菌处理，所以在选择塑料包装材料时，没有传统加工方法这样苛刻，因此成本可以降低；对于这类材料，可用双氧水浸泡法实现无菌化要求。

2. 包装环境（操作）的无菌化特点

第一，包装环境不与外界产生气体交换，即外界有菌空气不能进入包装环境，以避免二次污染。第二，通过化学灭菌剂（如过氧乙酸、双氧水等）与紫外线杀菌方式相结合，实现包装环境的无菌化。第三，无菌包装材料和无菌食品进入无菌包装环境是通过无菌通道或无菌传递装置实现的，无菌包装产品则通过产品无菌出口脱离无菌包装环境。

（二）无菌包装在水产品深加工领域的应用前景

无菌包装不仅能生产传统保藏技术所能生产的全部产品，而且产品质量将大大提高；它还以其独特的技术优势，极大地拓展水产品深加工领域，带来无限商机，主要应用前景如下。

(1) 可对体型较大的鱼类进行整条加工，尤其是名贵鱼类的加工，产品既美观，又有档次，符合礼品消费要求。

(2) 利用低值鱼类生产鱼糜制品系列，是一项很有意义的工作，具有很高的加工附加值，但传统的冷藏和罐藏方法，使鱼糜制品应有的风味和口感受到极大损害，严重制约了行业发展，应用无菌包装技术可在保证品质的前提下，实现鱼糜制品周年生产，常温下流通销售。

(3) 风味干制品，主要有风干鱼（熏鱼、咸鱼等）、风干肉（熏肉、腌腊肉等）、风味禽类干制品、调味豆制品以及脱水蔬菜等。这类产品多为散装或简装出售，极易吸潮霉变、生虫和氧化变质，无菌包装技术能有效解决这一问题，大大提高了食品的安全性。

(4) 开发营养组合或荤素搭配式产品，即把几种受热性能不同的原料按营养组合和审美需求搭配到同一包装中，这不仅能满足人们的审美要求，还符合人体对各种营养素的需求，同时，产品分量更大、成本更低、花色品种更多。例如，鱼加工品可与豆腐、黑木耳、青(红)椒、香菇等多种蔬菜配伍，衍生出繁多的新品，这是传统加工方法无法实现的，而无菌包装可根据不同原料的受热性能差异，分别执行不同的杀菌模式进行灭菌，而不是传统加工方法的共同杀菌模式(以最难杀菌的原料为准)，以确保每一种原料的最佳状态，使产品的质量达到或接近现做现吃的"理想"状态。

(5) 除可生产真空包装食品外，还可生产含气(一般为氮气和二氧化碳)盆或碟式包装产品，这类产品更美观、消费更方便，是今后烹饪产业化的重要发展方向。

总之，无菌包装技术不仅能保留传统保藏方法中的所有优点，如食用方便、能在常温下保质 3～24 个月等，还能大大提高产品的质量、增加花色品种、美化产品包装、节能降耗和提高劳动效率。可以预见，无菌包装技术将给食品包装工业带来一次革命，给水产品深加工业的飞速发展注入新的活力。

五、国外水产品包装保鲜法

对于小批量、低产量的高档水产品，开发其保鲜包装更具有增值价值。目前，国际上对水产品的保鲜包装比较重视，新的保鲜包装方法较多，现介绍如下。

(一) 鱼类保鲜

美国发明了一种鱼类保鲜法：将刚捕到的鱼装入塑料袋，袋内注入混合气体(其中二氧化碳 60%、氧气 21%、氮气 19%)，密封包装后，放入普通仓库内。4 周后，鱼类的外观和味道都没有改变，就像刚捕到的一样。

(二) 活鱼罐头

日本市场上新出现了一种活鱼罐头，做法是将活鱼用一种麻醉液浸泡至昏迷状态后装入罐头，两天之内不会死。烹调前，只要取出罐头内的鱼放入清水中，10min 左右鱼就会苏醒。这种活鱼罐头携带方便，清洁卫生，味道鲜美。

(三) 运送活虾包装

日本研制出一种运送活虾的专用包装容器，该包装容器用聚乙烯做内层，用泡沫聚苯乙烯做外层，在两层之间放入碎冰。内层要防止漏水，外层要防止碰损。在活虾活动的聚乙烯槽里，装入杀菌消毒的海水，并灌入一定量的氧气，然后用盖封严，即可运送。采用这种方法，即使外部气温高达 40℃，在 24h 内，活虾的生存率仍可保持在 90%以上。

(四) 牡蛎保鲜法

牡蛎是一种举世闻名的美味海鲜食品，但出水后会很快死亡，且易被李斯特菌污染而变质腐烂。新西兰海洋渔业研究所的研究人员发明了一种新工艺，可使生牡蛎经加工后既能长期存储又能保持其鲜味。该工艺是将刚从海里捕捞上来的活牡蛎洗净泥沙后，立即进行巴氏灭菌，温度为100℃，压力为1.3kg/m²，这样可以杀死附着在牡蛎壳内的细菌，然后将灭菌后的牡蛎进行真空铝箔吸塑包装，由于在加压灭菌时牡蛎壳并未打开，故其中的鲜汁全部保留在壳内。消费者购买后，用微波炉加热2～3min，即可品尝到美味的烤牡蛎。

（五）鱼虾速冻真空包装

缅甸一家食品厂制作出鱼虾速冻产品。该产品经真空密封杀菌等处理，耐久存、卫生、可口。豆瓣鱼、麻辣鱼因价钱便宜，是缅甸家庭中的必备之物。但如果加工处理方法不当，不但味臭，还会令人毫无食欲。该厂引进国外实物料理装罐技术，先经净化处理，再配料制作，杀菌真空包装，可算是替代罐头食物的速食品。真空包装不仅为厂家及消费者省去成本，还能抵制空气侵入，达到长时间的保存效果，具有广阔的市场。

（六）鲭鱼片包装技术

美国皇冠控股有限公司研制出一种新的鲭鱼片包装技术——热封可揭罐盖技术。在饮料生产中，为了满足消费者的方便要求，拉环被广泛使用在食品行业。皇冠公司可揭盖新技术的可揭盖带有一层薄铝箔，热封在硬钢或铝环上，通常这是一个卷边环以适应双层封口工艺。盖上有一个小拉环，很容易揭起罐盖。拉环外层铝箔同内层聚丙烯薄膜的复合材料表面可上光印字。这种可揭罐盖开盖迅速、容易、安全。

【本章小结】

本章主要介绍了常见冷链食品，如冷链果蔬（包括生鲜果蔬、鲜切果蔬和速冻果蔬）、冷链畜禽产品和冷链水产品的内包装和外包装方法以及包装操作要点。并结合具体的案例，为冷链食品的保鲜包装提供了切实可行的参考。

【本章习题】

一、简答题

1. 冷链包装对果蔬的保护作用有哪些？

2. 生鲜果蔬选择包装材料的依据是什么？

二、论述题

1. 依据本章所学内容，论述鲜切果蔬的保鲜要点以及包装技术的发展趋势与展望。

2. 根据所学知识，讨论荔枝保鲜包装的现状和存在的问题，并提出一种荔枝的保鲜包装方案。

【即测即练】

第六章

冷链食品加工及包装的安全性

【本章学习目标】

1. 掌握冷链食品变质的因素；
2. 理解各类食品冷链加工的安全性；
3. 了解冷链食品中毒与危害因素。

【导入案例】

无数食品安全事件的起因

目前，我国因滥用食品添加剂而出现的食品安全问题相当严重。小麦面粉中使用过多的溴酸钾，过量食用含有溴酸钾的面粉会致癌；吊白块（甲醛次硫酸氢钠）荧光粉、亚氯酸盐等工业化学物质加入面粉作为增白剂使用，摄入吊白块10g就可以使人死亡；在白砂糖中掺加硫酸镁可导致人体发生电解质紊乱；"毒奶瓶""废塑料饮用水桶"等。

针对我国食品安全现状及众多食品安全事件，一些关键问题值得警醒：造成食品变质的原因是什么？食物中毒及危害因素包括哪些？果蔬、乳、肉、水产品等各类食品一般会出现哪些食品安全问题？食品包装的污染源头又是什么？

第一节　冷链食品变质的因素

引起冷链食品变质的因素有很多，按其属性可划分为生物因素、化学因素和物理因素，每类因素中又包括许多引发食品变质的因子。

一、生物因素

（一）微生物

自然界中微生物分布极为广泛，几乎无处不在，而且生命力强，生长繁殖速度快。食品中的水分和营养物质是微生物生长繁殖的良好基质，如果食品被微生物污染，在一定的条件下就会导致其质量迅速下降，最终表现为腐败、霉变和发酵变质三种生物变化。

1. 食品腐败

食品腐败主要是细菌将食品中的蛋白质、氨基酸、肽和胨等含氮有机物分解为低分子化合物，使食品带有恶臭气味和让人厌恶的滋味，并产生毒性。引起食品腐败的微生物主要是细菌类，特别是能分泌大量蛋白质分解酶的腐败细菌，它们主要分属于以下7个属：①假单胞菌属（*Pseudomonas*）；②黄色杆菌属（*Flavobacterium*）；③无色杆菌属（*Achromobacter*）；④变形杆菌属（*Proteus*）；⑤芽孢杆菌属（*Bacillus*）；⑥梭状芽孢杆菌属（*Clostridium*）；⑦小球菌属（*Micrococcus*）。

引起食品腐败的菌源与食品原料的来源密切相关。生鲜鱼类、贝类来自淡水养殖或海水捕捞，因而引起它们腐败的主要是水中细菌，如无色杆菌属、黄色杆菌属、假单胞菌属和小球菌属的细菌；新鲜的畜禽肉类、鲜蛋、鲜乳来自饲养场和屠宰场，容易受到土壤中腐败细菌的污染；罐头的腐败除了空气中细菌的再次污染外，罐内未被杀灭的耐热性芽孢杆菌也有可能参与腐败过程。

2. 食品霉变

食品霉变是霉菌在食品中大量生长繁殖而引起的发霉变质现象。霉菌能分泌大量的糖酶，可分解利用食品中的碳水化合物。自然界中霉菌的种类很多，引起食品霉变的霉菌主要有毛霉属（*Mucor*）的总状毛霉（*Mucor recemosus*）、大毛霉（*Mucor mucedo*），根霉属（*Rhizopus*）的黑根霉（*Rhizopus nigrican*），曲霉属（*Aspergillus*）的黄曲霉（*Aspergillus flavus*），灰绿曲霉属（*Aspergillus glaucus*）、黑曲霉（*Aspergillus niger*），青霉属（*Penicillium*）的灰绿青霉（*Penicilliumglaucum*）等。毛霉和根霉常在含水量高的食品中生长繁殖，其菌落颜色为黑色或褐色。曲霉在含水量低的食品中繁殖，其菌落为黄、绿、褐、黑等颜色。青霉属的一些菌适合在含水量少且环境比较干燥的食品中繁殖；也有一些菌适宜在含水量高且环境湿度大的果品中繁殖，其菌落为青绿色或黄绿色。

3. 食品发酵变质

发酵是指食品被微生物污染后，在微生物分泌的氧化还原酶的作用下，使食品中的糖发生不完全氧化的过程。如果在食品保藏或流通过程中出现发酵现象，则是变质现象之一。

【案例6-1】食品发酵变质

以下现象属于何种发酵变质？

(1) 果汁酱、果蔬罐头等发生变质时，常常产生酒味。

(2) 水果蔬菜放置储藏时发酸。

(3) 水果罐头、果酱等含糖多的食品发酸。

(4) 鲜乳和乳制品味道过酸。

案例6-1解析

（二）生理生化变化

食品的生理作用泛指新鲜的果蔬、粮食油料等鲜活产品在储藏和流通过程中所进行的生理生化变化及畜、禽、鱼等屠宰后生鲜肉品所发生的僵直、软化等变化。食品生理生化变化的表现形式及特征在食品种类间有较大差异，对食品质量具有重要影响。

1. 呼吸作用和蒸腾作用

呼吸作用是水果、蔬菜、原粮、油料籽及各种植物种子最基本、最重要的生理活动，具有维持自身生存、抵抗病菌侵染的功能。此外，呼吸作用又是一个不断地消耗体内储藏物质、释放热量、促使自身逐渐成熟衰老的生理过程。水果、蔬菜气调储藏时，由于呼吸作用使周围环境中 O_2 浓度过低或 CO_2 浓度过高，可能发生低氧伤害或 CO_2 中毒的生理性病害，影响产品质量，缩短储藏期。

蒸腾作用通常是新鲜果品蔬菜在储藏、流通过程进行的一种生理作用。蒸腾失水不但造成产品数量方面的损失，而且使果蔬的新鲜度下降，失水严重时使外观萎蔫、质地柔韧、抗病性降低、丧失储藏性和商品价值。因此，保持低水平的正常呼吸和降低温度，是储藏、流通中应掌握的基本原则。

2. 成熟衰老变化和休眠

成熟衰老变化通常是指水果蔬菜收获后进行的生理生化变化，包括色泽、风味、质地等发生的变化。一些果蔬如苹果、洋梨、香蕉、猕猴桃、番茄等达到一定成熟度收获后，在储藏、流通中发生的成熟变化，使它们色、香、味、质地得到改善，商品质量得到提高；但当它们进入衰老阶段时，商品质量发生劣变，表现为色泽暗淡、质地疏松软化、风味和气味变差，易受病菌侵染而腐烂变质。

根茎类蔬菜如萝卜、洋葱、大蒜、生姜、马铃薯、百合等，叶菜类蔬菜如大白菜、甘蓝等，干果如板栗、核桃、银杏等，各种原粮及油料种子等，在长期的系统发育过程中应对不良生存环境而进入生理休眠或强制休眠，这种生理作用对保持产品质量和增进耐藏性都是有益无害的；但是，生理休眠期结束或者强制休眠的低温解除后，由于它们本身水分含量高，无须外源水就会发芽生长。因此，果蔬采后应采取措施，使之缓慢完成成熟过程，避免其很快进入衰老阶段，或者最大限度地保持其收获时的固有质量，是储藏保鲜的基本目标。

3. 生鲜肉类的僵直和软化

动物刚屠宰后的肉体是柔软的，并具有很高的持水性。经过一段时间后肉体变僵硬，持水性降低，即出现僵直。僵直之后继而发生软化，肌肉变得柔软多汁，并产生令人愉悦的气味和滋味。僵直和软化是畜、禽、鱼宰杀后肌肉组织中连续发生的生化变化过程。从食用品质要求而言，以软化阶段的畜、禽肉类最佳，鱼类则以僵直阶段最新鲜。但从储藏角度考虑，延长僵直阶段的持续时间是畜、禽、鱼肉类保鲜的关键。因此，在畜、禽屠宰后和鱼类捕捞后，应尽快采取冷却降温措施，使之在储藏期间处于僵直阶段，以延缓肉的生化变化过程，这是冷冻储藏生鲜肉类食品的基本原理。

（三）害虫和鼠类

害虫和鼠类对于食品储藏有很大的危害性，是食品储藏损耗加大的直接原因，而且由于害虫和鼠类的繁殖迁移，以及它们排泄的粪便、分泌物、遗弃的皮壳和尸体等还会污染食品，甚至传染疾病，食品的卫生质量受损，严重者丧失商品价值，造成巨大的经济损失。

二、化学因素

食品和食品原料是由多种化学物质组成的，从原料生产到储藏、运输、加工、销售、消费，每一环节无不涉及一系列的化学变化。这些成分不仅各自发生变化，而且成分之间还会发生变化，因而化学成分变化对食品质量的影响是错综复杂的。其中对食品质量产生不良影响的常见化学变化表现为变色、变性以及矿物质和维生素的变化等。

（一）变色

食品的颜色是由各种色素构成的，其中有的是动物或植物的天然色素，有的是人为添加的某些食用色素，还有的是食品在储运、加工中因某些化学变化而产生的色素。

1. 食品褐变

褐变是食品在储藏、加工、流通过程中最常见的一种变色现象。褐变不仅影响食品的感官色泽，而且降低食品的营养和滋味。食品褐变按其变色机理可分为酶促褐变和非酶褐变。

(1) 酶促褐变。酶促褐变一般发生在具有生命活力的水果蔬菜中，指在储藏或加工期间由于逆境胁迫（低温伤害、冻害、高浓度 CO_2 伤害等）或组织损伤（机械伤、病虫伤、日灼等）而引起产品表面或组织内部变为褐色、暗红色或黑色。目前已知参与酶促褐变的氧化酶主要是酚酶和多酚氧化酶，被氧化的基质是食品中的邻二酚、一元酚、黄酮类和单宁等，并且必须在有 O_2 条件下反应才能发生。

(2) 非酶褐变。食品在储藏和加工过程中，常发生与酶无关的褐变作用，称为非酶褐变。非酶褐变主要是由食品中的糖分、蛋白质、氨基酸、抗坏血酸等发生化学变化所引起的。食品在储藏中发生的非酶褐变主要有美拉德反应和抗坏血酸氧化反应，而焦糖化反应只发生在食品加工中。

2. 植物色素的变化

植物色素主要有叶绿素、类胡萝卜素、花青素和叶黄素等，它们在植物类食品（主要是果品、蔬菜、茶叶）的储藏加工中都会发生变化，从而影响这类食品的天然色泽。植物色素在果品蔬菜加工中的变化受 pH 和温度的影响最大，在食品储藏中应采取低温和避光储藏、脱水干燥、控制 pH 等措施，加工中减少产品与锡、铁、铜等金属器具接触，以减少色素的损失。

3. 动物色素的变化

畜肉、禽肉及某些红色的鱼肉中都存在肌红素和残留血液中的血红素。肌红素与血红素的化学性质很相似，都呈现紫红色，与氧结合形成氧合肌红素，呈现鲜红色。新鲜的肉类多呈现鲜红色或紫红色，如果长时间放置，肌红素和血红素则氧化形成羟基肌红蛋白或羟基血红蛋白，使肉呈现暗红色或暗褐色，失去肉原有的鲜红色而降低其鲜度。氧化变色对于鲜肉及肉制品的质量影响很大。为了防止这种变色和保持肉类食品的鲜红颜色，通常在肉食加工中加入适量的硝酸盐或亚硝酸盐作为发色剂。发色剂用量要按照食品卫生标准规定严格控制，因为发色剂在肉制品中能产生亚硝胺，而亚硝胺是一种能诱发癌变的物质。

（二）变性

在环境因素的影响下，食品随着储藏时间的延长而发生变性，从而降低了食品的感官质量。在食品的各种化学变性中，以脂肪酸败、淀粉老化、蛋白质变性对食品质量的影响最典型。

1. 脂肪酸败

脂肪广泛存在于食品中，在储藏期间由于脂肪氧化酸败而使食品变质，其典型特征是食品有一种不愉快的哈喇味。动植物食用油、油炸食品、富含脂肪的核桃和花生等在常温下经过长期储藏，往往都会发生脂肪酸败。脂肪酸败是脂肪水解产生游离脂肪酸，游离脂肪酸进一步氧化、分解引起的变质现象。影响脂肪酸败的因素有温度、光线、O_2、水分、金属(铁、铜)离子以及食品中的酶等。因此，油脂类食品储藏中，采取低温、避光、密封、降低含水量、避免使用铁或铜器具、在食品中添加维生素 E 等天然抗氧化剂等措施，均可延缓脂肪氧化酸败。

2. 淀粉老化

淀粉老化是指糊化淀粉随着温度的降低，淀粉分子链之间的羟基生成氢键而相互凝结，破坏了淀粉糊原有的均匀结构，呈现不溶状态或称为凝沉变化。糊化淀粉经缓慢冷却后，浓度大的形成不透明的凝胶状，浓度小的形成沉淀析出，完全脱水后成为硬性凝胶，加水加热也不易溶解。在食品储藏或加工中，可通过控制储藏温度、降低食品中水分含量、调节食品的 pH、加入碱类膨松剂或乳化剂等措施，防止淀粉类食品的老化。

3. 蛋白质变性

蛋白质变性是肉类、乳类、蛋类、豆类等富含蛋白质的食品在储藏或加工过程中发生的一种变质现象。在储藏或加工过程中，蛋白质的水解和变性对食品质量有很大影响。蛋白质水解是蛋白质分子的一级结构主键被破坏，最终降解为氨基酸的过程。蛋白质的二、三、四级结构的变化导致蛋白质变性，其中三、四级结构改变使蛋白质呈现可逆性变化，而二级结构改变则使蛋白质发生不可逆变性。蛋白质变性对食品质量的影响，因动物蛋白质和植物蛋白质而有所不同。

（三）矿物质和维生素的变化

食品中的矿物质一般占食品总质量的 0.3%～1.5%。虽然它们在食品中的含量甚少，但对调节人体生理活动、维持代谢平衡、参与机体组织构成等方面具有重要作用。在储藏期间，无机盐离子促进自动氧化过程而使食品质量变劣；无机盐离子与食品成分反应，可阻碍人体对无机盐的吸收利用。在食品储藏和加工中应采取必要的措施控制有毒有害物质的产生、提高矿物质的吸收利用率。

维生素是食品中存在的天然有机物质，目前已发现食品中的维生素有 30 多种，按溶解性划分为脂溶性维生素和水溶性维生素两大类。脂溶性维生素存在于食品的脂肪中，常因脂肪氧化酸败而氧化分解。在食品储藏中，凡是能够控制脂肪酸败的条件和措施，便可有效地保护脂溶性维生素的存在；水溶性维生素虽然都能溶于水，但会受 pH、温度、O_2、光、水分活度及储藏时间等因素影响而发生分解，因而使其含量显著降低，影响食品质量。

（四）食品化学保藏剂

食品化学保藏剂的主要作用是防止食品变质腐败和延长储藏期。食品化学保藏剂按其来源分为天然保藏剂和化学合成保藏剂两大类。食品化学保藏剂种类繁多，它们的理化性质和保藏机理也各异，按保藏机理可分为防腐剂、杀菌剂和抗氧化剂三类。食品化学保藏剂是食品储藏中的一种辅助措施。只有与其他主要措施如低温杀菌密封等配合，才能获得满意的储藏保鲜效果。保藏剂用量小，达不到食品保藏效果的要求；用量过大，则对食品的卫生安全构成威胁，甚至丧失食用价值。因此，在使用食品化学保藏剂时，要求保藏剂必须符合食品添加剂的卫生安全性规定，坚决禁止乱用和超标使用，以保证食品的质量安全。

三、物理因素

食品在储藏和流通过程中，其质量总体呈现下降趋势。质量下降的速度和程度除了受产品内在因素的影响外，还与环境中的温度、湿度、空气、光照等物理因素密切相关。

（一）温度

温度是影响食品质量变化最重要的环境因素，它对食品质量的影响表现在多个方面。

1. 温度对食品化学的影响

在一定的温度范围内，随着温度升高，化学反应速度加快，反应速度常数 K 值增大。反应温度每升高 10℃，化学反应的速度增加 2～4 倍。降低食品的储藏温度，就能显著降低食品中的化学反应速度，从而延缓食品的质量下降，延长食品的储藏期。

2. 温度对食品酶促反应的影响

酶是生物细胞产生的一种特殊蛋白质，它具有高度专一的催化活力，降低温度可降低酶促反应的活化能。活化能越小，温度对酶促反应速度常数的影响也就越小，所以许多酶促反应在比较低的温度下仍然能够缓慢进行。动物体内酶的最适温度一般在 35～45℃；植物体内酶的最适温度略高，一般在 40～55℃；食品中大多数酶的最适温度在 30～40℃，50℃以上时活力已显著降低，60℃以上时变性失活。在低温下酶的活性虽然受到抑制，但并未完全失活，有的甚至在冷冻状态下仍然具有一定的催化活力。对于长期冻藏的食品来说，由于其质量变化是逐渐积累而且是不可逆的，所以酶促反应对食品质量的影响是一个不可忽视的问题。

3. 温度对微生物活动的影响

自然界中各种微生物都有其适应的生长温度，适宜的温度可以促进微生物的生命活动，不适宜的温度则能抑制微生物的生命活动，或引起微生物的形态、生理等特性的改变，甚至导致微生物死亡。微生物的活动是在酶催化下各种物质代谢的结果，而酶活力受制于温度，各种酶催化的生化反应的活化能是不一样的，每一种微生物只能在一定的温度范围内生长。当环境温度下降时，微生物体内的各种生化反应速度减慢。由于减慢的速度不同，因而破坏了微生物体内各种生化反应原来的协调一致性，导致了微生物生理代谢失调。温度下降幅度越大，则失调越严重，微生物的生长速率越小。但是，大多数微生物对低温的敏感性较差，当它们处于最低生长温度时，虽然新陈代谢活动已降至极低的程度，呈现休眠状态，生命活动几乎停止，但其活力仍然存在，一旦温度回升，又能迅速生长发育。但也有少数微生物在一定的低温范围内，还可以缓慢地生长。

4. 温度对食品含水量的影响

水分不仅影响食品的营养成分、风味、质地和外观形态，而且影响微生物的生长活动、食品的理化变化等。食品的含水量是指在一定的温度、湿度等外界条件下食品的平衡水分含量。当外界条件发生变化时，食品的含水量也就随之变化。食品中的水分由液相变为气相而散失的现象称为水分的蒸发（对于新鲜果品蔬菜的失水现象则称为蒸腾）。对于新鲜的果品蔬菜、肉禽鱼贝蛋及许多其他高含水量食品而言，它们在储藏和流通过程中经常有水分蒸发现象存在，不仅会降低食品的品质和商品价值，而且还会加大食品的重量损耗。

（二）湿度

自然空气或食品储藏环境空气中都含有水蒸气，水蒸气含量的多少影响到环境湿度的高低。食品储藏和流通环境中的湿度直接影响食品的含水量和水分活度，从而对食品的质量和储藏性产生极大的影响。

1. 高湿度下食品对水汽的吸附与凝结

食品种类很多，各种食品对储藏环境湿度的要求不尽相同。如果环境湿度偏高，易发生食品对水汽的吸附或者水汽的凝结现象。

（1）食品对水蒸气的吸附是指食品对环境中水蒸气分子的吸附，属于固体表面对水汽的吸附。对水蒸气具有吸附作用的食品主要有脱水干燥类食品、具有疏松结构类食品和具有亲水性物质结构的食品（食糖、食盐等）。食品吸附水分后，对其品质及储藏安全性会产生不良影响。干燥类食品吸附水蒸气后，其含水量增加，水分活度相应增大，食品的品质及储藏性下降。

（2）食品储藏中所谓的水蒸气凝结，是指空气中的水蒸气在食品或包装物表面凝结成水的现象。水蒸气在食品上凝结会增加食品自由水的含量，使食品的水分活度增大，加速食品质量劣变而降低耐藏性。尤其是凝水为微生物摄取营养提供了有利条件，从而增大了食品腐败变质的可能，降低了食品储藏的安全性。

2. 低湿度下食品的失水萎蔫与硬化

（1）低湿度下食品的失水萎蔫主要发生在新鲜果品蔬菜类食品的储藏和销售中。果蔬是高含水量的食品，其组织内的空气湿度接近饱和状态，而环境中的空气湿度通常总是低于果蔬组织内的空气湿度，因此果蔬在储藏、运输、销售过程中的蒸腾失水便成为一个不可避免的生理现象。在同一温度条件下，环境湿度越低，水蒸气的流动速度便越快，果蔬组织的失水就越快。当失水达到一定程度时，果蔬表层组织的细胞膨压显著降低，体积收缩，表面表现出萎蔫或皱缩状态。对于许多种果品来说，失水5%左右就有可能使其果面出现皱缩。

（2）低湿度下食品的失水硬化主要发生在一些组织结构疏松的食品中，如面包、糕点、馒头、绵白糖等，如果不进行包装，上市后由于水分蒸发而易发生硬化、干缩现象，不仅影响其食用品质，而且影响销售和商品价值。环境湿度越低，食品失水越快越多，其硬化发生越早越严重。生产中解决这种问题的措施不可能是提高环境湿度，而是采取保鲜包装、缩短货架期等措施。

（三）空气

空气的正常组成是 N_2 78%、O_2 21%、CO_2 0.03%，其他气体约为 1%。在各种气体成分中，O_2 对食品质量变化的影响最大，如鲜活食品的生理生化变化、脂肪的氧化酸败、某些维生素（维生素 C、维生素 A、维生素 E 等）的氧化都与 O_2 有关。在低氧条件下，上述氧化反应的速度变慢，有利于保持食品的质量。目前对食品质量影响的研究主要集中在果蔬的气调储藏领域。在适宜的低温条件下，改变储藏库或塑料薄膜帐、袋中的空气组成，即降低 O_2 浓度和增加 CO_2 浓度，不但可以降低果蔬的呼吸速率，延缓成熟衰老进程，有利于保持果蔬固有的色泽、风味、质地等商品品质，而且能够增强果蔬的抗病性，延长储藏期和货架期。

（四）光照

光照包括日光照射和灯光照射，通常引起食品质量变化的主要是指前者。光照引起食品质量变化的主要表现为食品的着色、脱色、脂肪酸败、维生素和氨基酸分解、产生不良气味等。但麦角固醇受太阳光、紫外线照射变为维生素 D 则是有益变化。一般对食品要求避光储藏，或用不透光的材料包装，是减轻或避免食品因光照而变质的重要措施。

四、其他因素

除上述生物因素、化学因素、物理因素对食品的储藏质量产生重要影响外，食品原料的质量状况，食品的包装、储藏和加工技术等对其质量也有一定的影响。

第二节　冷链食物中毒与危害因素

食物中毒是指人摄入了含有生物性、化学性有毒有害物质的食物，由此引起的非传染性急性或亚急性疾病。食物中毒不包括因暴饮暴食而引起的急性胃肠炎、食源性肠道传染病和寄生虫病，也不包括因一次大量或长期少剂量摄入某种有毒有害物质而引起的以慢性毒害为主要特征（如致癌、致畸、致突变）的疾病。由生物性、化学性有毒有害物质引起的食物中毒，按照病原物的来源可分为细菌性食物中毒、真菌性食物中毒、病毒性食物中毒、植物性食物中毒、动物性食物中毒和化学性食物中毒。

一、细菌性食物中毒

细菌性食物中毒主要是由细菌污染食物所致，细菌污染食物的途径可概括为：①动物在屠宰或植物在收获、运输、储藏、销售等过程中受到致病菌的污染；②被致菌污染的食物在高温下存放，食品中充足的水分及丰富的营养条件使致病菌大量生长繁殖或产生毒素；③食品在食用前未烧熟煮透，或熟食受到生食交叉污染，或从业人员带菌污染；④食品加工环境中卫生质量差，使食物原料或半成品被致病菌污染，杀菌又不彻底时，残留的致病菌在流通过程中继续繁殖而产生污染。

（一）细菌性食物中毒发生机理

细菌污染食品，不仅可使食品腐败变质，有的还可产生毒素。细菌毒素可分为内毒素和外毒素两类，内毒素存在于菌体内，是菌体的结构成分，细菌在生活状态时不释放出来，只有当菌体自溶或用人工方法使细菌裂解后才释放出来。大多数革兰阴性菌都有内毒素，如沙门氏菌、痢疾杆菌、大肠杆菌等。外毒素是有些细菌在生长过程产生的，并可从活的菌体扩散到环境中的毒素。外毒素比内毒素毒性强，小剂量即能使易感机体致死。产生外毒素的细菌主要是某些革兰氏阳性菌，也有少数是革兰阴性菌，如志贺氏痢疾杆菌的神经毒素、霍乱弧菌的肠毒素等。一般外毒素是蛋白质，不耐热，具有亲组织性，选择性地作用于某些组织和器官，引起特殊病变，能刺激机体产生特异性的抗毒素。细菌性食物中毒发病机理可分为感染型、毒素型和混合型三种类型。

（二）嗜冷菌

嗜冷菌(psychrophile)其实是一类菌的总称。这类菌一般是在－15～20℃温度下最适宜生长，由于这个温度段与其他菌最适宜生长的温度段相比要冷许多(普通细菌适应生长温度为25～40℃)，故此得名嗜冷菌。嗜冷菌最常见的品种有耶氏菌、李斯特菌和假单胞菌。

嗜冷菌可以抵御极端的寒冷环境，如南极的沿海冰层(约－15℃)。嗜冷菌在地球上的分布范围极其广泛。地球表面大部分地区平均温度低于15℃。因此，在高山上、极地地区，以及大洋深处均可以发现它们的踪迹。嗜冷菌之所以可以在冰点下存活与繁殖，是因为它们有一种特殊的脂类细胞膜。这种细胞膜在化学上可以抵御由极寒带来的硬化，使得其内蛋白质呈现出“抗冻能力”，在水的熔点以下仍然能够保持其内环境为液态并且保护其DNA免受伤害。

1. 嗜冷菌的危害

耶氏菌可引起多种疾病，最常见的是小肠结肠炎，主要表现为腹痛腹泻、发热等症状，或出现类似阑尾炎的症状，偶尔也能引起肠道溃疡和穿孔。耶氏菌还可以引起皮肤多形红斑、结节红斑和关节炎。严重可致人发生败血症、脑膜炎、肺脓肿、肝脓肿、骨髓炎。

李斯特菌可引起新生儿、孕妇、老年人以及免疫功能下降或缺陷的人发病，它可引起新生儿败血症、脑膜炎，导致呼吸或循环系统衰竭，病死率高达100%。孕妇感染后会出现畏寒、发热、头痛、肌痛、关节痛、背痛等类似上呼吸道感染的症状，还可引起早产、死产或新生儿脑膜炎而致其死亡。成年人感染后，则可引起败血症，表现为发热、肌痛、腹泻和恶心。感染李斯特菌后，还可导致中枢神经系统受损，出现脑膜炎、脑炎、脑脓肿，有发热、头痛、恶心、呕吐和偏瘫等现象，约40%的病人还会发生呼吸衰竭，病死率较高。此外，李斯特菌感染还会引起心内膜炎、化脓性结膜炎、发热性肠炎、肝炎、肝脓肿、胆囊炎、脾脓肿、关节炎、骨髓炎等。

被耶氏菌和李斯特菌污染的食物，经正常的煮烧可将细菌杀灭。多数嗜冷菌在储存期间，能产生热稳定性胞外降解性酶类(主要是蛋白酶、脂肪酶和碱性磷酸酯酶)，在巴氏消毒过程中基本不受影响，这类热稳定性胞外蛋白酶和脂肪酶甚至经过 UHT 处理(超高温瞬时处理)后仍能保持部分活性。以乳制品为例，嗜冷菌存在会造成乳及乳制品风味及质地上的变异，主要表现为以下两方面。

(1) 蛋白酶分解乳蛋白后，导致产品发苦，水解过程中释放的氨基酸会使褐变反应加剧，分解 K-酪蛋白，引起蛋白胶凝化。

(2) 分解脂肪后，导致游离脂肪酸增加，口感风味变差。

2. 嗜冷菌的检验和控制

目前用于检测生奶中嗜冷菌数量的方法有多种，最常见的方法是在 5～7℃培养 10d 后计数，或将样品 21℃增菌培养后，采用选择性培养基在 21℃培养 25h 后，将样品中 G-杆菌作为嗜冷菌污染的指标，但这些方法在时间及针对性上都存在严重的缺陷。

绝大多数嗜冷菌产生的蛋白酶具有非常高的热稳定性，不能通过单一的加热处理来使这些酶失活，由于存在低温失活现象，利用巴氏消毒或 UHT 处理结合低温加热处理杀灭生奶中嗜冷菌产生的蛋白酶可能是最佳的选择，最有效的方法是 UHT 处理后随之在 55℃保温 1h，蛋白酶活性仅残余 17%，但将大量的生奶或制成品在 55℃长时间保温，无论是设备或经济上都行不通，因此，主要还是依靠控制生奶中嗜冷菌的生长来控制其蛋白酶的分泌，通过控制生奶储存温度来控制嗜冷菌的数量。

对生奶进行深度冷藏，是控制嗜冷菌的主要方法，当温度较低时，嗜冷菌的生长表现出较长的延滞期和代时(GT)，生奶中常见的嗜冷菌在 4℃时平均代时为 8～9h。生奶储存开始时细菌浓度对其繁殖速度有重要的影响，当在 4℃储存时，如果初始细菌浓度 $<5\times10^4$ cfu/ml，则 4d 后将达到 1×10^5 cfu/ml，如果初始细菌浓度 $>5\times10^4$ cfu/ml，则 4d 后将达到 5×10^5 cfu/ml。因此，低温对嗜冷菌的抑制效果取决于生奶最初被污染的程度，生奶储存温度对产品的质量有重大影响，与 6℃储存的生奶相比，利用从 2℃储存的生奶生产的 UHT 奶的保质期要长得多。

【案例 6-2】东南网——气温升高谨防细菌性食物中毒

2020 年 7 月 1 日，厦门市疾控中心发布 2020 年 7 月健康预报，根据厦门市传染病和突发公共卫生事件监测数据，结合国际国内传染病疫情动态，经过专家会商评估，预计未来一段时期，厦门重点关注的国内外疫情为新冠肺炎、登革热；本地需特别关注的传染病为手足口病；重点预防食源性疾病为细菌性食物中毒、毒蘑菇中毒、贝类毒素中毒。

7 月气温升高，细菌更容易迅速繁殖，食品腐败变质的速度加快，预计细菌性食物中毒事件数和中毒人数增加。预防细菌性食物中毒，需要注意避免冲洗生肉，防止溅洒污染，可以用器皿装水清洗，洗完对器皿进行清洗，处理完肉类后还要立即洗手。同时，保持清洁也至关重要，勤洗手，餐具和厨具要清洁，厨房环境清洁可以有效预防细菌性食物中毒。

此外，在烹饪时，生熟食物要分开；处理生熟食物的厨具、容器也要分开，食物应烧熟煮透，尽量不生食水产品。在安全的温度下保存食物：熟食在室温下存放不得超过 2h；食物及时冷藏（5℃以下）；冷冻食品不要在室温下化冻，可以冷藏室解冻或微波炉解冻；生肉类不要反复冻融。

【案例 6-3】2020 年昆明信息港讯——不吃变质食物，谨防细菌性食物中毒

7 月正值炎炎夏日，细菌易在高温下迅速繁殖，产生毒素污染食品。然而，此时人们往往会吃一些生冷食物，高温导致人体出汗增多、胃酸减少，削弱了机体消化道杀菌的效果，加上疲劳困倦等因素，导致人体免疫功能失调。省疾控中心专家提醒，夏季应谨防细菌性食物中毒。

导致细菌性食物中毒的细菌种类众多，包括葡萄球菌、大肠杆菌、副溶血性弧菌、变形杆菌、沙门氏菌、志贺菌、蜡样芽孢杆菌、李斯特菌、肉毒梭状芽孢杆菌等。其中，葡萄球菌污染的食物主要是营养丰富的含水食品，如剩饭、糕点、冰淇淋、乳及乳制品，其次是熟肉类。葡萄球菌的毒素耐热力很强，经加热煮沸 30min，仍可保持其毒力而致病。

虽然绝大多数大肠杆菌为肠道正常菌群，但是仍有少部分特殊类型的大肠杆菌具有很强的毒力，一旦感染，将造成严重疫情。其表现为腹泻、腹痛、恶心、发热，甚至出现血便。而志贺菌是人类细菌性痢疾最为常见的病原菌，通称痢疾杆菌。病人和带菌者的大便可通过多种方式污染食物、瓜果、水源、玩具和周围环境。天气炎热时苍蝇滋生快，苍蝇的脚毛可黏附大量痢疾杆菌，是痢疾杆菌重要的传播媒介。病人往往会出现剧烈腹痛、呕吐及频繁腹泻，大便有腥臭味，混有血液，可出现 40℃以上的高热。

二、真菌性食物中毒

真菌性食物中毒是指人摄入含有真菌所产生的真菌毒素的食物而引起的中毒现象。真菌毒素是真菌在新陈代谢过程中产生的具有毒性的生物活性物质。真菌毒素一般分为霉菌毒素和蕈类毒素。

（一）黄曲霉毒素中毒

黄曲霉毒素是黄曲霉和寄生曲霉产生的代谢产物，目前已经确定结构的黄曲霉毒素有 17 种之多。受黄曲霉毒素污染的食物主要有粮食及其制品，如花生粒、花生油，家庭自制的酱制品中也查出过黄曲霉毒素。黄曲霉毒素的毒性极强，毒性比氰化钾大 10 倍，是砒霜的 68 倍。黄曲霉毒素急性损伤主要在肝脏，表现为肝细胞变性、坏死、出血及胆管增生。如果持续摄入污染黄曲霉毒素的食物，则会造成慢性中毒，表现为生长出现障碍，肝脏出现亚急性或慢性损伤。黄曲霉毒素不仅具有很强的毒性，而且具有明显的致癌作用，它的诱癌力是二甲基偶氮苯的 900 倍以上，是二甲基亚硝胺的 75 倍。

（二）黄变米中毒

黄变米是大米、小米、玉米等在收获或储存过程中水分含量过高，被青霉菌污染后发生霉变所致。黄变米不但失去食用价值，而且产生多种毒素，包括岛青霉毒素、黄绿青霉毒素、桔青霉毒素等，人食用后发生中毒。黄绿青霉毒素毒性强，不溶于水，耐高温，加热至270℃才可失去毒性。黄绿青霉毒素是一种中枢神经性毒物，中毒典型症状为中枢神经麻痹，进而心脏及全身麻痹，出现运动失常、痉挛、对称性下肢瘫痪，严重时出现呼吸停止而死亡。桔青霉污染大米后产生桔青霉毒素，精白米易污染桔青霉形成该种黄变米。另外，暗蓝青霉、黄绿青霉、扩展青霉、点青霉、变灰青霉、土曲霉等霉菌也能产生这种毒素。桔青霉毒素难溶于水，为一种肾脏毒，可导致实验动物肾脏肿大、肾小管扩张及上皮细胞变性坏死。

（三）赤霉病麦中毒

麦类赤霉病是粮食作物的一种重要病害，食用赤霉病麦会引起食物中毒。引起麦类赤霉病的病原菌为几种镰刀菌，其中主要是禾谷镰刀菌。小麦、大麦、元麦等在抽穗灌浆时易感染该菌，且该菌也能在玉米、稻谷、蚕豆、甘薯上生长繁殖。在小麦收获时，如果连续阴雨天气，容易造成赤霉病大量发生。从外观上看，赤霉病麦粒种皮的颜色灰暗带红，种皮皱缩并且胚芽发红。

（四）毒蕈中毒

蕈类又称蘑菇，属真菌类。毒蕈是指食后可引起中毒的蕈类。毒蕈中毒常常是由于采集野生鲜蕈，误食毒蕈所致。我国目前已鉴定的蕈类中，可食用蕈近300种，有毒蕈约80种，其中含有剧毒可致死人命的不到10种。毒蕈的有毒成分十分复杂，一种毒蕈可以含有几种毒素，而一种毒素又可以存在于数种毒蕈之中。毒蕈中毒可分为胃肠毒型、神经精神型、溶血型和肝肾损害型四种中毒类型，毒性危害依次加剧。有毒伞属蕈造成的肝肾损害型中毒会使人体内大部分器官发生细胞变性，属原浆毒，中毒病情凶险，变化多端，如果抢救不及时，死亡率很高。

三、病毒性食物中毒

病毒性食物中毒是指人摄入带有病毒污染的食品而发生的食物中毒。近年来，病毒在食物中毒致病因素中的比例逐年上升，美国、日本、中国香港近年来病毒性食物中毒占查明原因的食物中毒的比例在8%～20%。病毒对食品的污染不像细菌那么普遍，但一旦发生污染，危害巨大，产生的后果将非常严重。当今威胁人们健康的通过食品传播的病毒主要有轮状病毒、诺如病毒、禽流感病毒、疯牛病毒等。

拓展阅读6-1
病毒性食物中毒举例

病毒性食物中毒主要是由病毒污染食物所致。病毒主要来源于病毒和病毒携带者、受病毒感染的动物、环境及水产品中的病毒。病毒污染食物的途径可概括为：①携带病毒的人和动物的粪便、尸体直接污染食品原料与水源；②带病毒的食品从业人员的污染；③携带病毒的动物与健康动物相互接触污染；④蚊、蝇、鼠类作为病毒的传播媒介污染食品，人食用带病毒污染的食品。

四、植物性食物中毒

植物性食物中毒是指一些食用植物本身含有某种天然有毒有害成分，或者由于储藏保管技术不当形成某种有毒有害物质，被人食用后引起的不良反应。植物性食物中的毒物种类较多，依其化学结构可分为毒苷类、生物碱类、棉酚和有毒植物蛋白。

（一）毒苷类

植物性食物中的毒苷类主要包括氰苷类、致甲状腺肿素。氰苷类物质主要存在于核果和仁果的种仁中，某些豆类、木薯的块根中也含少量的氰苷。由于苦杏仁中含氰苷最多，故也称氰苷为苦杏仁苷。致甲状腺肿素在油菜、芥菜、萝卜等十字花科蔬菜种子中含量较多，而在这些蔬菜的食用部分含量甚少，故一般不会引起食物性中毒。但饼粕及籽油中含量较多，应脱毒后再饲用和食用。

（二）生物碱

生物碱是植物体内能与酸反应生成盐的含氮有机化合物的总称。生物碱种类繁多，其中许多种类具有明显的毒性作用。较为重要的有马铃薯中的龙葵碱和黄花菜中的秋水仙碱。马铃薯应储藏在低温和无阳光直射的场所，最好是避光，防止发芽和表皮变绿；其次是对发芽和表皮变绿的马铃薯，食用或加工之前，彻底挖掉芽眼和刮去薯皮，特别是要刮净变绿薯皮。避免秋水仙碱中毒的措施是不食用未经加热或热处理不彻底的鲜黄花菜。干黄花菜（金针菜）不存在秋水仙碱中毒问题。

（三）棉酚

棉酚主要存在于棉籽子叶的色素腺中，因而棉籽油和棉籽饼粕中也含有棉酚。棉籽中含有毒物质，如果未经蒸炒加热就直接榨油，则粗制生棉籽油中即含有毒物质，主要为棉酚、棉酚紫和棉酚绿，其中以游离棉酚含量最高。棉酚中毒目前无特效的解毒剂，应以预防为主。

（四）有毒植物蛋白

有毒植物蛋白类食物中毒物质主要有凝集素、酶抑制剂和毒肽。凝集素以豆类的种子存在较为普遍。蛋白酶抑制剂和淀粉酶抑制剂主要存在于豆类、谷物、马铃薯等植物性食物中。毒肽在真菌类毒蕈中含量较多。

五、动物性食物中毒

动物性食物中毒是指一些动物本身含有某种天然有毒有害成分，或者由于储藏措施不当形成某种有毒有害物质，被人食用后引起的不良反应。食物中比较常见的有毒动物中毒有河豚中毒、鱼类引起的组胺中毒、贝类中毒和动物腺体中毒等。

（一）河豚中毒

河豚是一种味道鲜美但含有剧毒物质的鱼类，其所含有毒成分为河豚毒素，存在于河豚的肝、脾、肾、卵巢、卵子、睾丸、皮肤、血液及眼球中，其中以卵巢最毒，肝脏次之。新鲜洗净的鱼肉一般不含毒素，但鱼死后时间较长，毒素可从内脏渗入肌肉，食后即可中毒。病情发展迅速，起初感觉全身不适，出现恶心、呕吐、腹疼等胃肠症状，口唇、舌尖及手指末端刺疼发麻；随后感觉消失而麻痹；继而四肢肌肉麻痹，逐渐失去运动能力，身体丧失平衡，最后全身麻痹呈瘫痪状态。一般预后不良，常因呼吸麻痹、循环衰竭而死亡。

（二）鱼类引起的组胺中毒

组胺中毒是由于食用含有一定数量组胺的某些鱼类所致的过敏性食物中毒。组胺是组胺酸的分解产物，组胺的产生与鱼类所含组胺酸的量有直接关系。一般海产鱼类中的青红皮肉鱼如鲐巴鱼、鲫鱼、竹夹鱼、金枪鱼等体内含有较多的组胺酸，捕捞后高温下放置或流通时间过长，当鱼体不新鲜或腐败时，污染鱼体的细菌如组胺无色杆菌，特别是莫根氏变形杆菌产生的脱羧酶，可使组胺酸脱羧基形成组胺。一般认为鱼体中的组胺含量超过 200mg/100g 时，食之即可引起中毒。预防组胺中毒的有效措施，是捕捞后将鱼迅速在冷冻条件下运输保存，保持鱼的新鲜度，防止腐败变质。

（三）贝类中毒

贝类中毒是由于食用某些贝类如贻贝、蛤贝、螺类、牡蛎等引起的中毒。实际上，贝类自身并不产生有毒物质，但通过食物链摄取海藻或与藻类共生时就变得有毒了。这些藻类包括原膝沟藻、涡鞭毛藻、裸甲藻及其他一些未知的海藻。贝类毒素主要包括麻痹性贝类毒素、腹泻性贝类毒素和神经性贝类毒素。由于毒化贝和非毒化贝在外观上无任何区别，目前必须根据“赤潮”发生地域和时期的规律性对海产贝类做严格的监控。

（四）动物甲状腺中毒

牲畜屠宰时没有摘除甲状腺，使之混在喉颈等碎肉中被人误食，就可能导致动物甲状腺中毒。误食动物甲状腺一般在食后 12～24h 出现症状，临床表现随食入量多少差别很大，一般中毒者的主要症状为头晕、头痛、肌肉关节痛、胸闷、恶心、呕吐等，并伴有出汗、心悸等症状。预防动物甲状腺中毒的措施是在屠宰时彻底摘除甲状腺，防止甲状腺流入市场。因为甲状腺毒素耐高温，加热至 600℃才开始被破坏，一般煮熟方法不能使之无毒化。

（五）动物肾上腺中毒

肾上腺又称“小腰子”，肾上腺的皮质能分泌多种重要的脂溶性激素，已知的有 20 余种。动物肾上腺的大部分埋于腹腔油脂中，牲畜屠宰时未摘除肾上腺或摘除未尽误食后 15～30min 发病。其主要症状为心窝部位疼痛、恶心、呕吐、腹泻、头晕、头痛、手麻舌麻、心跳加速等。预防肾上腺中毒的措施是屠宰时严格摘掉肾上腺，并在摘除时慎防髓质流失。

六、化学性食物中毒

化学性食物中毒是指食用被某些化学物质污染的食物所引起的中毒现象。污染食物的化学物质非常多,通常包括一些有毒金属、非金属及其化合物、农药、兽药、添加剂等。以下简要介绍几种有毒化学物质对食物的污染。

(一) 重金属对食物的污染

食物中的重金属以汞、铅、镉最为严重。重金属进入人体后,可与组织的蛋白质结合,从而使蛋白质变性,产生毒性,尤其是酶蛋白的变性,会严重影响机体的生命活力。重金属对食物的污染途径主要有两条:一是农产品及食品在保藏、加工、运输、销售过程中,通过使用不合理的加工机械、储存或包装容器以及食品添加剂等渠道进入食品;二是农药的使用及工业“三废”的排放,引起环境中重金属含量增高,进而通过食物链污染食物。

(二) 农药对食物的污染

农药对食用农作物的污染包括:①喷洒后残留于农作物上;②农作物吸收后在体内的残留;③少部分飘浮于空气中的农药随雨雪等降落在陆地、江河、湖海;④水中(灌溉水、雨水、地下渗水)的农药进入水生生物体内;⑤农产品或食品保藏流通中施药而造成的污染等。在上述污染中,农药还有一个富集过程,在构成连锁关系的食物链中,食物链上端的动物体内农药富集量最高,其危害性也最大。尤其是生产中滥用农药,已对食物污染及人体健康构成了严重威胁。农药中使用最广泛的是有机磷农药、有机氯农药、有机汞农药。这些农药首先污染的是粮食、水果和蔬菜,长效者则随着饲料进入畜禽体内,继之成为肉、蛋、乳等动物性食品的有害物质。大量的医学和食品卫生学研究确证,人长期摄入被农药污染食物,对人体健康会造成极大损害,某些农药可导致严重的疾病。因此,必须重视农药食物污染的问题,同时应加强对食品中农药毒物的监管。

(三) 兽药对食物的污染

为了预防、治疗畜禽等动物疾病,有目的地调节器官生理机能,包括促进动物生长繁殖和提高生产性能,常常要使用兽药。动物使用兽药(包括兽药添加剂)后,体内会蓄积或储存药物原型或代谢产物。人食用动物源性食品(如猪肉、牛乳等)时残留在动物体内的兽药就可以进入人体,对人体造成危害。兽药种类繁多,主要有抗生素类(包括青霉素、氯霉素、四环素、呋喃及磺胺)、驱虫抗虫类(包括苯并咪唑类、咪唑并噻唑类、四氢嘧啶类)以及激素类(包括性激素和肾上腺皮质素)等。可以通过口服、注射、局部用药等方法给药,残留于动物体内的药物对食品和人体健康构成了严重威胁。控制食品中兽药残留的措施主要包括:①把好兽药质量关,禁止使用未经农业农村部批准或已经淘汰的兽药;②严格执行国家兽药法规,对非法生产、销售、使用明令禁止的药物要追究刑事责任;③加强药物的合理使用,合理配伍用药,使用兽用专用药,给药间隔时间和次数根据药物“半衰期”而定。

（四）添加剂对食物的污染

食品添加剂是食品生产中最活跃、最具创造力的因素，对推动食品工业的发展起着十分重要的作用。食品添加剂可以使加工食品的色、香、味、形及组织结构良好，还可以防止食品腐败，延长保藏期。尽管食品添加剂的作用很大，但是与人们的健康密切相关，如果过量或违规使用，就会对人体造成危害。如辣椒粉、辣椒酱、番茄酱、各种肉制品中使用合成色素——苏丹红，国际癌症研究机构（IARC）已将其列为三类致癌物，遗传毒性研究表明，苏丹红可诱发基因突变，具有致突变作用，还可引起神经系统和心血管系统受损，导致不孕症；日本曾因使用不符合要求的工业磷酸氢二钠作为乳制品的稳定剂，引起"森永奶粉中毒"事件；等等。

第三节　食品冷链加工的安全性

具有代表性的冷链食品主要包括果蔬、乳制品、肉类、水产品等，这些食品流通率大，为生活必需食品，且具有以下五种特性：易腐败损失；易污染；对温度敏感；对时间敏感；对环境敏感。2009 年，冷链食品安全的含义首次被提出，是指食品在采购、生产加工、运输以及销售的全过程中不使食品受到危害，具体包括食品、人员和相关规范等，它们互相补充，共同构成完整的安全体系。

食品原料采购、生产加工、流通和销售每一环节都影响冷链食品安全，如物流设备与冷链工作人员需要符合食品卫生法；冷链食品在流通过程中的污染占有很大比例，防止流通环境污染，也利于保证冷链食品卫生。

一、果蔬产品冷链加工的安全性

蔬菜、水果以新鲜、可口、营养丰富而被广大消费者所喜爱，成为日常必需食品，因此，果蔬食品的安全直接关系到消费者的生命安全。生态环境和土壤环境的持续恶化、违禁用农药的继续使用、植物生长调节剂的过度使用、农药残留量超标、果蔬表面微生物和病毒的污染、收购运输过程果蔬的腐败变质、加工环节食品添加剂的滥用、政府监管不完善不及时等各个环节都会影响果蔬产品的安全。近年果蔬食品安全事件见表 6-1。

表 6-1　近年果蔬食品安全事件

年份	事　　件
2011	食品添加剂引起的"沈阳毒豆芽"事件
2011	植物激素滥用引起的"爆炸瓜""乒乓球草莓"事件
2012	德国由于诺如病毒感染"速冻草莓"引起的食物中毒事件
2012	欧盟的 O104：H4 大肠杆菌污染果蔬食品事件
2013	山东潍坊因滥用剧毒农药"神农丹"引起的"毒生姜"事件

采后果蔬无缝冷链是指果蔬采后在商品化处理、储藏、运输、销售直至消费前的各个环节，始终保持在适宜的低温环境下，且各个环节之间的低温控制是连续的。采后果蔬冷链的四个关键环节是预冷、冷藏、冷链运输、终端冷环境销售，关键是要形成一个冷的链

条，这几个环节之间的衔接也应保持适宜的低温，即为无缝冷链。果蔬从采后直至消费前的无缝冷链称为全程无缝冷链，部分环节做到了适宜低温，则为部分冷链。

果蔬产品冷链加工过程中，需注意以下安全问题。

（一）干耗

食品在冷冻加工和冷冻储藏中均会发生不同程度的干耗，使食品重量减轻，质量下降。干耗是由食品中水分蒸发或升华造成的结果，在冷却冷藏中，干耗是指水分不断从食品表面向环境中蒸发，同时食品内部的水分又会不断地向表面扩散，干耗造成食品形态萎缩。果蔬减重达到5%时，果蔬会出现明显的凋萎。而冻结冻藏中的干耗是指水分不断从食品表面升华出去，食品内部的水分却不能向表面补充，干耗造成食品表面呈多孔层。这种多孔层大大地增加了食品与空气中氧的接触面积，使脂肪、色素等物质迅速氧化，造成食品变色、变味、脂肪酸败、芳香物质挥发损失、蛋白质变性和持水能力下降等后果。食品表面变质层已经失去营养价值和商品价值，只能刮除扔掉。避免冻伤的办法是首先避免干耗，其次是在食品中或镀冰衣的水中添加抗氧化剂。

水果蔬菜的水分蒸发特性见表6-2。

表6-2 水果蔬菜的水分蒸发特性

水分蒸发特性	水果蔬菜的种类
A型（蒸发量小）	苹果、橘子、柿子、梨、西瓜、马铃薯、洋葱
B型（蒸发量中等）	白桃、李子、无花果、番茄、甜瓜、萝卜
C型（蒸发量大）	樱桃、杨梅、龙须菜、叶菜类、蘑菇

（二）低温伤害

低温伤害包括冷害和冻害。在冷藏时，有些果蔬的品温虽然在冻结点以上，但当储藏温度低于某一温度界限时，果蔬的正常生理机能受到障碍，失去平衡的现象，称为冷害。冻结点以下的低温伤害称为冻害。不同果蔬的冻结点及低温伤害的症状也不同（表6-3）。

表6-3 水果蔬菜冷害的界限温度和症状

种　类	界限温度/℃	症　状
香蕉	11.7～13.8	果皮变黑
西瓜	4.4	凹斑、风味异常
黄瓜	7.2	凹斑、水浸状斑点腐败
茄子	7.2	表皮变色、腐败
马铃薯	4.4	发甜、褐变
番茄（熟）	7.2～10	软化、腐烂
番茄（生）	12.3～13.9	催熟果颜色

（三）食品解冻

解冻是冻结的逆过程。但由水和冰点的物理性质可知，0℃水的热导率仅是冰的热导率的 1/4 左右，因此，在解冻过程中，热量不能充分地通过已解冻层传入食品内部。此外，为避免首先解冻的食品表面被微生物污染和变质，解冻所用的温度梯度也远小于冻结所用的温度梯度。因此，解冻所用的时间远大于冻结所用的时间。

冻结食品在消费或加工前必须解冻，解冻状态可分为半解冻（−5℃）和完全解冻，视解冻后的用途而定。但无论是半解冻还是完全解冻，都应尽量使食品在解冻过程中品质下降最少，使解冻后的食品质量尽可能接近于冻结前的食品质量。食品在解冻过程中常出现的主要问题是汁液流失，其次是微生物繁殖和酶促或非酶促等不良生化反应。

除了玻璃化低温保存和融化外，汁液流失一般是不可避免的。汁液流失与食品的切分程度、冻结方式、冻藏条件以及解冻方式等有关。切分得越细小，解冻后表面流失的汁液就越多。如果在冻结与冻藏中冰晶对细胞组织和蛋白质的破坏很小，那么，在合理解冻后，部分融化的冰晶也会缓慢地重新渗入细胞内，在蛋白质颗粒周围重新形成水化层，使汁液流失减少，保持了解冻后食品的营养成分和原有风味。

微生物繁殖和食品本身的生化反应速度随着解冻升温速度的增加而加速。关于解冻速度对食品品质的影响存在两种观点：一种观点是快速解冻使汁液没有充足的时间重新进入细胞内；另一种观点是快速解冻可以减小浓溶液对食品质量的影响，同时也缩短微生物繁殖与生化反应的时间。因此，选择适宜的解冻速度是一个有待研究的问题。一般情况下，小包装食品（速冻水饺、烧卖、汤圆等），冻结前经过漂烫的蔬菜，经过热加工处理的虾仁、蟹肉，含淀粉多的甜玉米、豆类、薯类等，多用高温快速解冻法，而较厚的畜胴体、大中型鱼类常用低温慢速解冻。

（四）农药残留

在政府的重视和监管下，我国蔬菜农药残留合格率逐年上升。虽然总体趋于良好，但频发的进出口产品和国内销售产品农残超标检出事件，仍然揭示我国农药使用过程中存在许多问题。农药质量参差不齐，禁用的有机氯、有机磷农药仍然在市场上销售，部分农药产品标识不规范。对果农、菜农农药知识的宣传普及不完善，农药的不合理使用问题仍然突出。农户单一依赖化学防治，任意提高施药浓度，不给土地和作物休药期，引起农药残留超标和生态失衡。

（五）植物生长调节剂使用不规范

植物生长调节剂是一类新兴的调节植物生长发育的农药，包括人工合成化合物和从生物中提取的天然植物激素。生长调节剂按功能可以分为生长素类、赤霉素类、细胞分裂类、催熟剂类和生长抑制剂类。它们大多是低毒、微毒或无毒，但某些调节剂或其水解代谢产物可能具有潜在的“三致”作用。目前，我国针对果蔬有限量标准规定的生长调节剂仅有乙烯等五种。为了打破发达国家以此建立的技术性贸易壁垒，必须重视果蔬各种调节剂的使用规范和检测方法，尽快出台相关生长调节剂质量标准。

（六）采后果蔬病原微生物污染

可能污染水果蔬菜的微生物主要有土壤致病菌、粪便致病菌、致病寄生虫和致病病毒等几类,这些病原体通过食物向人类传播。感染病原体的农民和中间生产商对果蔬的触摸,果蔬间的交叉感染,果蔬与存在病原体的水、土壤等接触,都是典型的传播方式。采购过程中与土壤粪便接触,运输过程中冷链运输体系不完善,生产加工过程中的设备清洁度不高,零售过程中的不适当储存,都导致了全球的致病微生物食物中毒事件的频发。提高产供销全过程的清洁度,完善冷链物流,加强监管与报告,都是降低微生物风险的有效途径。

二、乳制品冷链加工的安全性

乳制品冷链物流是以乳制品为对象,从奶源的采购开始,经过生产加工制成乳制品,流通后销售给消费者的过程,可分为三个基本环节:奶源采购、乳制品加工、流通分销。乳制品冷链物流是由奶农、加工企业、物流企业、分销企业以及最后的消费者构成的对物流、资金流和信息流进行整合的传统供应链模型。

影响原料乳质量的主要因素有:奶牛的品种和健康状况,牧场环境,饲料品质,清洗与卫生,乳中的微生物总量,化学药品残留量(来源于饲料和治病),游离脂肪酸,挤奶操作,储存时间和温度等。2000 年后中国乳业进入高速发展时期,企业之间的竞争不断加剧,价格战、资本战、奶源战等愈演愈烈,乳制品质量安全事件频繁发生,暴露出诸多隐患,对我国的人民生命安全造成了巨大的影响。近年乳制品安全事件见表 6-4。

表 6-4 近年乳制品安全事件

年份	事　件
2004	郑州光明郭品的“回产奶”事件
2004	安徽阜阳劣质奶粉造成“大头”娃娃
2005	光明乳业浙江、上海的“早产奶”事件
2006	雀巢牌金牌成长 3+奶粉碘超标事件
2008	三鹿、蒙牛、伊利等 22 家大型企业奶粉中均被检出三聚氰胺
2010	圣元奶粉“雌激素”事件
2011	“致癌皮革奶”事件
2011	蒙牛、伊利、光明等多家乳业巨头被爆黄曲霉毒素 M1 超标
2013	“美素丽儿”奶粉改标掺假事件
2013	新西兰奶粉三聚氰胺事件
2018	国家食药监总局公布伊利、蒙牛等 8 家奶粉企业生产规范体系存在缺陷

乳制品安全需关注牛乳掺假、微生物、抗生素等问题。

(一) 牛乳掺假

牛乳掺假,一是掺水以增重,再加脲、植脂末或蛋白粉甚至三聚氰胺等来提高乳的比重及蛋白、脂肪含量;二是在生乳中掺加合成乳,合成乳由尿素、烹巧油、清洁剂、苛性钠、糖、盐和脱脂乳粉等在水中混合而成,它不含有自然乳,没有乳所应有的重要营养成分。

(二) 微生物

牛乳中的微生物是以能分解利用乳糖和蛋白质的菌种为主要类群。牛乳变质以乳糖发酵、蛋白质腐败和脂肪酸败为基本特征。鲜牛乳中的微生物主要有细菌、霉菌和酵母菌等。常见的细菌主要有链球菌属、乳杆菌属、假单胞菌等。此外,还可能含有多种致病菌,如结核杆菌、沙门氏菌、金黄色葡萄球菌等。常见的霉菌主要有多主枝孢、乳酪节卵孢等。常见的酵母菌有脆壁酵母、红酵母、假丝酵母等。

链球菌属和乳杆菌属是鲜牛乳中十分常见的两属乳酸菌,对乳中的乳糖进行同型或异型发酵,产生乳酸等产物,使牛乳变酸。芽孢杆菌、假单胞菌、变形杆菌等是牛乳中常见的胨化细菌,它们能分解乳中的蛋白质,并产生腐败的臭气。假单胞菌,不仅能分解牛乳蛋白质,还能分解乳中的脂肪,是牛乳中典型的脂肪分解菌。无色杆菌、黄杆菌、产碱杆菌也能分解脂肪,也是牛乳中的脂肪分解菌。大肠杆菌等分解乳糖而产生乳酸、醋酸,使鲜牛乳变酸并出现凝固,同时产生 CO_2 和 H_2,使牛乳具有多孔气泡,并使乳产生不愉快臭味。

生鲜牛乳在储藏初期,细菌繁殖占绝对优势,这些细菌主要是乳链球菌、乳酸杆菌、大肠杆菌和一些蛋白质分解细菌等。其中以链球菌生长繁殖特别旺盛,使乳糖分解产生乳酸,乳液酸度不断升高;同时还可观察到产气现象,这是大肠杆菌等产气菌引起的。酸度升高抑制了其他腐败细菌的生命活动。当酸度升高至 pH4.5 时乳链球菌本身受到抑制,不再增殖反而会逐渐减少(这时已出现酸凝固),乳酸杆菌可继续在产生凝块的乳中增殖并产生牛乳酸,从而使 pH 继续下降。当乳的酸度升高到 pH 3～3.5 时,绝大多数微生物被抑制甚至死亡,而酵母菌和霉菌可适应此高酸度环境而生长繁殖,它们利用乳酸和其他一些有机酸,使乳的 pH 回升至接近中性。之后,分解利用蛋白质和脂肪的假单胞菌、芽孢杆菌等增殖,消化凝乳块,并有腐败的臭味产生。

(三) 抗生素

在奶牛养殖过程中,对奶牛疾病的治疗离不开抗生素的使用,抗生素经常被用来治疗奶牛的各种感染性疾病,而抗生素在代谢过程中可残留于生鲜乳中,如果人们饮用含抗生素残留的生鲜乳及其制品,也就相当于低剂量地摄入抗生素,从而破坏人体的正常机能,也易产生耐药性等问题,不利于人体健康和今后疾病的治疗。广谱抗生素检测试剂盒可用于生鲜乳的广谱检测方法,可检测到 P-内酰胺类、磺胺类、四环素类、大环内酯类、氨基糖苷类、氯霉素等抗生素,其中对青霉素和磺胺类抗生素特别灵敏,灵敏度高、使用方便、结果可靠、经济有效、广谱检测。其原理是利用微生物嗜热芽孢菌在 64℃条件下培养 2.5～3.0h 后会产酸,引起指示剂 BCP(溴甲酚紫)变为黄色,若牛生鲜乳中不含抗生素,培养后样品呈黄色;如有抗生素,嗜热芽孢菌生长受到抑制而无法产酸,样品中指示剂将不变色,为蓝紫色。

三、肉制品冷链加工的安全性

肉制品生产组织模式是指肉制品生产过程中饲料、仔猪、兽药、饲养、生产加工、流通、销售等环节在物流、资金流、技术流和信息流方面的合作协调关系及其方式。肉制品供应链是一条长链,其行为主体涉及养殖企业、肉制品生产加工企业、肉制品存储配送企业、商超或农贸市场等肉制品销售终端、消费者以及社会相关监管部门等。要保证肉制品品质,安全健康养殖是基本前提，而由于肉制品在流通过程中对运作环境的高要求，肉制品供应链上各个环节的流通环境控制是根本保证。

（一）肉中的微生物

肉中的微生物有腐败微生物和病原微生物。腐败微生物主要有细菌、霉菌、酵母菌等，主要是细菌。细菌常见的是假单胞菌属、无色杆菌属、黄杆菌属、芽孢杆菌属等。病原微生物主要有沙门氏菌、炭疽杆菌、布鲁氏杆菌、结核杆菌、猪丹毒杆菌、李斯特杆菌和口蹄疫病毒等。沙门氏菌最为常见。

一般来说，常温下放置的肉，早期的微生物是以需氧性的假单胞菌、微球菌、芽孢杆菌等为主。它们先出现在肉的表面，经过繁殖后，肉即发生变质，并逐渐向肉内部发展。这时以兼性厌氧微生物如枯草杆菌、粪链球菌、大肠杆菌、普通变形杆菌为主要菌。当变质继续向深层发展时，即出现较多的厌氧微生物，主要为梭状芽孢杆菌。肉的腐败变质主要表现为发黏、出现色斑以及因蛋白质水解，生成氨、硫化氢、吲哚、腐胺、尸胺等引起的恶臭气味。

低温可以抑制中温性微生物和嗜热性微生物的生长繁殖，但低温下仍可能有嗜冷微生物进行生命活动，因而低温下存在的肉类仍可能变质。1～3℃下可在肉中生长的嗜冷微生物有假单胞菌属、无色杆菌属、产碱杆菌属的一些细菌，枝孢属、枝霉属、毛霉属等的一些霉菌，以及一些嗜冷微生物如假丝酵母属、红酵母属、球拟酵母属。冷却肉温度在－5℃以上，仍可能生长微生物；但在－2℃以下，一般不会出现腐败菌，病原菌也不会生长，但少量耐低温和低水分活度的霉菌与酵母菌，尤其是霉菌，如多主枝孢、枝霉在冷藏条件下生长比较快。

（二）肉制品中的食品添加剂

1. 防腐剂

肉制品含有十分丰富的营养成分，并且具有较高含量的水分及蛋白质。在肉制品加工及储藏过程中，食品很容易受到微生物影响，从而导致加工的食品出现变质及腐败情况，因而在生产加工过程中依法依规添加防腐剂也就十分必要。添加防腐剂有利于杀灭、抑制微生物，有效避免生产加工、运输过程中、储存期间食物出现腐败变质情况，使食品在保质期内保持新鲜。目前，肉制品生产加工应用比较广泛的防腐剂主要包括双乙酸钠、乳酸链球菌素、脱氢乙酸钠、山梨酸钾等。

2. 护色剂及其助剂

护色剂通常属于无色物质，然而在结合食品原料的基础上，可固定食品中色素，使所生产的食品能够实现更好发色。在肉制品生产过程中，目前应用比较广泛的护色剂主要包括亚硝酸盐与硝酸盐，对于硝酸盐而言，由于肉制品中的脱氧菌作用，会被还原成亚硝酸盐，而亚硝酸盐能够结合肉制品中的乳酸，从而实现复分解反应，形成亚硝酸，而亚硝酸缺乏稳定性，很容易发生分解而导致氧化氮及硝酸产生，所产生的氧化氮能够结合肌肉中肌红蛋白，从而产生亚硝基肌红蛋白，这一物质颜色为鲜红色，可使肉制品表现出玫瑰红。但是，亚硝酸盐的毒性较大，并且能够结合胺类物质进行反应，生成亚硝胺，而亚硝胺具有较强致癌作用。

3. 甲醛

甲醛并不属于食品添加剂，近些年滥用、乱用甲醛作为食品添加剂的事件屡见不鲜，在肉制品检测中也发现了甲醛的存在。甲醛可以缩短人体血液中细胞的正常寿命，让红细胞不能正常发育，杀死体内的血小板，还会让人体出现贫血、免疫功能差等现象。人体内经常摄入大量的甲醛，会抑制造血功能的正常工作，引发白血病、骨髓瘤、淋巴瘤等血液病，所以食品中禁止添加甲醛。

（三）兽药残留

兽药残留是“兽药在动物源食品中的残留”的简称，是指用药后蓄积或存留于畜禽机体或产品中的原型药物或其代谢产物，包括与兽药有关的杂质的残留。目前，兽药残留可分为七类：驱肠虫药类、抗生素类、生长促进剂类、灭锥虫药类、镇静剂类、抗原虫药类、β-肾上腺素能受体阻断剂。如果在畜牧业生产中，滥用、误用兽药，极易造成肉制品中有害物质的残留，这不仅会对人体健康造成直接危害，而且对畜牧业的发展和生态环境也会造成极大危害。

肉制品中兽药残留的来源主要包括以下几方面。

1. 滥用药物

为了治疗动物疾病，在未确定病因的情况下，滥用喹诺酮类、磺胺类和青霉素类等抗菌药；为了缓解畜禽应激反应，大量使用金霉素或土霉素等药物。在给动物使用兽药时，用药部位、用药剂量、给药途径和用药动物的种类等方面不遵守用药规定，从而造成药物残留在动物体内的时间过长，以致需要增加休药天数，才能有效消除其对人体的不良影响。

2. 非法使用违禁药物

使用未经认可的药物甚至违禁的药物作为饲料添加剂来喂养动物，是造成肉制品兽药残留又一重要原因。如为达到增重的目的，减少畜禽的活动而使用催眠镇静类兽药（氯丙嗪、安定等）；为加快畜禽生长而使用性激素类（己烯雌酚）；欲使畜禽增重、增加瘦肉率而使用兴奋剂类（瘦肉精）。

3. 未严格遵守休药期规定

凡是使用了药物或其他化学物质的可供食用的动物，均需规定休药期。休药期是指动物从停止给药到许可屠宰或它们的乳、蛋等产品许可上市的间隔时间。规定休药期不是为了维护动物健康，而是使供人食用的动物组织或其产品中存在的具有毒理学意义的残留可逐渐消除，直至达到安全浓度，即低于“允许残留量”。

4. 违反有关标签的规定

人为向饲料中添加如盐酸克伦特罗、雌二醇、绒毛膜促性腺激素等各种畜禽违禁药品，以及不在饲料标签上表示出人工合成的化学药品，造成兽药在肉制品中的残留。

（四）寄生虫

食源性寄生虫病是指食（饮）用被感染期寄生虫污染的食物、水源而引起人体感染的寄生虫病，主要在人们进食生鲜或未经彻底加热的含有寄生虫卵或幼虫的食品时发生。动物性食品是我国居民日常生活中不可或缺的重要食材，但很多肉类、水产品等都有可能携带寄生虫病原体，且可能由于不良饮食习惯造成病原体进入人体，引起食源性寄生虫病的发生。食品中，生肉(鲜猪肉、鲜牛肉)和淡水产品(淡水鱼、淡水虾)中的寄生虫污染情况需要进行检测。生肉(包括鲜牛肉、鲜猪肉)的检测项目包括刚地弓形虫、牛带绦虫、旋毛虫、猪带绦虫等的检测。淡水产品(包括淡水鱼、淡水虾类)的检测项目包括东方次睾吸虫、颚口线虫、华支睾吸虫等的检测。

四、水产品冷链加工的安全性

水产品是指来源于水环境的，可供人类食用的水生动、植物产品及其初级加工品，主要包括各种鲜活、冰鲜、冷冻、干制、盐渍的鱼类、甲壳类(虾、蟹)、贝类、头足类(乌贼、鱿鱼、章鱼)和藻类等水生动、植物产品。水产品按照其来源可分为海洋水产品和淡水水产品，按照获得方式可分为捕捞水产品和养殖水产品。

水产品质量安全是指水产品的养殖、加工、包装、储藏、运输、销售、消费等活动符合国家强制标准和要求，不存在可能损害或威胁人体健康的有毒有害物质(如药物残留、病菌感染)以导致消费者病亡或者危及消费者及其后代的隐患。

(一) 水产品流通源头的质量安全问题

水产品流通源头是指水产品的生产，其存在的质量安全问题包括养殖及捕捞的水域污染和渔业投入品污染等造成水产品质量的下降。

1. 养殖及捕捞的水域污染

水域是水生动、植物赖以生存和生长的基础环境，随着世界经济的快速发展，现代化农业和工业产值迅猛增长，含有大量营养物质的工业废水、生活污水未经处理被排放到水域，水体环境受到一定程度的破坏，致使各地渔业养殖及捕捞的水域环境的污染日益增加，鱼虾和贝类等水产品受到排放到水域中的有害物质污染，严重影响到水产品质量安全，造成了各种有害后果。如我国江浙等一带海域赤潮现象频繁发生，积聚了赤潮毒素的贝类被人们食用后导致贝类食物致死性中毒事故。

2. 渔业投入品污染

渔业投入品包括渔用饲料、渔药、水环境投入品以及其他化学制剂等。渔用饲料的品质和安全直接关系到水产品的质量安全，优质的饲料可以保障水产品的健康和高产量。饲料配方、原料的品质和生产工艺决定了饲料品质的好坏。我国的水产养殖由于品种多、更新快，饲料配方复杂多变，其中不乏滥用激素、违规违禁药物等添加剂、化学剂的饲料，造成饲料中的有毒有害物质超标；部分饲料由于储存不当受到污染腐烂变质，饲料质量得不到保证。水产品经过这些不安全的饲料喂养后将导致其死亡或者病害发生，再被人类食用后将对人体健康产生较大的潜在危害。

渔户在水产品生产过程中存在滥用渔药的现象，包括不对症用药、随意增加药品剂量、用药后不执行休药期等，造成药物残留于水产品体内。部分渔民甚至随意使用环丙沙星、磺胺类、土霉素等限用药物和硝基呋喃类、氯霉素等杀菌类、抗生素类违禁药物。其他化学制剂包括清塘剂、化学增氧剂、水质改良剂、水产品抗应激剂等水质调节剂，直接作用于水体，与水产品进行密切接触，多种化学制剂的不当使用和质量不佳也将影响水产品的质量安全。水产品在完成生产后，将由生产者带入流通环节，如果在生产源头没有做好质量安全监控，那么其已经产生的质量安全问题将会随着流通延续到后续环节。

（二）水产品加工环节的质量安全问题

水产品加工是以水产品为主要原料，通过物理、化学和生物的方法将其制成水产加工食品。水产加工食品主要包括水产冷冻冷藏品、干制品、腌制品、熏制品、罐头食品、鱼糜制品、鱼油鱼粉和藻类加工品等。在对水产品进行加工处理时，有时需要使用大量化学品，如杀菌剂、防腐剂以及进行腌制烟熏保藏时使用的化学剂等，如果化学品使用不当，就会对水产品造成污染，进而通过食物链对人体的健康产生危害。

加工水产品质量安全事件层出不穷。如2002年广东使用工业用双氧水加工漂白干鲨鱼翅，造成鱼翅产品中汞、铅、砷等重金属严重超标；2003年广东的毒咸鱼事件，加工者在盛装有咸鱼的容器上喷洒农药防蚊虫，造成咸鱼产品农药超标；还有在加工过程中用甲醛浸泡鱼皮以增强鱼皮爽脆度，使用禁用药物硼酸使海蜇增强爽脆度，使用含氯消毒剂浸泡冻虾和冻罗非鱼片以减少产品微生物；等等。

目前我国通过HACCP（危害分析与关键点控制）质量认证以及国际质量标准ISO 9000系列认证的水产品加工企业大多是些规模较大且资质良好的出口型加工企业，而面向国内市场的加工企业大多数仍处于中小规模，有相当一部分还是手工加工作坊企业，存在很多安全隐患，对水产品加工原料缺乏相应的质量安全检验设备，加工设备简陋，加工工艺落后，卫生条件差，加工器具未经严格的清洗和消毒，加工过程中的废水、废弃物对成品和半成品造成污染。水产品加工从业人员缺乏卫生知识、质量安全意识和法律意识，无视加工原料的腐败变质，甚至在加工过程中掺杂掺假，超量滥用添加剂，使用违禁药物作为添加剂等，造成水产品中食品添加剂残留量超标、有毒有害物质残留量超标等问题。

（三）水产品批发环节的质量安全问题

批发环节可分为产地批发、中转地批发和销地批发，水产品根据需求市场距离的远近将经过其中的一种或多种批发环节，每种批发环节会有数量众多的批发商参与其中。在水产品采购、运输、储存、分拣和转批发的过程中，很容易产生水产品质量安全问题。

在水产品运输方面，由于部分鲜活水产品和冰鲜冷冻水产品对冷链的要求非常高，温度升高，微生物繁殖加快，水产品容易腐败变质。而我国水产品物流运输专业性不高，没有专业的水产品运输设备，水产品的装箱卸货大多是在露天情况下进行，而不是在冷库或低温环境下进行，又无水体充氧设施，增加了水产品变质的风险。据统计，我国大约80%的水产品处于无冷链保证的运销状态，鲜活水产品物流环节的损失率为25%～30%。在运输过程中，大部分配送车辆仅依靠简单的冰块来维持低温环境，水产品不但在运输过程中得不到严格的温控保证，而且在装卸货转运过程中又暴露在常温下，造成大量的水产品在流通中损耗。

在水产品储存方面，批发商贩在鲜活水产品暂养过程中为了减少水产品的病害死亡，减少损失而存在滥用渔药的现象，部分商贩甚至随意使用违禁药物，造成药物残留于水产品体内；需要低温或冷藏储存的鲜活水产品和冰鲜冷冻水产品，若冷藏温度达不到要求，易造成产品腐败变质，进而带来质量安全问题。另外，水产品储存环境的卫生情况易使水产品在储存中受到污染。不法批发商使用甲醛等有毒化学保鲜防腐剂以及孔雀石绿、苏丹红等化学增色剂，使得水产品留下质量安全隐患。北京、广东、福建等地的水产品批发市场，都出现过被双氧水浸泡过的鱼翅。

（四）水产品零售环节的质量安全问题

零售环节是水产品流通过程中的最后一个环节，流通主体以超市和农贸市场为主，还包括批发市场和餐饮酒店等零售商。与批发环节类似，零售商在水产品采购、运输、储存、分拣和销售的过程中，同样也存在较多的水产品质量安全问题。

水产品冷冻、冷藏、储存、保鲜和检测等硬件设备并不完备，加之不合格的卫生环境，未进行分区的混合销售模式，都具有极多的安全隐患。如近两年发现向虾内注射明胶物质的掺假掺杂现象，商贩注射时的卫生环境状况差，注射工具并未进行消毒处理，其质量和卫生情况都令人堪忧，给水产品带来的细菌污染根本无法避免，影响到水产品的质量安全，侵害消费者权益。冷冻水产品要求－18℃的低温环境无法保证，给影响水产品质量安全的微生物繁殖创造了条件。近年各地超市频繁出现用油鱼冒充鳕鱼的“假鳕鱼”事件，消费者食用假鳕鱼后产生腹痛腹泻等不良反应，引起消费者极大的恐慌和愤慨，而在日本和意大利等国都已将冒充鳕鱼的油鱼列入“禁止入口”鱼种。

第四节　冷链食品包装的安全性

随着“PVC 保鲜膜”“毒奶瓶”“废塑料饮用水桶”“一次性发泡饭盒”等一系列事件的发生，人们对食品安全关注的焦点已不再局限于食品本身，也开始关注食品的其他方面，食品包装作为食品的“贴身衣物”，如果食品包装容器及材料中存在有毒有害物质，它会迁移并渗入食品中，如铅、镉、铬等重金属，甲醛、苯、多氯联苯等，会影响人体健康，材料的安全问题已严重制约我国食品的出口。

一、各类包装材料污染源头

（一）纸包装

从食品纸包装类产品的原料及生产工艺来看，纸包装污染来源主要有以下几类。

1. 原材料

食品纸包装、容器其原材料主要为木质纤维、非木质纤维、非植物纤维。由于一些木浆、草浆、棉浆原料作物在种植过程中使用农药等，可能存在有害物质。有的原料掺有一定比例的回收废纸或再生纸材料，可能有大肠菌群、致病菌、霉菌或铅、镉、苯及联苯的多氯取代物、挥发性醛类等有害物质残留在纸浆中。此外，造纸原料中也可能存在杀虫剂、农药残留、再生纤维带来的污染以及二异丙基萘、苯酰苯等化学物质，溶出物的主要成分包括邻苯二甲酸类酯、酮类甾体、桦木醇或树脂质酸等。

2. 添加剂

制纸过程中的添加剂主要有亚硫酸钠、硫酸铝、氢氧化钠、次氯酸钠、松香、防霉剂、杀菌剂、染料剂及消泡剂，由于工艺操作不当，有可能在纸中残留而导致食品污染。此外，为了达到增白效果，通常会在原纸中添加荧光增白剂，荧光物质可能会导致细胞发生变异，接触过量的荧光剂，可能会致使毒性蓄积在肝脏或其他脏器中，从而带来潜在的致癌风险。

3. 颜料、油墨和有机溶剂

传统的包装印刷油墨主要包括两大类：树脂型连接料油墨和溶剂型连接料油墨。油墨本身和有机溶剂均存在一定量的致癌物质，如重金属（铅、镉）、苯及苯的取代物、乙酸酯类、异丙醇和正丙醇等，这些有害物质会在油墨的印刷过程中挥发，若工艺过程中控制不好，会导致油墨残留物质在包装和使用过程中继续散发而带来食品安全问题。溶剂型印刷油墨的溶剂中常常含有苯及苯的取代物、乙酸乙酯、异丙醇等有害物质。此外，重金属残留主要有砷、镉、铬、汞及铅等元素，主要是制造过程中添加的各种助剂、印刷用颜料、油墨等都使纸包装易受苯酚和重金属等物质的污染，重金属元素往往是由包装物迁移到食品中。颜料、树脂、助剂和溶剂是生产油墨的主要物质，可能对产品包装的安全性造成间接危害，特别是采用染料作为颜料的替代物，染料从包装向食品的迁移将对食品的安全性造成危害。此外，若为提高油墨在纸质基材表面的附着力而添加一些硅氧烷类物质作为偶联剂，但由于其溶剂中往往含有甲醇等有害物质，也将会对食品包装的安全性造成一定的不良影响。考虑到成本及印刷适应性等因素，传统的溶剂型油墨在纸质包装印刷领域中还大量存在，溶剂中的苯及苯的取代物、乙酸乙酯、乙酸丁酯、异丙醇等有毒有害物质会残留在包装物上，随着时间的推移会迁移到食品里，对食品造成不良影响，使之变质、变味。

4. 黏合剂

在纸包类产品中，覆膜时一般采用的是溶剂型黏合剂。黏合剂产品大致分为溶剂型及无溶剂聚氨酯类黏合剂（PU）、丙烯酸酯类黏合剂（PEA）、聚醋酸乙烯乳液胶（VAC）、醋酸乙烯-乙烯乳液、乙烯-醋酸乙烯共聚物（EVA）类热熔胶及苯乙烯嵌段聚合物（SBC）类热熔胶等，其中应用最广泛的是以乙酸-醋酸乙烯酯共聚物（EVA）为主体树脂的热融型黏合剂，其黏合力强，稳定性高，光稳定性好，流动性强，便于涂覆，设备简单易操作，生产能耗低。另外，常用的芳香族聚氨酯黏合剂，其原料为芳香族的多异氰酸酯（TDI）。黏合剂中的主要风险物质包括初级芳香胺、残留单体、易迁移的低聚物、重金属、甲醛及苯类溶剂残留等，这些物质可能引起黏合剂迁移到食品中，产生安全风险。丙烯酸酯类黏合剂的风险物质主要为残留的单体及低聚物；而聚氨酯类黏合剂多为反应型黏合剂，其主要风险物质为初级芳香胺；甲醛及苯类溶剂残留则主要存在于溶剂型黏合剂中。

5. 造纸助剂

在制浆造纸过程中，为了提高纸浆强度或改善纸张的某些性状，或是降低原料消耗以及改良操作条件等，常会采用一些化学物质作为助剂，如制浆原料的制浆助剂（蒸煮、漂白、废纸脱模及废液处理），造纸助剂（助滤剂、助留剂、成型助剂及消泡剂）、树脂障碍控制剂；施胶剂、保湿剂（如脲醛、三聚氰胺等合成树脂）、纸用颜料、荧光增白剂（如二苯乙烯衍生物）和涂布加工助剂（黏结剂、分散剂、表面活性剂、疏水剂或交联剂），油墨、印刷剂，纸用颜料、色凝剂载色体（硝化纤维素、丙烯等树脂）、塑化剂和溶剂（醇类物质的碳氢化合物和酯）的残留；邻苯二甲酸酯类、有机氯化物的残留（木浆原料中防腐剂五氯苯酚的残留，纸和纸板中多氯联苯的残留等），以及印刷油墨及联结剂中的一些有机挥发物（包含烷类、烯类、芳烃类、卤烃类、醛类、酯类及酮类等），接触材料印刷油墨中残留的光引发剂（二苯甲酮系列物质），在储存、运输和食用过程中可能会向食品中迁移，对食品安全造成影响，危害人体健康。

6. 涂蜡纸包

制备涂蜡纸包应采用食品包装专用石蜡，其涂蜡需符合 GB 1886.26—2016《食品安全国家标准　食品添加剂石蜡》标准规定。若为了降低生产成本使用工业石蜡进行纸包材料浸渍，则可能引入多环芳烃和重金属等多种有毒有害物质。

（二）塑料制品包装

塑料包装制品在食品包装中发展最快，其原因有以下四点：①塑料制品类包装拥有较多的类型，可以满足当前人们的不同需求。②塑料制品类包装制作成本非常低，利润空间更大。③塑料制品类包装不仅拥有保气性好、不易受损等性能，还不易与外界其他“催化剂”发生反应。④从材质上看，塑料制品包装方便、轻巧、美观，这类产品顾客非常喜欢。然而，从塑料的结构上看，其中含有各类聚合物分子、各式各样的添加剂，因此用塑料制品进行食物包装，仍会对包装食物造成影响。

1. 塑料构成中含有有毒的树脂

树脂中含有的各类化学物质（降解物、甲醛、氯乙烯等）都会严重影响食品的安全性。其中含有的氯乙烯会侵入食品中，使食物的致癌概率大大提升。若儿童长期食用该类食物，会导致发育畸形。所以，不能将氯乙烯作为食物包装原料。除了聚氯乙烯外，苯乙烯、异丙烯及甲苯、乙苯等也会污染食品。这些物质的性质、在塑料制品中的比例、结合的牢固程度、与食物接触的时间及是否会在食品中溶解等因素决定其对食品安全的影响程度。

2. 制作过程中的各类添加剂

在当前塑料包装材料的制作过程中通常都会添加诸如着色剂、稳定剂等添加剂。虽然这些添加剂在一定程度上提升了食品包装的性能，但是其含有一定的毒性。

3. 一些回收塑料具有毒性

当前倡导可持续绿色发展，对大量的塑料进行回收再加工，然而，受到现下种种条件的制约，无法很好地处理回收塑料中含有的有害物质，如病毒、添加剂、色素等。使用这些塑料制品会对食品产生影响。此外，若不能很好地监管医院的塑料垃圾，使其被回收运用到食品包装上，会造成严重的食品污染后果。

（三）金属包装

金属材料包装可以说已有相当久远的历史。用于食品包装的金属材料多为箔材或薄板，其拥有很高的隔断性，可以很好地对各类食品进行保鲜保温，并且其具有很好的回收性，回收的方式也极为便捷。然而，运用金属材料进行食品包装仍旧存在问题。其易于受外界环境影响，化学结构不稳定，易与酸、碱物质发生反应，导致其不能用于高酸、高碱性食品的包装。一般情况下市面上常见的金属包装材料有不锈钢、铝制、铁制容器三类，在具体应用中的问题如下：①对于不锈钢食品包装而言，其中混有镍元素，在高温环境中，会使包装的食品粒糊化，甚至产生致癌物。此外，镍极易和乙醇反应，若用其包装乙醇类食品，则会造成慢性食物中毒。②对于铝制包装而言，因其本身含有大量的锌、铅元素，这些元素会慢慢转移到食品中，若经常食用这类食品，会在人体内蓄积大量的铅、锌元素，从而形成慢性食物中毒。③对于铁制包装而言，其内层中含有的锌会慢慢迁移到食品中，从而形成锌中毒。

二、食品包装质量控制现状

食品包装领域卫生标准的内容不够完善。目前国内没有对食品包装材料卫生性能制定统一规范，只是在少数产品标准中进行了相关规定，如软包装类的 GB/T 10004—1998《耐蒸煮复合膜袋》和 GB/T 10005—1998《双向拉伸聚丙烯/低密度聚乙烯复合膜袋》中对溶剂残留量的指标进行了相应的规定。但目前食品包装的种类越来越多，大多数的食品包装材料还没有适用的卫生标准。

目前国内的企业对现有卫生标准的执行情况也不容乐观。在我国的食品软包装行业中，有部分大型食品企业在包装卫生安全方面控制得很好，对各项卫生指标全部进行检测。但很多中小型企业缺乏这方面的质量控制，仅凭感官判断，不提供任何包装卫生检验报告，甚至有些企业采用异味很浓的材料直接包装食品，致使很多食品安全纠纷由包装原因引起。

【案例 6-4】大连市质监局对食品包装的抽查结果

以大连市质监局组织对大连地区生产的食品用塑料包装、容器、工具等制品监督抽查结果为例。抽查企业 109 家，产品 126 个批次，经检验，合格 122 个批次，抽样产品合格率 96.8%，不合格产品主要集中在非复合膜袋及食品用塑料容器。抽查依据 GB/T 24984—2010《日用塑料袋》、GB/T 4456—2008《包装用聚乙烯吹塑薄膜》、QB/T 2357—1998《聚酯(PET)无汽饮料瓶》、GB 18006.1—2009《塑料一次性餐饮具通用技术条件》、GB/T21661—2008《塑料购物袋》、GB/T 1871—1993《双向拉伸尼龙(BOPA)/低密度聚乙烯(LDPE)复合膜、袋》、GB/T 10004—2008《包装用塑料复合膜、袋干法复合、挤出复合》等产品标准和经备案有效的企业标准，对食品用塑料包装、容器、工具等制品的封口剥离力、蒸发残渣、高锰酸钾消耗量、重金属、溶剂残留等项目进行了检验。抽查发现 3 批次非复合膜袋不合格，不合格项目为落镖冲击；聚酯(PET)无汽饮料瓶不合格，不合格项目为跌落性能。

【本章小结】

引起食品变质的因素有很多,按其属性可划分为生物因素、物理因素和化学因素。生物因素包括微生物、生理生化变化、害虫与鼠类。常见化学变化表现为变色、变性和微量营养成分变化等。物理因素是指环境中的温度、湿度、空气、光照等。

食物中毒按照病原物的来源可分为细菌性食物中毒、真菌性食物中毒、病毒性食物中毒、植物性食物中毒、动物性食物中毒和化学性食物中毒。

果蔬产品冷链加工过程中,需注意干耗、低温伤害、解冻引起的品质变化、农药残留、植物生长调节剂使用不规范、采后果蔬病原微生物污染等安全问题。乳制品安全需关注牛乳掺假、微生物、抗生素等问题。肉制品安全需关注微生物、食品添加剂、兽药残留、寄生虫等问题。纸包装材料需关注原材料、添加剂、颜料、油墨和有机溶剂、黏合剂、造纸助剂、涂蜡纸包等污染源头。

【本章习题】

一、名词解释

1. 采后果蔬无缝冷链
2. 淀粉老化

二、简答题

1. 果蔬产品冷链加工过程中需注意哪些安全问题?
2. 纸包装有哪些污染源头?
3. 简述嗜冷菌的检验和控制方法。

【即测即练】

第七章

冷链食品加工与包装设施

【本章学习目标】

1. 掌握冷链食品加工与包装生产线的设计流程和方法，重点在于生产线的总体设计、工艺路线设计、设备选型、图形绘制等；

2. 熟悉工厂卫生设施和环境保护措施；了解生产线的组成原则和分类方式；了解生产率的概念、影响因素和提高途径等。

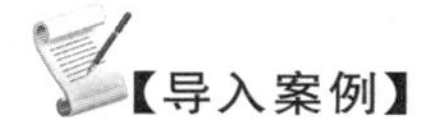

【导入案例】

1913年8月一个炎热的早晨，当工人们第一次把零件安装在缓缓移动的汽车车身时，标准化、流水线和科学管理融为一体的现代大规模生产就此开始了。犹如第一次工业革命时期诞生了现代意义的工厂，福特的这一创造成为人类生产方式变革进程中的又一个里程碑。每一天，都有大量的煤、铁、砂子和橡胶从流水线的一头运进去，有2 500辆T型车从另一头运出来。在这座大工厂里，有多达8万人在这里工作。1924年，第1 000万辆T型车正式下线，售价从最初的800美元降到了260美元。汽车开始进入美国的千家万户。

流水线彻底改变了汽车的生产方式，同时也成为现代工业的基本生产方式。时间过去了100多年，流水线仍然是从小到儿童玩具、大到重型卡车的基本生产方式。冷链食品加工与包装当然也采用这一生产方式。

第一节　冷链食品加工与包装车间及类型

冷链食品加工与包装车间会依据不同类型食品的工艺特点来设定，可按食品种类分为果蔬制品加工与包装车间、农产品加工与包装车间、畜产品加工与包装车间、水产品加工与包装车间等，下面逐一进行介绍。

一、冷链果蔬制品加工与包装车间

冷链果蔬制品包括净菜、果蔬脆片、冷冻果蔬制品等，尽管不同类型的果蔬制品在加工工艺上有一定差别，但加工与包装车间有很多相似之处。

（一）车间构成

以净菜为例，净菜是指果蔬原料经人工拣选、去皮、清洗后通过传递窗进入切配加工间，根据要求进行杀青、护色、机械分割、人工修整、离心脱水后形成符合要求的块、丁、片、丝、馅。净菜可直接真空包装或根据要求进行低温腌制、脱水、拌制后进行真空包装。成品根据配送要求装箱低温配送。冷链果蔬制品生产流程如下：果蔬→拣选、清洗→切配加工→腌制→拌菜→内包装→外包装→冷藏配送（净菜加工系列）。

果蔬加工区可分为拣选清洗间、切配加工间、腌制间、配料仓库、配料间、拌菜间、内包间和外包间（其中拣选清洗间、配料仓库和外包间需设置舒适性空调，切配加工间、配料间、拌菜间、内包间需设置10万级净化空调）。

（二）车间要求

1. 粗加工间

通过人工拣选除去腐烂、虫蛀等不合格原料，废弃物通过传递窗进入暂存间并定时清理。部分原料需要浸泡消毒，再用清水漂洗干净。根茎类原料需要去皮清洗。清洗后的物料通过传递窗进入精加工间。

2. 精加工间

使用多功能切菜机将原料切片或切丁，一般厚度1.8～4mm，部分切片需要投入护色池用来保持果蔬原有色泽，增加硬度。

3. 杀青

设置独立的杀青间并配置强排风系统，使用螺旋漂烫机或者提篮式漂烫机对果蔬切片杀青，防止果蔬切片褐变并除去某些果蔬中的生青异味，杀青温度为80～90℃。

4. 浸渍间

设置单独的浸渍间，房间温度控制在9℃以下。可采用麦芽糖浆或糊精浸渍液，亦可加入一些调味料。

5. 速冻间

采用流态化速冻装置快速冻结果蔬片，进料温度为10℃，冻品出料温度为－18℃，单冻机库内温度为－35 ℃。冷冻可将果蔬组织中的水分冻结，水结冰后体积增大，起到破壁作用，易于水分从细胞中蒸发逸出，增加产品的酥脆性。

6. 脱水间

采用低温真空油浴脱水机组进行脱水操作，根据品种及切片形态不同制定不同的操作规程，控制脱水的温度、时间以及真空度。油浴温度一般在80～90℃之间，锅内真空度0.092～0.095MPa左右。在上述操作条件下，果蔬切片内部的水分急剧汽化，在很短的时间内水分蒸发可达95%以上，使切片形成疏松多孔的膨化形态。真空油浴脱水由于加工温度低、时间短，因此能够保留果蔬的原有风味和大部分营养成分，还能减轻油脂氧化程度。油炸结束后，将锅内真空度继续拉高，由升降系统将物料提离油面，进行离心脱油，转速0～300r/min可调，时间3～6min，使脆片含油量在16%以下。

7. 内包间

果蔬脆片在挑选间内经过降温、拣选，去除不合格品，合格品经过充氮包装成大包装进入半成品库，亦可直接进入内包间进行小包装。

8. 外包间

袋装小包装采用自动化包装生产线，桶装小包装采用人工包装。内包后产品通过传递窗进入外包间，采用人工装箱外包。

二、冷链农产品加工与包装车间

冷链农产品主要是指汤圆、水饺、包子、面条等速冻米面系列，米面原料经拆包、配料后通过传递窗进入搅拌间，在搅拌间进行和面、醒发操作及馅料拌制操作，肉馅和菜馅分别来自肉类加工区和果蔬加工区。制好的米面和馅料在制作间成型(汤圆、水饺、包子、面条等)，然后进入双螺旋速冻机内速冻成型，之后经过内包、装框或装箱低温配送。

速冻米面系列生产流程如下：米面→拆包→制面＋制馅→成型→速冻→内包装→装框/外包→冷藏配送。

米面加工区可分为拆包间、搅拌间、醒发室、馅料拌和间、制作间、速冻间、内包间、外包间、冷藏间(其中拆包间、搅拌间、醒发室、制作间、内包间、外包间需设置舒适性空调)。各部分设置要求及温湿度条件与特定产品的工艺特点直接相关。

三、冷链畜产品加工与包装车间

冷链畜产品主要包括冷链肉制品、乳制品、蛋制品等，其中肉制品和乳制品相关企业发展已成规模，其生产与包装车间的设置相对成熟，本部分主要以冷链肉制品及冷链乳制品的车间设置进行介绍。

(一) 冷链肉制品生产与包装车间

冷链肉制品包括冷鲜肉、冻肉等多种类型，冻肉制品的车间设置一般比冷鲜肉更复杂。冻肉经解冻、清洗后通过传递窗进入切配加工间，原料肉经机械分割、人工修整后形成符合要求的块、丁、片、丝、馅。生鲜品直接进行内包，或滚揉上浆后进行内包，然后速冻。需熟制的半成品进入中央厨房经过蒸煮、油炸、炭烤、卤制后进入快速冷却机中降至10℃以下进行内包，内包装后的产品根据工艺要求进行杀菌或速冻。成品根据配送要求装框或装箱低温配送。

冷链肉制品生产流程如下。

生鲜制品系列：内包装→速冻装框/外包→冷藏配送。

熟肉制品系列：冻肉→拆包→解冻清洗→切配加工→滚揉→中央厨房→快速冷却→(杀菌)→内包装→装框外包→冷藏配送。

肉类加工区分为拆包间、解冻清洗间、切割间、滚揉间、生品内包间、速冻间、中央厨房、冷却间、熟品内包间、熟品冷藏间、杀菌间、风干间和外包间(其中切割间、生品内包间、中央厨房和外包间需设置舒适性空调，冷却间、熟品内包间需设置10万级净化空调)。

（二）冷链乳制品生产与包装车间

冷链乳制品包括冷链鲜奶、酸奶、奶酪、奶粉等多种类型，生产车间设置及布局与其生产工艺特点有直接关系。鲜奶、奶酪等发酵类乳制品会增加发酵环节及发酵接种车间，奶粉类干制品会增加喷雾干燥等干燥环节。

酸奶的生产工艺流程如下：原料鲜乳→净化→标准化→配料（蔗糖及其他原料）→浓缩→过滤→预热、均质、杀菌、冷却→接种（发酵剂）→（空瓶）灌装→培养发酵→冷却→后熟→成品。

奶粉的生产工艺流程如下：原料乳验收→预处理→标准化→预热杀菌→真空浓缩→喷雾干燥→出粉、冷却、储存→称量、包装→成品。

乳制品生产车间设置一般包括生产区及辅助生产区，其中生产区包括收乳间、原料预处理间、加工操作间、半成品储存间及成品包装间等。辅助生产区应包括检验室、原料仓库、材料仓库、成品仓库、更衣室及盥洗消毒室、卫生间和其他为生产服务所设置的场所。乳粉车间一般为双层厂房布置，一层包括原辅材料库、成品库、浓缩间、干燥间等，二层包括收奶间、CIP（就地清洗）间、车间办公室、化验室等。

四、冷链水产品加工与包装车间

近年来，水产品的机械化加工一直是水产品加工行业追求的目标。引进各种加工装备替代人工作业，能够解决加工效率与劳动力成本等问题。随着消费者对食品卫生与安全日益关注，水产加工企业的品控也不再局限于半成品与精深制品加工，已逐渐前伸至原料前处理环节。但不可否认，目前国内是水产加工企业的前处理加工装备普及率不高，对原料品质控制更是缺失。

目前，水产品加工技术相对落后，机械化程度有待完善和提高。原料入厂后，使用叉车送入堆放区，再经人工转运至各分拣整理台，由工人对原料分级分拣并清洗，再整理排列后摆放入冻盘，经转运工分批堆叠至转运架，待满载后由叉车送入速冻间进行码垛冻结。通过6～8h冷冻，鱼体中间温度达到−18℃以下，转运至包装区域，人工卸盘并放入常温水槽浸泡脱盘，再根据需要，冻品进入冰水浸泡池裹冰衣，或直接包装进入冷冻库。

冷冻水产品生产流程如下：原料入厂→叉车卸货→物料堆放→人工转运→分拣（分级）整理→清洗摆盘→快速冷冻→包装入库。

成规模的冷冻水产品加工车间可分为卸料堆放区、加工区、速冻区、包装区，各部分职能如下。

（一）卸料堆放区

原料运输车辆至物料窗口，卸料输送机进料端输送带通过入口外伸与车辆接驳，出料端与料仓进料提升机连接，原料直接输送进入原料仓暂存；加工前，原料经储仓出料口进入多层皮带输送系统转运，通过喷淋净化水对原料进行表面清洗，或进行低温水喷淋保鲜；随后经末端分配器，将原料输送至加工区各台生产设备。

（二）加工区

根据几种加工原料外形特征，在分级环节，选型两种不同分级原理（外形规格与单体重量）的设备进行机械化分级。在分级供料与原料摆盘环节，国内装备存在技术空白；国外有限几款自动排列整理设备，处理量也远无法达到使用要求，故采用人机结合的作业模式，即分级供料与排列摆盘采用人工作业，配置若干工位；原料在设备间转运则配置自动输送机构。

（三）速冻区

根据前道分级摆盘工艺，原料冻盘按规格连续转运进入速冻区。在速冻工艺方面，采用连续即时入库模式，对原料按规格分库速冻，并设置不同冷冻时间。根据原模式的库容使用率，同时考虑新工艺中冻盘转运平稳性要求，在设备选型方面，配套选型螺旋式连续输送机构替代传统转运货架，最大限度利用冷库空间；设计采用双螺旋结构，配置前后两座螺旋塔，实现冻盘进出冷库时均处于同一水平位置，保证冻盘的平稳输送。

（四）包装区

速冻后的原料通过冻盘实现外形一致，选型与冻盘规格配套的设备进行料盘分离、裹冰衣以及包装。

第二节　冷链食品加工及包装生产线

一、生产线及其特点

冷链食品加工及包装生产线是按照冷链食品的加工及包装的工艺过程，利用分流、合流、储存、传送等装置把冷链食品加工与包装机械以及辅助设备连接起来，所形成的有独立控制装置的生产系统。在生产线上，产品上线后，以一定的生产节拍，按照设定的工艺顺序，经过各个工位，完成预定的作业后下线。

生产线的自动化程度取决于人参与生产的程度。若产品只是由输送装置传送到各个工位，在工位上主要是由工人操作机器或工具来完成规定的任务，这样的生产线一般称为生产流水线，其自动化程度比较低。自动化生产线，产品自动地经过各个工位完成预定的工艺操作，工人不直接参与工艺操作，只是全面观察、分析生产系统的运转情况，定期地上、下料，对产品质量进行抽样检查，及时排除设备故障，调整、维修和保养设备，保证自动化生产线的连续运转。

采用自动化生产线组织生产，有利于应用先进的科学技术和现代企业管理技术，简化生产布局，减少生产工人数量以及中间仓库和产品的储备量，缩短生产周期，提高产品质量，提高劳动生产率，降低生产成本，改善劳动条件，促进企业生产实现现代化。但是，在同等条件下，自动化生产线的投入成本高，占地面积大，生产组织管理的水平要求高。随着计算机在加工及包装控制和管理上的应用，以及机械手、机器人在自动化生产线上的使用，自动化生产线得到不断完善，具有广泛的适应性和一定的柔性，朝着自动化车间和自动化工厂的方向发展，已发展成包括产品加工全过程、包装容器的成型与制造、包装材料的印刷与剪切、包装物品的自动称重与分拣等在内的完整的加工及包装工程综合自动生产线。

目前，我国在饮料、牛奶、卷烟、酒类、化肥、冷链食品等产品的生产方面具有不同规模、不同技术水平的流水线和自动化生产线，这些生产线在我国的国民经济发展中发挥了重要的作用，取得了良好的经济效益。

二、生产线的组成与分类

（一）生产线的组成

生产线主要由加工及包装机、输送储存装置、控制系统三大部分组成，如图 7-1 所示，其中，加工及包装机是生产线的最基本工艺设备，输送储存装置是必要的辅助装置，控制系统是指挥中心，三者组成一个有机的整体，完成确定的工作循环，并达到预定的生产数量和质量。

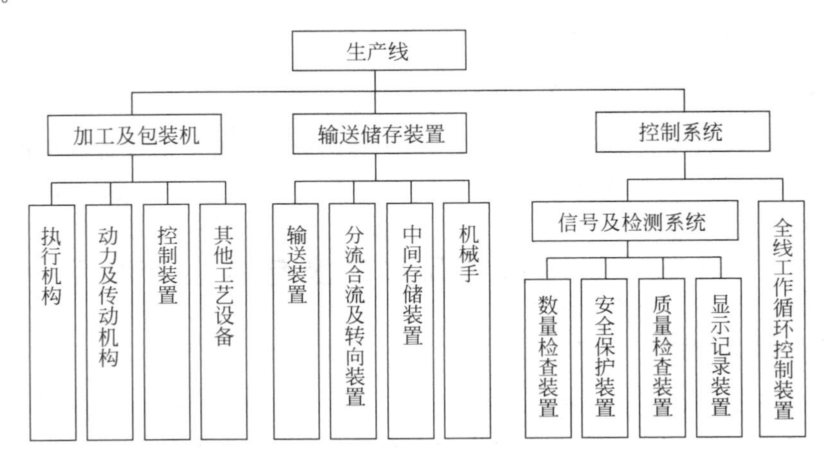

图 7-1 生产线的基本组成

控制系统操纵着各组成部分的工艺动作顺序与持续时间、预警与故障诊断等，环节多、系统复杂，其自动化程度、完善程度和可靠性直接决定着整条生产线的可靠性。在设计生产线的控制系统时，应遵循以下几个原则。

（1）满足生产线工作循环的要求并尽可能简单。

（2）控制系统的元件要耐用可靠，安装、调整、维修方便。

（3）线路布置要合理、安全，不能影响生产线整体效果和生产线的工作。

（4）在关键部位，对关键工艺参数（如压力、时间、行程等）要设置安全检测装置。

（二）生产线的分类

依据不同的分类方法，可将生产线分成不同的类型。

1. 按生产线设备排列形式分

按生产线设备排列形式，生产线可分为串联生产线、并联生产线和混联生产线三种类型。

串联生产线是单输入单输出系统。加工及包装机(主体设备)、输送、储存等辅助装置按照线型排列方式,一端进料,一端出料。

并联生产线是单输入多输出系统。加工及包装机(主体设备)、输送、储存等辅助装置按照一个输入、多个输出排列方式。一端进料,多端出料。

混联生产线是多输入多输出系统。由于生产线的输入端不仅有多种产品,还有包装材料,加工及包装机(主体设备)、输送、储存等辅助装置按照多个输入、多个输出排列方式,多端进料,多端出料。

2. 按生产线设备连接形式分

按生产线设备连接形式,生产线可分为刚性生产线、柔性生产线和半柔性生产线三种。如图 7-2 所示。

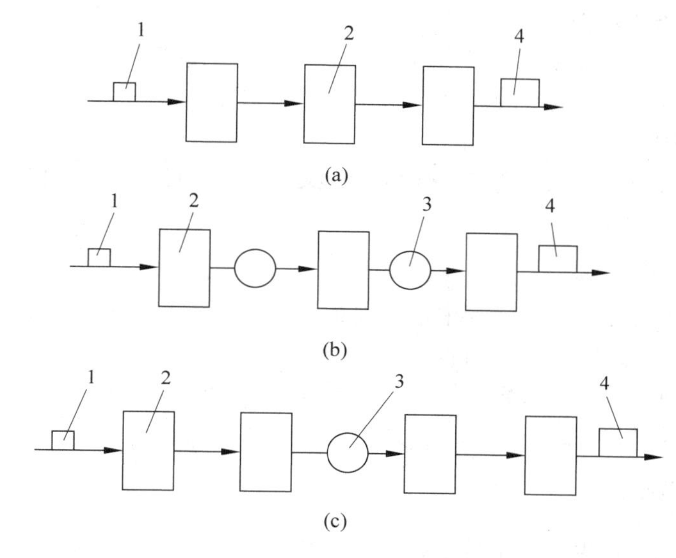

图 7-2　生产线设备连接

(a)刚性生产线;(b)柔性生产线;(c)半柔性生产线

1—被加工物品;2—加工机械;3—中间储存器;4—成品

图 7-2(a)是刚性生产线。它是指产品在完成前一道加工工序之后,立即由输送装置送至后一工序进行再次加工,在各机械之间没有储料装置,所有机器按同一节拍工作,当该生产线中有一台设备发生故障停车时,将会引起全生产线的停车。通常可靠性非常高的设备可采用该类生产线。

图 7-2(b)是柔性生产线。它是指产品在完成前一道加工工序的操作之后,经中间储存装置储存一段时间,然后根据需要由输送装置送至后一工序。由于各机械之间均设有储料装置,因此生产线上任意一台设备的停车,不会立刻影响生产线上其他设备的正常工作。

图 7-2(c)是半柔性生产线。它是指将整个生产线由若干个区段组成,每个区段内的各台机械间以刚性连接,各区段间为柔性连接,产品的生产在全线范围内既有刚性特征又有柔性特征。

对于生产线而言,需要根据设备、物料合理选择连接方式。一般而言,半柔性连接方式较为多见,以利用工序或工段之间的中间储存装置作为补偿环节。

3. 按生产线布置方式分

按生产线布置方式，生产线可分为直线型生产线、曲线型生产线、环线型生产线和树枝型生产线。

直线型生产线的输送装置布局成一条直线，各种加工机械布置在输送装置的两旁，被加工物由生产线的一端上线，由另一端下线。直线型生产线的结构简单，被加工物传送方便，生产线两旁的加工机械比较容易布置，但传动链较长，工位多时显得狭长。

曲线型生产线、环线型生产线与直线型生产线类似，仅是被加工物的输送依据不同的曲折线（如蛇形、U 形、之字形、环形等）输送。曲线型生产线和环线型生产线可以合理利用厂房的空间，结构布局比较紧凑，传动链相对集中，但需要增加导向装置和转向装置。

树枝型生产线可从不同位置上料，实现起来要复杂一些。

4. 按产品在生产线上的移动特征分

按产品在生产线上的移动特征不同，生产线可分为间歇运动型生产线、连续运动型生产线和间歇与连续组合型生产线。

第三节　冷链食品加工及包装的流程及设计

一、总体设计

生产线的总体设计是整个设计中最重要的环节，总体设计正确、合理与否，对生产线的生产效率、运行可靠性、设备复杂程度、成本造价、生产节拍等起着决定性的作用，也决定了整条生产线项目的成功与否。所以，在生产线设计的前期，应该投入大量的工作进行总体方案的规划设计。

（一）设计原则

是否可以正确地将生产线中各设备有机地结合起来，正确地发挥生产线的最大效能，是生产线的方案设计优劣的关键，它关系到企业的投入与产出，而方案设计原则是方案设计的核心，正确的原则才会产生优质的设计方案。因此，生产线的方案设计原则为：在充分满足系统功能的前提下，基于现代设计方法，结构简单，安全性高，人机界面良好，适应范围广，继承性强，创建人性化、悦人化的工作环境，低功耗、低成本，达到较大的满意度。图 7-3所示为生产线设计流程。

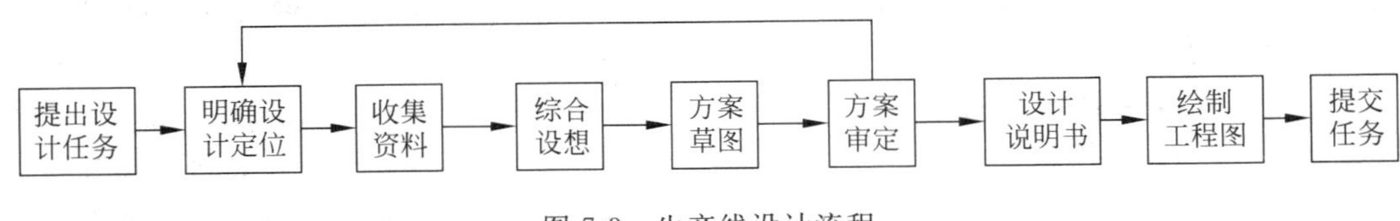

图 7-3　生产线设计流程

1. 现代设计方法

现代设计方法是指在设计生产线时基于现代设计方法，采用先进的设计理念，借助计算机辅助设计(CAD)，采用概念设计(conceptual design)、模型设计(model design)、结构与参数优化设计、运动学与动力学仿真、可靠性设计等基本方法，能够虚拟仿真各设备的运动学和动力学状态以及整条生产线的各段运行参数，真实呈现生产线运行效果。

2. 结构简单

要求生产线中的各设备设计、制作简单，维修方便，且系统自动化程度高。

3. 安全性高

针对一些高危、易爆性行业，在安全性设计上提出了更高的要求，所以在设计时不仅要求外购件选用特性器件，各设备结构与控制系统还应采用安全处理措施。

4. 人机界面良好

人机界面良好是指生产线控制系统的操作界面要求操作简单，操作者操作机器运用自如，除此以外，还应有权限识别、自学习、故障自动诊断与报警功能等。

5. 适应范围广

适应范围广即"一机多能"，是指针对用户要求生产线不仅能够适用某一类产品不同规格的加工及包装要求，还能够适用于同类其他物料的加工及包装要求。

6. 继承性强

继承性强指随着技术的改进与更新，生产线能够升级换代。

7. 创建人性化、悦人化的工作环境

创建人性化、悦人化的工作环境指在设计时需考虑到人即操作者的要素。人是生产线的主角，他的情绪状态关系到生产线能否正常工作，因此让操作者在一个整洁、干净、有序的工作环境中愉悦地工作，是设备安全、不出现操作事故的根本保证。

8. 低功耗、低成本

低功耗、低成本是生产线的基本要求。在充分满足系统功能的前提下功耗低是指设备的运行成本低，低成本是指设备投资费用低，只有这样，用户才能有较大的满意度。

（二）设计内容

1. 工艺路线的设计

工艺路线是进行生产线总体设计的依据，设计工艺路线时，应在保证产品质量的基础上，力求实现生产线的高效率、低成本、结构简单、便于自动控制等。

2. 生产线布置形式的选择

综合考虑被加工物的特点、生产能力、生产条件（如厂房面积）等诸多因素，分析不同类型生产线的优缺点，确定生产线的布置形式。

3. 生产节拍、输送速度的确定

根据生产能力、生产线布置形式、工位最长工艺时间以及工件传送的平稳性要求，确定间歇型生产线的生产节拍或连续型生产线的输送速度。

4. 控制系统的确定

根据生产线的特点，确定生产线的控制是采用 PLC 控制（可编程逻辑控制）还是采用计算机控制，是采用时序控制、行程控制还是采用混合控制，是采用集中控制还是采用分散控制，是采用机械控制、流体控制还是采用电器控制等。根据生产线的工艺流程图和工作循环图，确定控制系统的逻辑关系。

二、工艺路线设计

工艺路线是生产线总体设计的依据，它是在调查研究和分析的基础上确定的。设计工艺路线时，应在保证产品质量的基础上，力求高效率、低成本、简化结构，便于实现自动控制、维修和操作等。根据生产线的运行和工艺特点，在设计工艺路线时应注意如下问题。

（一）满足工序的集中与分散

冷链食品加工及包装工序的选择常采用工序集中与工序分散两种方式。

对于工序的集中和分散，应根据生产线的特点，全面、综合地比较哪种方案更能保证生产质量、提高生产率、降低成本等，力求方案最佳。

采用工序集中，可减少中间输送、储存、转向等环节，使工序得以简化，缩减生产线的占地面积。但是，工序过分集中，会对工艺过程增加更多的限制，降低生产线的通用性，增加机构的复杂程度。所以，在采用集中工序时，应保证调整维修方便、运行可靠、有一定通用性等。

采用工序分散，可以将操作分散在几个工序上同时进行，使工艺时间重叠，提高生产率，便于平衡工序的生产节拍。此外，工序分散可减小机构的复杂程度，提高工作可靠性，便于调整和维修等。但生产线占地面积大，过分分散也使得成本增加、经济效益低。

（二）平衡工序的节拍

影响生产线工作效率的因素很多，但在生产线关键设备确定后，其生产线的工作理论效率可以说已经确定。在生产线运行过程中，理论效率与实际工作效率有时差别很大。假如生产线无故障，那么影响生产线实际工作效率的关键因素就是生产线各工序段的工作节拍（或工作周期）。

平衡工序的节拍是制订生产线工艺方案的重点之一。各台机器具有良好的同步性，对于保证生产线连续协调地生产非常重要。平衡节拍时，应反对压抑先进、迁就落后的平衡办法。具体应采取如下措施。

（1）将生产工艺过程细分成简单工序，再按工艺的集中、分散原则和节拍的平衡，合为一定数量的合理工序。

（2）受条件限制，不能使工序节拍趋于一致时，则尽可能使其成倍数，利用若干台机具并联达到同步的目的。

（3）采用新技术，改进生产工艺，从根本上消除影响生产率的工序等薄弱环节。

（三）选择工艺路线的形式

工艺路线的形式多种多样，常见的有直线型、台阶型、回转型和组合型。不同类型的工艺路线，具有不同的优缺点，直接影响到生产线的结构布局，设计选用时要综合考虑各种因素。

（四）合理选择包装材料和包装容器

针对包装物料特性和生产设备类型，选择合理的包装材料和包装容器。例如：固体包装机中采用卷筒包装材料，有利于提高包装机的速度；对于衣领成型器，宜选用强度较高的复合包装材料；制袋—充填—封口机所使用的塑料薄膜应预先印上位色标，以保证包装件的正确封切位置；自动灌装机中为使灌装机连续稳定运行，瓶口的形状与尺寸应符合精度的要求等。

总之，工艺方案的选择与设计是一个非常复杂的工作，设计者必须从产品质量、生产成本、可靠性、劳动条件和环境保护等诸方面综合考虑，同时拟订几个不同方案，进行分析对比，在必要的试验之后，进行适当修改和综合，最后确定一种合理的方案。所制订的工艺方案应先进、可靠、切实可行；在保证产品质量的前提下，力求提高生产率；生产线结构应简单、便于操作和维修等。在生产线方案设计中，物料输送系统设计及其工艺设置应考虑厂房空间合理利用、安全疏散通道畅通、厂房内部整洁。应当指出，工艺方案的合理性并非一成不变，它应随着生产的发展和条件的变化而变化。

三、工艺原理图设计

工艺原理图亦称为工艺流程图，是生产线设计的重要内容之一，是后续总体结构设计、设备选型的基础与前提。工艺原理图必须形象、简练而清楚。根据工艺原理图，大体上可确定生产线的运动特征、工作循环和总体布局方案等，具体应体现出被加工物的大概特征和工艺路线、具体工艺方法和工艺过程、工位等。

四、设备选型

设备选型就是从多种可以满足生产需要的不同型号、不同规格的设备中，经过技术分析、综合评价和比较，选择出最适合生产线的设备，使有限的投资发挥最好的经济效益。

设备选型时应该遵循生产适用、技术先进、经济合理的原则，这三项原则相互制约。设备选型时应权衡三大原则，综合考虑以下因素。

（一）设备的技术先进性

在生产适用的前提下，根据企业实际发展的需要，尽可能选择生产能力较高、技术先进的新型设备。一般地，大型生产企业，应该选择自动化程度高、生产能力相配套的生产线。对多品种、产品变化快的企业，应该选择适应范围广的组合生产线，以适应生产工艺变化快的需求。

（二）设备的可靠性

设备的可靠性很大程度上取决于设备的设计和可靠度。选择设备时必须考虑设备结构的合理性、设备自身的防护性、设备控制的合理性和设备的可靠度。

（三）设备的经济性

衡量生产线上设备的经济性，应以设备的寿命周期为依据。一方面对选型方案做周期费用比较，另一方面用价值工程学知识做选型方案的投资效益分析比较，以选择经济上最为合理的方案。

（四）设备的消耗性

在保证产品生产的前提下，尽量降低电力等能源的消耗和原材料的消耗，提高材料的利用率，尽量减少对环境资源、生产物品的破坏。

（五）设备的操作性、安全性

设备应该适合人性化安全操作，达到最佳的宜人状态。设备的操作结构应符合人机工程学的要求，方便操作，设备的显示系统应直观、准确，设备应具有安全保护和自锁功能。

（六）设备的成套性

设备的成套性和生产线的生产能力关系密切，是实现生产能力的重要标志，主要包括单机配套性、机组配套性和项目配套性。

（七）设备的灵活性

设备的灵活性主要指设备的适应性能和通用性能，包括设备适应不同工作环境的能力、适应生产能力波动变化的能力、适应不同规格产品生产工艺要求的能力。

（八）设备的维护性

设备的结构应合理且简单，便于安装、检查和维修；设备的结构应先进，尽可能采用参数自动调整机构、误差自动补偿机构；标准性和互换性好，减少加工零件，多选用标准零部件；模块化组合设计等。

总之，选择生产线设备时要综合考虑，对工艺难度大、要求较高的设备，适当加大投资，选择技术先进、工作性能好、自动化程度高的机器；对工艺要求简单、加工要求低的辅助设备，在满足使用要求的条件下，减少投资。

五、设备布局设计

工艺路线和设备确定后，生产线中根据工艺和生产能力、采用的机具种类和台数、输送装置的串并联次数与台数、转向装置的转向次数与台数、分流合流的次数等的不同，对生产线的设备布局进行总体设计，即对被加工物料、加工方式、工艺过程和生产设备等作出平面与空间位置的统筹安排，形式可以是灵活而多样的，设计者要根据简便、实用、经济等原则，合理解决好生产线在车间中的排列走向和安装位置等问题，力求方案最佳，并为以后的技术改造留有余地。设备布局一般包括平面布置和立面布置。实际上每条生产线布置方案中，这两种布置方式都需要。

（一）平面布置

平面布置应力求生产线短、布局紧凑、占地面积小、整齐美观以及调整、操作、维修方便。在绘制平面布置图时一般是根据立面图中的标高，绘出该标高内的各设备布置。生产线的排列有多种形式布置，如直线型、直角型或框型等。至于采用何种形式布置，需要综合考虑诸如车间平面布置、柱子间距、各台设备的外形尺寸和生产能力、输送机形式等多种因素。另外，生产线要便于操作和实现集中控制，各运动部件间、各单机间、机器与墙壁间以及生产线之间，要根据实际情况留出适当的距离。图 7-4 为瓶装啤酒自动包装生产线布置示意图，由于生产工艺要求、厂房布局等多种因素不同，采用了不同的设备布置方式。

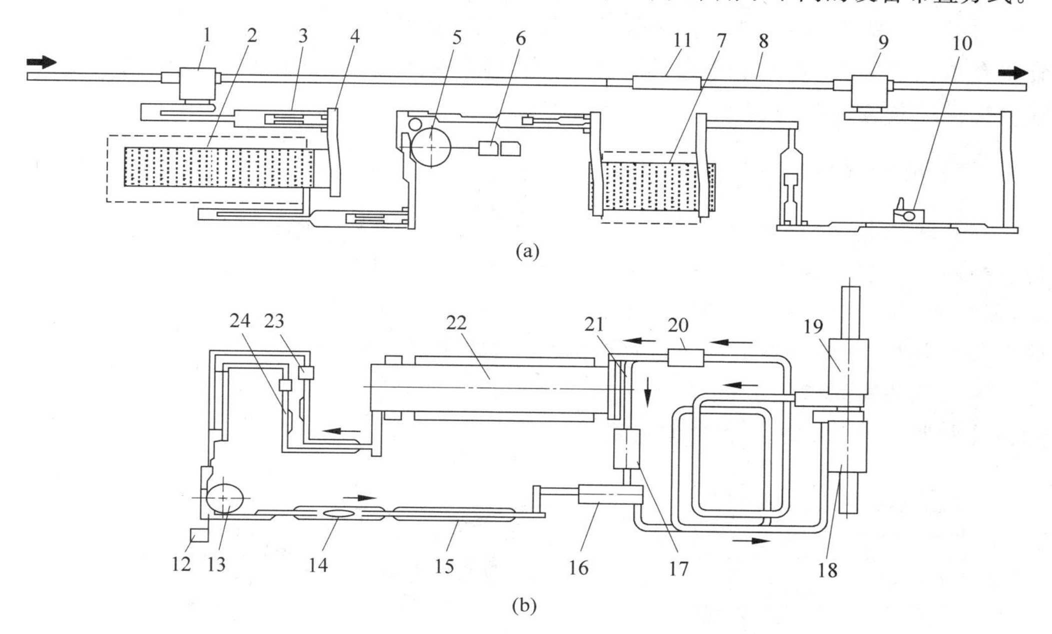

图 7-4　瓶装啤酒自动包装生产线布置示意图

(a)生产能力 350 瓶/min，640ml/瓶；(b)生产能力 300 瓶/min，640ml/瓶

1—卸瓶机；2、22—洗瓶机；3—验瓶机；4—瓶传送带；5、13—灌装封盖机；6、12—瓶盖料仓；7—喷淋机；8—瓶箱传送带；9、17—洗箱机；10—贴标机；11、16—装箱机；14—灌后检查；15—理瓶机；18—码垛机；19—卸垛机；20—取瓶机；21—传送带；23—空瓶检验机；24—灯检机

（二）立面布置

在立面布置中，要在立面图上标出每层设备安装的标高，并要注意综合考虑工艺路线的特点，厂房大小及高度，设备外形尺寸及重量，人员行走方便、卫生、安全等诸多因素，力求降低成本、因地制宜，灵活安排。

六、辅助装置设计

输送、储存等辅助装置是生产线的重要组成部分，包括输送装置、分流合流装置、变向装置、中间储存装置等，必须根据工艺要求和总体布局加以设计和选用。

（一）输送装置

生产线采用输送装置的目的，在于将所配备的全部设备有机地联系起来而成为一个工作整体，它负责被加工物品、包装材料等在生产线上的传送以及成品的输出、次品的输出等。

设计输送装置时需对被加工物品的形状、特性、包装材料等进行充分的研究。组成生产线时，要考虑物料能否以稳定正常的状态进入下道工序。不稳定形状的包装物容易出现异常传送现象，也易导致故障的产生。

根据输送驱动力的不同，输送装置一般可分为重力式和动力式两大类。常见的输送装置有重力滑道式、重力滚道式、带式输送式、链条输送式、板链输送式、辊轴输送式、螺杆式分件供送装置等类型。

（二）分流、合流装置

在并联或混联生产线中，为确保后续工序的完成和生产线各设备的协调工作，必须配备适当的分流装置和合流装置，将输送带上的物品有规律地分配到若干条并联式输送带上，或将若干台设备上完成相应工序的物料汇集于一条输送带上，再转运到后续工位。后序设备为并联的，应配备分流装置；前序设备为并联，后序为串联的，则应配备合流装置。分流或合流装置因被加工物、加工工艺、设备布局的不同而种类繁多。图 7-5 和图 7-6 所示为几种典型的分流装置和合流装置。

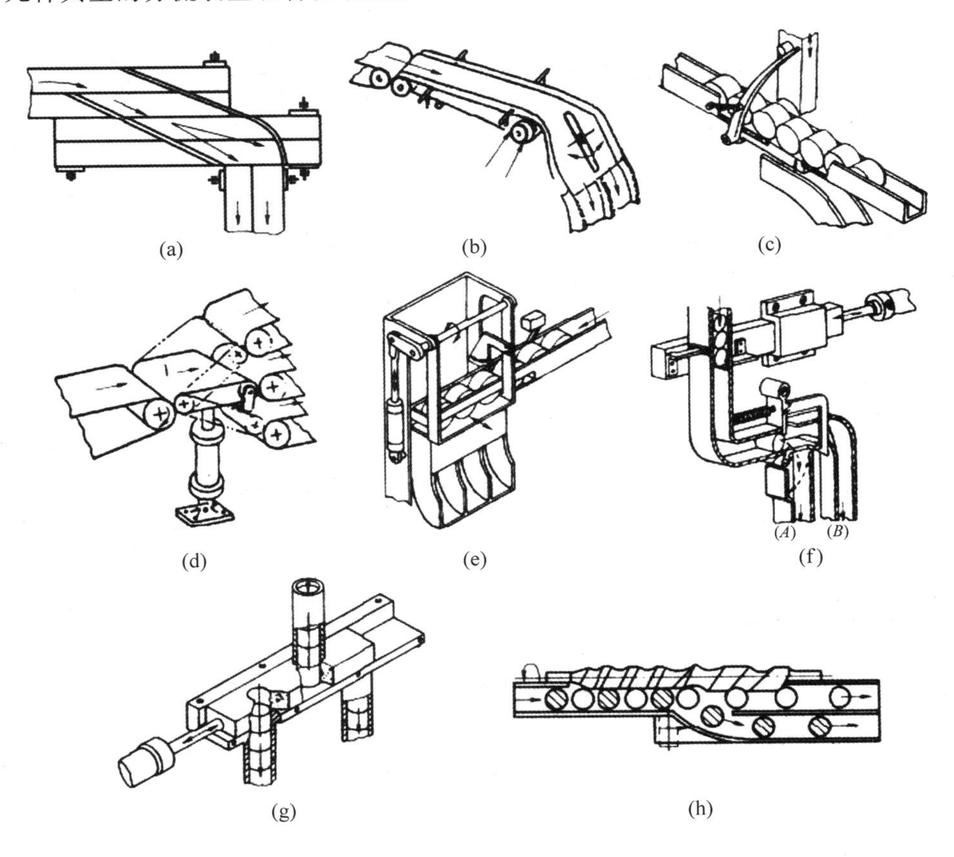

图 7-5　分流装置

(a)链带式；(b)摆动挡板式；(c)下压式；(d)摆动输送带式；(e)活门式；(f)选别外径式；(g)滑板式；(h)螺杆式

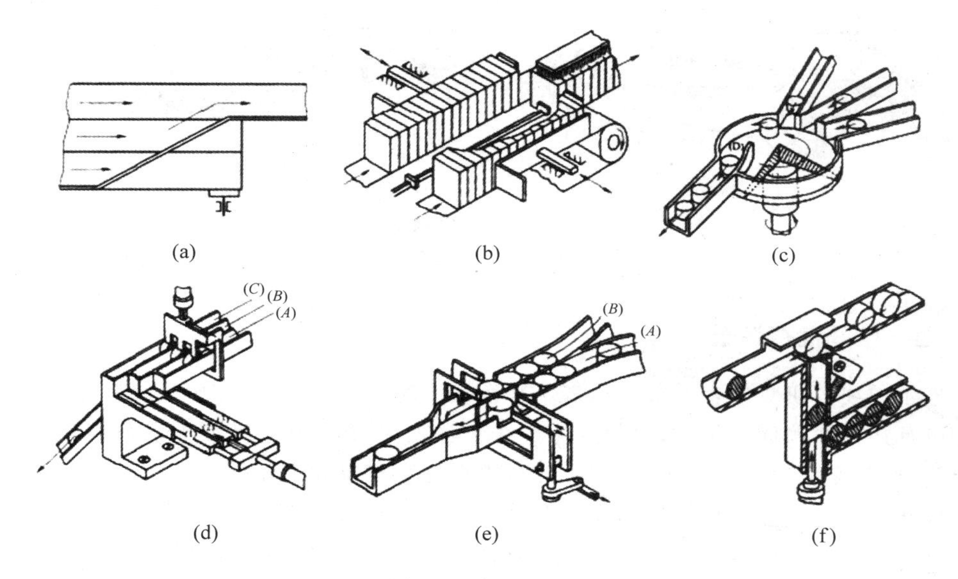

图 7-6 合流装置

(a)挡板式；(b)推板式；(c)回转锥盘式；(d)往复式；(e)梭板分离式；(f)上下合流式

（三）变向装置

按工艺路线和设备布局的要求，输送中的被加工物品需要改变前进的运动方向或姿态，完成诸如转弯、转向、翻身、掉头等单独动作或组合的变向动作，这时，必须配备适当的变向装置。图 7-7 和图 7-8 为几种典型的变向装置和翻转装置。

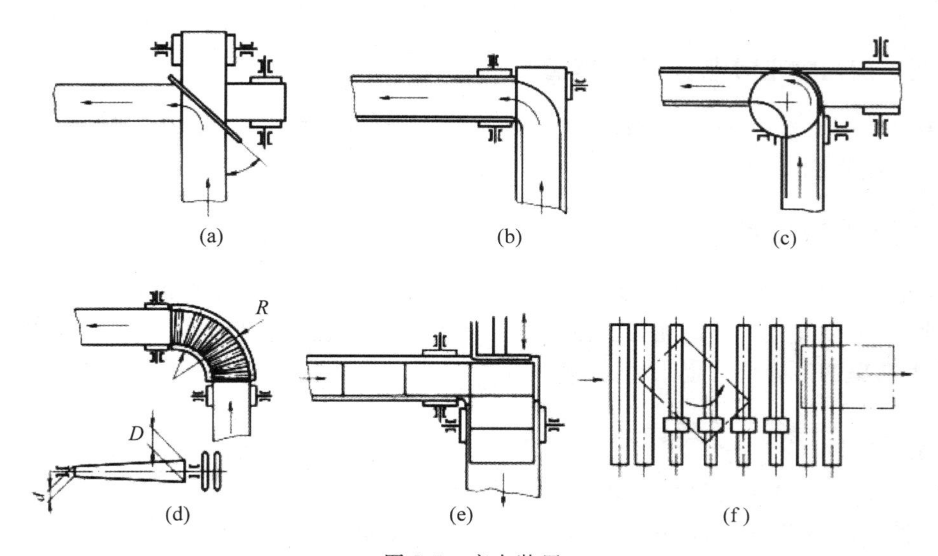

图 7-7 变向装置

(a)挡板式；(b)导板式；(c)转盘式；(d)锥辊式；(e)推板式；(f)偏置辊轴式

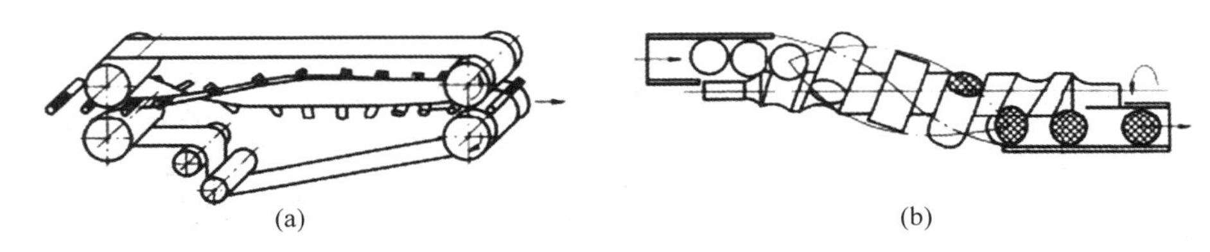
(a) (b)

图 7-8 翻转装置
(a)扭曲带式；(b)螺杆导轨式

（四）中间储存装置

当生产线各机具的生产节拍出现不平衡状态时，或某台机具需更换材料而停机时，或某台机具遇到故障而停机时，为保证生产线正常工作，必须在生产线上设置相应的中间储存装置，使其变成柔性或半柔性的生产线，以提高生产率和产品质量。

因此，为了防止运行率降低，在机器之间连接部位设置缓冲单元，如果下道工序的机器短时间内因故障而停机，从前道工序排出的制品则进入缓冲单元储存起来，等机器正常工作后再顺次进行作业。而当前一道工序的机器出现短时间故障时，缓冲单元储存的制品仍可供给后一道工序的机器进行正常作业。采取这样的措施，生产线的总运行率与单机的运行率大致相近。

缓冲储存器可做成中间料仓式，也可加长输送带，使其具有输送和储存的双重功能。生产线的实际生产能力与储存器的容量、设备的可靠性有关。设备可靠性越高，缓冲储存器的容量可越小，越可以采用刚性生产线。若缓冲储存器具有无限大的容量，则生产线中各区段是完全独立的。但是，缓冲储存器容量的过度增大是不现实的，也不经济。因此，在实际设计生产线时，应本着简单、可靠的原则，合理确定缓冲储存器的最佳容量。

（五）房内需布置电缆、气管沟槽

为保证车间整洁，便于打扫，利于管理，与各个设备相连的各类电缆线和进、排气管都要预埋入地下。

七、生产线的生产率

生产率是生产线的一项重要技术指标，应研究影响生产率的主要因素，以便掌握其内在规律，寻求提高生产率的途径。生产线由多台机具按生产工艺流程组成，组成的方式不同，其生产率的计算公式也不相同。

（一）生产线的生产率计算

1. 柔性生产线的生产率计算

柔性生产线在各组成机具之间设置了中间储存器，任何一台单机的停机并不会使整条生产线停机，生产线的生产率和费时最多单台机具的实际生产率相同，可表示为

$$Q=\frac{1}{T_k+T_i+\sum T_n} \tag{7-1}$$

式中：Q 为生产线的生产率；T_k 为费时最多的单台机具工作循环内的基本工艺时间；T_i 为工作循环内的辅助操作时间；$\sum T_n$ 为循环外损失时间之和。

2. 刚性生产线的生产率计算

刚性生产线由输送系统和控制系统将各组成机具直接连接，各台机具按同一节拍工作，一台机具因故障停机会导致生产线全线停机。生产线的生产率与最后一台机具的生产效率相同，可表示为

$$Q=\frac{1}{T_k+T_i+q\sum T_n} \tag{7-2}$$

式中：q 为组成生产线的机具的台数。

由式(7-2)可看出，生产线的单机台数越多，整体生产线的生产率就越低。因此，在实际生产中，组成生产线的机具台数不应太多。

（二）影响生产线生产率的因素

(1) 对于刚性生产线的实际生产率，随着机具台数的增加，生产率相应提高，但不是简单的正比关系。当台数增加到一定数量后，再增加机具台数，生产率反而下降。这主要是因为循环外时间损失成为影响生产率的主要因素。

(2) 对于柔性生产线，随着机具台数的增加，生产率初始提高得很快，随后变得缓慢，直至稳定。在循环外时间损失相同的条件下，柔性生产线的生产率总高于刚性生产线。

(3) 对于半柔性生产线，其分段数对生产率有直接影响，生产线分段时，应有利于减小循环外时间损失，提高生产率。

（三）提高生产线生产率的途径

(1) 可以看出，减小机具的 T_k、T_i、$\sum T_n$ 可以提高生产率。因此，应采用先进设备，提高设备本身的可靠性，减少调整、维修时间。

(2) 设计时应尽量使机具的辅助操作时间 T_i 与基本工艺时间 T_k 全部或部分重合；对不能重合的空程运动，尽量提高其工作速度，或采用慢进快退的运动机构。

(3) 用连续型机具，尽可能减少或消除辅助操作时间。

(4) 增加机具台数可提高机具的工艺速度，减小基本工艺时间，提高生产率。但随着台数的增加，生产线出现故障的概率增大，时间损失增大，生产率反会降低。

(5) 将工艺时间较长的工序采用若干台机具并联完成，或者分散到若干个工位上联合完成。

(6) 尽量采用能满足自动操纵和连锁保护的电器设备控制系统，设置必要的自动检测系统，实行故障自动诊断、自动排除、自动报警等自动保护，减少因故障造成的停机损失。

(7) 加强对生产线上设备的计划检修和维护保养，减少设备的故障次数。

(8) 提高生产者和组织者的操作水平与管理水平，尽量消除人为因素造成的影响和损失。

第四节　冷链食品加工及包装环境卫生要求

一、工厂卫生设施

食品卫生安全是涉及消费者身体健康的大问题，也是一个关系到市场准入、外贸产品出口的国际性规范和经济效益的重要问题。食品卫生不仅直接影响产品的质量，而且关系到人民的身体健康，是一个关系到工厂生存和发展的大问题。

为了防止食品在生产加工过程中受到污染，冷链食品工厂的设计和建设，一定要从厂址选择、总平面布置、车间布置、施工要求到相应的辅助设施等方面加以重视，严格按照GMP(作业规范体系)、HACCP、QS(质量标准)等标准规定的要求进行周密的安排，并在生产过程中严格执行国家颁布的食品卫生法规和有关食品卫生条例，以保证食品的卫生质量。

我国加入世界贸易组织(WTO)后，食品进出口贸易正逐年加大，食品标准必须与国际标准接轨，这就要求工厂设计时的理念以及依照的规范和国际通行的设计规则标准接轨。

(一) 厂址选择的卫生要求

在选择厂址时，既要考虑来自外环境的有毒有害因素对食品可能产生的污染，又要避免生产过程中产生的废气、废水和噪声对周围居民产生的不良影响。综合考虑食品企业的经营与发展、食品安全与卫生以及国家有关法律、法规等诸多因素，冷链食品加工企业厂址选择的一般要求如下。

(1) 要选择地势干燥、交通方便、有充足水源的地区，厂区不应设于受污染河流的下游。

(2) 厂区周围不得有粉尘、有害气体、放射性物质和其他扩散性污染源；不得有昆虫大量滋生的潜在场所，避免危及产品卫生安全。

(3) 厂区要远离有害场所，生产区建筑物与外缘公路或道路应有防护地带，其距离可根据冷链食品工厂的特点由各类食品工厂卫生规范另行规定。

(二) 工厂总平面布局的卫生要求

厂内布局首先必须注意污染源及被污染的问题，目的是防止外环境对食品的污染，具体要注意以下几点。

(1) 厂区周围不得有污染食品的不良环境，同一工厂不得兼营有碍食品卫生的其他产品。

(2) 冷链食品工厂应根据本厂特点制订整体规划。总平面的功能要分区明确、布局合理，划分生产区和生活区，生产区(包括生产辅助区)不能和生活区穿插，应在生活区的下风向。如果生产区中包含职工宿舍，两区之间要设围墙隔开。

(3) 建筑物、设备布置与工艺流程三者衔接合理，建筑结构完善，并能满足生产工艺和质量卫生要求；原料仓库、加工车间、包装间及成品库等的位置符合操作流程，不应迂回运输；原料和成品，生料和熟料不得交叉污染。建筑物和设备布置还应考虑生产工艺对温度、湿度及其他工艺参数的要求，防止毗邻车间受到干扰。

（4）厂区道路应平坦、通畅，便于机动车通行，有条件的应修环形路且便于消防车辆到达各车间；道路由混凝土、沥青及其他硬质材料铺设，防止积水及尘土飞扬。

（5）厂房之间、厂房与外缘公路或道路之间应保持一定距离，中间设绿化带，各车间外裸露地面应进行绿化。

（6）给排水系统应能适应生产需要，设施应合理有效，经营保持畅通，有防止污染水源及鼠类、昆虫通过排水管道潜入车间的有效措施，净化和排放设施不得位于生产车间主风向的上方，污物（加工后的废弃物）存放应远离生产车间，且不得位于生产车间上风向。工厂污水应经处理后才能排放，排放水质应符合国家环保要求。

（7）厂区厕所应有冲水、洗手设备和防蝇、防虫设施，其墙裙应砌白色瓷砖，地面要易于清洗消毒，并保持清洁。

（8）锅炉烟筒高度和排放粉尘量应符合 GB 3841 的规定，烟道出口与引风机之间须设置除尘装置，其他废气也应达标后再排放，防止污染环境；排烟除尘装置应设置在主导风向的下风向。季节性生产厂应设置在季节风向的下风向。

（9）肉类加工厂要具备与生产能力相适应的屠宰加工、分割、包装等车间；有副产品加工专用车间；有专门收集并能及时处理消化道内容物、粪便和不供食用的下脚料场地。实验动物以及待加工禽畜饲养区应与生产车间保持一定距离，并有饮水设备和排污系统，且不得位于主导风的上风向。垃圾和下脚废料应在远离食品加工车间的地方堆放，必须当天清理出厂。

（10）厂区分设人员进出、成品出厂与畜禽进厂、废弃物出厂的 2～3 个大门。也可将人员进出门与成品出厂门设在同一位置，隔开使用，但垃圾和下脚料等废弃物不得与成品在同一个门内出厂。在畜禽进厂处，应设有与门宽相同，长 3m、深 10～15cm 的车轮消毒池，应设有畜禽运输车辆的清洗、消毒场所和设施。

（三）厂区内部建筑设施的卫生要求

生产车间的配置可在多层建筑中垂直配置，也可在单层建筑（平房）中水平配置。垂直式即按生产过程从原料到成品自上而下地配置，做到原料与成品及污物的隔离。平房占地面积多且安装上下水和电线时多费管线，增加了工厂配备各种卫生技术设备的困难，但平房通风采光好。无论何种配置方式，均应符合下列基本卫生要求。

（1）对于冷链食品企业，车间面积必须与生产能力相适应，便于生产顺利进行；生产厂房的高度应能满足工艺、卫生要求，以及设备安装、维护和保养的需要。

（2）生产车间人均占地面积（不包括设备占位）不能少于 1.5m^2，高度不低于 3m，地面应使用不渗水、不吸水、无毒、防滑材料（如耐酸砖、水磨石、混凝土等）铺砌，应有适当坡度，在地面最低点设置地漏，以保证不积水，其他厂房也要根据卫生要求进行设置。

（3）屋顶或天花板应选用不吸水、表面光洁、耐腐蚀、耐高温、浅色材料覆涂或装修，要有适当的坡度，在结构上减少凝结水滴落，防止虫害和霉菌滋生，以便于洗刷消毒。

(4) 生产车间墙壁要用浅色、不吸水、不渗水、无毒材料覆涂，并用白瓷砖或其他防腐蚀材料装修，高度不低于 1.5m 的墙裙，墙壁表面应平整光滑，其四壁和地面交界要呈弧形，防止污垢积存，并便于清洗。

(5) 车间门、窗要严密不变形，防护门要能两面开，设置位置适当，并便于卫生防护设施的设置，窗台要设于地面 1m 以上，内侧要下斜 45°。非全年使用空调的车间的门、窗应有防蚊蝇、防尘设施，纱门应便于拆下洗刷。

(6) 通道要宽敞，便于运输和卫生防护设施的设置。楼梯、电梯传送设备等处要便于维护和清扫以及洗刷和消毒。

(7) 生产车间、仓库应有良好通风，并远离污染源和排风口，开口处应设防护罩，饮料、熟食、成品包装等生产车间或某些工序用室必要时应增设水幕、风幕或空调设备。

(8) 车间或工作地点应有充足的自然采光或人工照明，位于工作台、食品和原料上方的照明设备应加防护罩。

(9) 建筑物及各项设施应根据生产工艺卫生要求和原材料储存等特点，相应设置有效的防鼠、防蚊蝇、防尘、防飞鸟、防昆虫的侵入、隐藏和滋生的设施，防止受其危害和污染。

(四) 车间生产卫生用室的卫生要求

食品工厂应设置生产卫生用室(浴室、更衣室、盥洗室、洗衣房)和生活卫生用室(休息室、食堂、厕所)，更衣室和休息室可合并设置。对食品工厂而言，生产卫生用室尤为重要，它直接影响生产卫生水平及产品卫生质量，工人上班前在更衣室内完成个人卫生处理后方可进入车间从事食品生产，因此更衣室、盥洗室等生产卫生用室又可称为"卫生通过室"，其面积一般可按 0.3～0.4m^2/人安排。

洗手设施应分别设置在车间进口处和车间内适当的地点，要配备冷热水混合器，其开关应采用非手动式，洗手设施还应包括干手设备(热风、消毒干毛巾、消毒纸巾等)。根据生产需要，有的车间、部门还应配备消毒手套，同时还应配备足够数量的指甲刀、指甲刷和洗涤剂、消毒液等，生产车间进口必要时还应设有工作靴、工作鞋、消毒池。

更衣室应设储衣柜或衣架、鞋箱(架)，衣柜之间要保持一定距离，如采用衣架应另设个人物品存放柜，还应备有穿衣镜，供工作人员自检用。

厕所应设置在车间外侧，并一律为水冲式的脚踏式抽水便池和备有肥皂的脚踏式流水洗手池(有条件可设置杠杆式、感应式或光电式继电器自动开关)，且要有排臭装置。其出入口不得正对车间门，要避开通道；其排污管道应具有 U 形水封，防止下水道内臭气向上扩散，下水管直接通往室外的阴沟线，不准在车间地面下穿行，厕所也尽量考虑采用自然通风设施，避免间接采光，墙裙和地面建材也应采用瓷砖(磨光水泥)和磨石子。

(五) 加工卫生要求

(1) 同一车间不得同时生产两种不同品种的食品。

(2) 加工后的下脚料必须存放在专用容器内，及时处理，容器应经常清洗、消毒。

(3) 肉类、罐头、水产品、乳制品、蛋制品、速冻蔬菜、小食品类加工用容器不得接触地面。在加工过程中，做到原料、半成品和成品不交叉污染。

(4) 冷冻食品工厂还必须符合下列条件。

① 肉类分割车间，须设有降温设备，温度不高于20℃。

② 设有与车间相连接的、相应的预冷间、速冻间、冻藏库。其中，预冷间温度为0～4℃。速冻间温度在－25℃以下，冻制品中心温度(肉类在48h内，禽肉在24h内，水产品在14h内)下降到－15℃以下。冻藏库温度在－18℃以下，冻制品中心温度在－15℃以下，冻藏库应有温度自动记录装置和水银温度计。

（六）食品仓库的卫生要求

食品仓库按库内所需温度可分为常温库、冷藏库和高温库，建筑设计除参照食品车间的卫生要求外，还需注意以下几个方面。

(1) 防潮。许多种食品易从空气中吸收水分，为保证库内干燥，建筑结构上的防潮十分重要。为使库内存放的干燥食品得到通风，堆放要有足够的间隙，要与墙、地保持一定距离，因此要求仓库适当宽敞且安装通风设备。

(2) 保持低温和恒湿。从生产到销售各环节，最好保持冷链条件，对储存来说，恒定的低温尤为必要，如低温食品骤然遇到暖风，表面极易凝结水滴或加大水分蒸发量而使质量发生变化，仓库应经常记录温湿度，并装置降温吸湿等调节温湿度的设备。

(3) 仓库方向朝北为好，且要设置防光窗帘，因直射光线能加速食品的腐败变质。在北方，冬季应加强防风措施，可设二重门、二层窗或加设防风门斗、热空气幕、外室等。

(4) 应设单间或隔离室。因食品易吸附异臭而持久地保留于其中，因此不同种类的食品应分类存放，以做到食品与非食品，原料与半成品、成品，质量存在问题的食品与正常食品，短期存放食品与较长时间存放的食品，散发特异气味的食品(海产品、香辛料)与易吸收气味的食品(面粉、饼干)分别存放或进隔离室。

(5) 冷藏库应设置预冷间。大块食品要先行预冷，因为在冰点以下时大块食物中心不能及时冷却，在夏季易发生腐败变质。

(6) 高温库在冷链食品加工厂不常见。特殊情况如有需要，与冷库一样，其建筑材料的隔热性能要好，库内也必须装置调节温湿度的设备。

（七）食品工厂常用的卫生消毒方法

食品工厂的消毒工作是确保食品卫生质量的关键，食品工厂各车间的桌、台、架、盘、工具和生产环境应每班清洗，定期消毒，常用的消毒方法有物理消毒法和化学消毒法两类。

1. 物理消毒法

常用的物理消毒法有煮沸法、蒸汽法、流通蒸汽法、紫外线消毒法、臭氧消毒法等。

(1) 煮沸法。煮沸法适用于小型的食品容器，将被消毒物品置于锅内，加水加热煮沸，水温达到100℃，持续5min。

(2) 蒸汽法。蒸汽法适用于大中型食品容器、散装啤酒桶、各种槽车、食品加工管道、墙壁、地面等，蒸汽温度100℃，持续5min。

(3) 流通蒸汽法。流通蒸汽法适用于饭店、食堂餐具消毒,用蒸笼或流通蒸汽灭菌器灭菌,蒸汽温度90℃,持续15～20min。

(4) 紫外线消毒法。紫外线消毒法适用于加工、包装车间的空气消毒,也可用于物料、辅料和包装材料的消毒,但应考虑到紫外线的照射距离、穿透性、消毒效果以及对人体的影响等。此外,如果紫外线直接照射含脂肪丰富的食品,会使脂肪氧化产生醛或酮,形成安全隐患,因此在使用时要加以注意。

(5) 臭氧消毒法。臭氧消毒法适用于空气杀菌、水处理等,但臭氧对人体有害,且会破坏食品的营养成分,故对空气杀菌时需要在生产停止时进行,对连续生产的场所不适用。

2. 化学消毒法

化学消毒法是使用各种化学药品、制剂进行消毒的方法,各种化学物质对微生物的影响是不相同的,有的可促进微生物的生长繁殖,有的可阻碍微生物新陈代谢的某些环节,呈现抑菌作用,有的使菌体蛋白变性或凝固而呈现杀菌作用。化学消毒法是指对消毒物品用消毒剂进行清洗或浸泡、喷洒、熏蒸,以达到杀灭病原体的目的,常用的化学消毒剂有漂白粉、烧碱溶液、石灰乳、消石灰粉、高锰酸钾、酒精、过氧乙酸等。

(1) 漂白粉。漂白粉适用于无油垢的工具、器具、操作台、墙壁、地面、车辆、胶鞋等。使用浓度为0.2%～0.5%。

(2) 烧碱溶液。烧碱溶液适用于有油或浓糖玷污的工具、器具、机械、墙壁、地面、冷却池、运输车辆、食品原料库等。使用浓度为1%～2%。

(3) 石灰乳。石灰乳适用于干燥的空旷地。使用浓度为20%。

(4) 消石灰粉。消石灰粉适用于潮湿的空旷地。

(5) 高锰酸钾。高锰酸钾适用于水果和蔬菜的消毒。使用浓度为0.1%～0.2%。

(6) 酒精。酒精适用于手指、皮肤及小工具的消毒。使用浓度为70%～75%。

(7) 过氧乙酸。过氧乙酸是一种新型高效的消毒剂,适用于各种器具、物品和环境的消毒。使用浓度为0.04%～0.2%。

二、环境保护

环境保护是指采取法律的、行政的、经济的、科学技术的措施,合理地利用自然资源,防止环境污染和破坏。而环境污染就是指大气、水、土壤等环境要素的物理、化学或生物特征的一种不良变化,这种变化可能不利于人的生命或其他良好物种的生命以及工业的生产过程、生活条件和文化遗产,或将浪费、恶化人类的自然资源。常见的环境污染主要有大气污染、废水污染、固体废物污染、噪声污染等。

(一) 大气污染

食品工厂的废气具有种类繁多、组成复杂、污染物浓度高、污染面积大等特点,典型的废气含硫化合物、氟化物和氢氧化物,如SO_2、H_2SO_3、H_2S、NO_2、NO等。这些废气排向大气会影响大气环境的质量或造成大气污染,从而使人和动植物受到伤害。所以食品工厂要求锅炉烟囱高度和排放粉尘量应符合《锅炉烟尘排放标准》(GB 3841)的规定,烟道出口和引风机之间须设除尘装置，其他废气也应在达到国家标准后再排放，以防止污染环境。排烟除尘装置应设置在主导风向的下风向，季节性生产厂应设置在季节风向的下风向。冷链食品工厂可通过外力的作用将各种生产过程中产生的气溶胶态污染物分离出来；也可通过冷凝、吸附、吸收、燃烧、催化等方法来处理气态污染物。

（二）废水污染

食品工厂需要用大量的水来对各种食物原料进行清洗、烫漂、消毒、冷却以及容器和设备的清洗，因此食品工厂排放的废水量是很大的。排放的废水含的主要污染物有：漂浮在废水中的固体物质，如茶叶、肉和骨的碎屑、动物或鱼的内脏、动物排泄物、畜毛、植物的废渣和皮等；悬浮在废水中的油脂、蛋白质、淀粉、血水、酒糟、胶体物等；溶解在废水中的糖、酸、盐类等；来自原料夹带的泥沙和动物粪便等；可能存在的致病菌等。总的来说，食品工业废水的特点主要是：有机物和悬浮物含量高，易腐，一般无毒性。

食品工业污水主要来源于原料处理、洗涤、脱水、过滤、各种分离精制、脱酸、脱臭、蒸煮等食品加工生产过程，污水中含有大量的蛋白质、有机酸和碳水化合物。由于有很多浮游生物的存在，水中溶解性有机物增加很快，容易生成腐殖物，并伴有难闻气体；同时这些污水中铜、亚铅、锰、铬等金属离子含量较多，细菌、大肠杆菌也常超过国家排放标准，所以食品工业废水必须经过处理后才能排放，处理后需达到《污水综合排放标准》(GB 8978)。

食品工厂处理污水的技术按原理可分为物理法、化学法、物理化学法和生物处理法四大类。按处理程度分为一级处理、二级处理、三级处理。废水中的污染物质是多种多样的，往往不可能使用一种处理单元就能够把所有的污染物质去除干净，一般一种废水往往需要通过几个处理单元组成的处理系统处理后才能达到排放要求。

（三）固体废物污染

食品工厂固体废物种类繁多。有可利用的副产物，如果蔬的皮、渣、核以及动物内脏、乳类副产物——干酪乳清和酪乳。也有对环境造成污染的有毒有害物质，其来源除由生产过程中产生之外，还有非生产性的固体废弃物，如原料及产品的包装垃圾、工厂的生活垃圾等。另外，在治理废水或废气过程中有的还会有新的废渣产生，所以废弃物产生和排放量较大。这些废弃物如不及时处理，到处堆积，不仅侵占大量土地，而且会污染土壤、水体、大气及环境卫生，造成大量的财力和人力浪费，影响人类生产和生活的正常进行。因此，废弃物的存放应远离生产车间，且不得位于车间上风向，存放设施应密闭或带盖，要便于清洗和消毒，存放的废弃物要及时处理或再利用。

国家颁布的有关标准对固体废物的处理做了规定：工业企业的固体废物，应积极采取综合利用措施，凡已有综合利用经验的，必须纳入工艺设计；固体废物堆放或填坑时，要尽量少占农田，不占良田，应防止扬散、流失、淤塞河流等，以免污染大气、水源和土壤；对毒性大的可溶性工业固体废物，必须专设具有防水、防渗措施的存放场所，并禁止埋入地下或排入地面水体；在地方城建、卫生部门规定的防护区内，不得设置废渣堆放场所。

在经济条件许可时，可将食品工厂的大部分废物加工或转换成更有价值的物质，实现食品加工原料的综合利用。如果蔬的皮、渣、核经现代加工技术可提取大量活性物质；经挤压进一步除去水分后，可转换成堆肥来改善土壤或用作动物饲料。罐头厂下脚料经粉碎、熬制和干燥后可用作动物饲料。喷雾或滚筒干燥的血粉是一种重要的饲料组分。鱼在加工时挤出的液体（鱼胶体）经浓缩，可以再脱盐和干燥生成优质蛋白供人类食用。家禽羽毛可以先经过收集和清洗，然后再进一步加工成枕头填料等。还可通过酸处理制成表面活性剂。动物皮、毛能生产可食用动物胶、皮革制品及生物制品。玉米芯、坚果壳、咖啡渣以及被污染的油脂在食品工厂中通常被作为燃料用来产生蒸汽；利用豆腐浆水生产单细胞蛋白、酵母粉、维生素 B_{12}；大豆油脂厂的豆饼用于生产蛋白粉、干酪素；动物骨头可生产骨粉、骨油、饲料、食用油脂、明胶和肥皂；蛋清经吸附、盐析、干燥等工序可制成溶菌酶等。

（四）噪声污染

噪声污染是指噪声强度超过人的生活和生产活动所容许的环境状况，对人们健康或生产产生危害。食品厂常见的噪声来源有风机噪声、空压机噪声、电机噪声、泵噪声以及其他噪声（如粉碎机、柴油机、制冷设备、制罐设备、机械加工设备、运输车辆等产生的噪声），噪声强度为 50～60dB 时人就会觉得比较吵闹；80～90dB 时，相距 0.15m 要大声喊话才能对话；当超过 90dB 时就会损伤听觉，造成职业性耳聋，使人心情烦躁、反应迟钝，造成工作效率降低，也会分散注意力，造成安全事故；还会影响健康，引起神经衰弱、消化不良、高血压、心脏病等疾病。因此，我国颁布了《环境噪声污染防治法》和《工业企业厂界环境噪声排放标准》（GB 12348），对食品企业生产车间或作业场所的噪声标准做了规定。

噪声污染的发生必须有三个要素，即噪声源、传播途径和接收者。所以控制噪声的原理也应该从这三个要素组成的声学系统出发，既要单个研究每一个要素，又要做系统综合考虑；既要满足降低噪声的要求，又要注意技术经济指标的合理性。原则上讲，优先的次序是噪声源控制、传播途径控制和接收者保护。控制环境噪声还应采取行政管理措施和合理的规划措施。噪声控制的一般程序是：首先进行现场调查，测量现场的噪声级和频谱；然后按有关标准和现场实测的数据确定所需降噪量；最后制订技术上可行、经济上合理的控制方案。

（五）绿化工程

工厂绿化是建设现代化工厂的重要组成部分。要搞好工厂绿化，必须根据工厂的建筑布局和土地利用情况作出规划，采用点、线、面相结合的方法构成一个完整的绿化系统。

根据生产性质，可选具有抗烟尘、防风、防火、抗毒等不同树种。抗烟尘、抗毒的有合欢、梧桐、月桂、冬青等。防风的有枫杨、刺槐、马尾松等。防火的有珊瑚树、榕树等。

布置绿化时，除应满足植物与植物间因其生长所需的距离外，还应满足植物与建物之间的距离，使其不妨碍生长、采光、通风、交通运输、地面与地下线铺设以及生产、设备等安装和检修的水平距离和垂直净空距离。

植物种在道路交叉口时，应考虑不妨碍司机的视距，保证行车安全，并且要不妨碍路灯的照明，交叉口非种植区的最小距离要根据行车类型、车速等因素确定。生长在道路两旁的灌木丛要保持适当的高度，不要在交叉路形成盲区，不要妨碍行车安全。植物与厂内建筑物、构筑物的距离，要根据使用的功能、安全等要求确定。植物与厂内架空电线间距要从线路安全使用角度来考虑，电压不同，间距也不同。另外，还可在厂前集散广场、人流较多的食堂附近种植一些既有经济价值又有观赏价值的树木。

【本章小结】

本章介绍了冷链食品加工与包装生产线的设计流程和方法，重点在于生产线的总体设计、工艺路线设计、设备选型、图形绘制等；同时需熟悉工厂卫生设施和环境保护措施；了解生产线的组成原则和分类方式，生产率的概念、影响因素和提高途径等。

【本章习题】

一、名词解释

1. 冷链食品加工及包装生产线
2. 设备选型
3. 环境保护

二、简答题

1. 简述冷链食品加工与包装生产线的总体设计原则。
2. 简述冷链食品加工与包装生产线设备选型的原则。
3. 简述冷链食品加工与包装工厂布局对卫生的要求。

三、论述题

试述冷链食品加工与包装生产线的设计流程和方法。

【即测即练】

第八章

冷链食品加工与包装的质量控制

【本章学习目标】

1. 掌握冷链食品加工质量的关键控制点；
2. 掌握冷链食品包装质量的控制方法；
3. 熟悉冷链食品相关的标准及法规；
4. 了解食品溯源的相关技术。

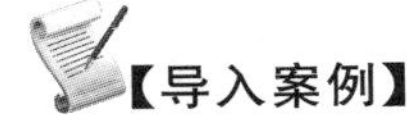

【导入案例】

瘦肉精事件产业链

河南省孟州市等地养猪场采用违禁动物药品“瘦肉精”饲养生猪，有毒猪肉流入济源双汇食品有限公司。事件经相关媒体曝光后，引发广泛关注。2011年3月25日，相关记者从“瘦肉精”事件国务院联合工作组获悉，河南“瘦肉精”事件所涉案件调查取得重要突破，肇事“瘦肉精”来源基本查明，并发现3个“瘦肉精”制造窝点。“瘦肉精”这个10年屡禁不绝的餐桌“毒瘤”，地下链条是怎样秘密生成的？冷链食品加工及包装过程中应如何进行质量控制？怎样实施食品的溯源？我国冷链食品相关法律法规有哪些？是否可以保证食品安全控制？这是本章将要学习的内容。

导入案例解析

第一节　冷链食品加工控制与质量监测

冷链是随着制冷技术的发展而建立起来的，它以食品冷冻工艺学为基础，以制冷技术为手段，是一种在低温条件下的物流现象。由于食品富含营养物质，所以许多食品易腐败变质，特别是水果、蔬菜、禽蛋类、肉类、乳类及水产品等生鲜食品。即使是罐头、各种饮料等经过杀菌处理的食品，保持冷冻状态的食品，水分活度较低的干燥食品，如不提供适宜的流通环境，也会缩短这些食品的货架寿命。因此，对食品采用科学的包装方式，提供适宜的保管、储藏、运输、销售条件非常必要，尤其是流通温度与保持食品的质量有很大关系。从保证食品品质的角度来说，食品流通离不开冷链系统。

一、实现冷链的条件

我国的食品冷链物流和国外发达国家相比还相对落后，大量的食品由于运输途中保鲜技术的落伍进而出现腐烂变质的现象，经济损失惨重。相关数据表明，国内在这一过程中有着不下 20%～25%的损失率，而发达国家控制在 4%～5%。我国每年仅在流通领域因为保存不当而损失的冷链产品就在 3.7 万 t 以上，直接经济损失达 1 000 亿元以上。很多食品发生这些问题是冷链物流的"断链"引起的。严格意义上，完整的冷链要求整条供应链温度保持在一个合理的允许范围，当冷链某一环节断裂时，温度升高，即使过后温度重新回到最佳储藏温度，其中微生物的发酵、品质和营养都已发生不可逆转的损伤。构建冷链物流系统的核心因素并非在于"冷"，而在于"链"，想要让食品品质得到最佳保障，减少损耗，就得让其在冷链供应链各阶段都处于合适的低温环境下，涵盖了加工、储藏、物流等环节。

（一）食品冷链的构成

食品冷链按食品从加工到消费所经过的时间顺序分类如下。

(1) 低温加工，包括肉类、鱼类的冷冻与冻结；果蔬的预冷与速冻；各种冷冻食品的加工等。主要涉及冷却与冻结装置。

(2) 低温储藏，包括食品的冷藏与冻藏。主要涉及各类冷藏库与冷冻库、冷藏柜或冻结柜及家用冰箱等。

(3) 低温运输，包括食品的中、长途运输及短途运输等。主要涉及铁路冷藏车、冷藏汽车、冷藏船、冷藏集装箱等低温运输工具。

(4) 低温销售，包括冷藏或冷冻食品的批发和零售等，由生产厂家、批发商和零售商共同完成。超市、商场中的陈列柜，兼有冷藏和销售的功能。

(5) 低温消费，包括食品在家庭消费和生产企业的工业消费。家用冰箱、冰柜，工厂的冷藏库或冻藏库是消费阶段的主要设备。

冷链中各环节都起着非常重要的作用，食品在生产、采购、运输、销售和消费等环节必须在作业上紧密衔接、相互协调，形成一个完整的冷链。组成冷链的各个环节和设施，在运作上的一般原则是：一要保证冷链中的食品初始质量是优良的，最重要的是新鲜度，如果食品已经开始变质，低温也不可能使其恢复到初始状态；二是食品在生产、收获后尽快予以冷加工处理，以尽可能保持原有品质；三是产品从最初的加工工序到消费者手中的全过程，均应保持在适当的低温条件下。

（二）实现冷链的条件

虽然恒定的低温是冷链的基础，也是保证食品质量的重要条件，但并不是唯一条件，因为影响冷链食品质量的因素很多，必须综合考虑，才能实现真正有效的冷链。实现冷链的条件包括以下几方面。

1. "三 P"条件

"三 P"即食品原料（products）、加工工艺（prcessing）、包装（package），要求原料品质

好、加工工艺质量高、包装符合食品特性，这是食品进入冷链的早期质量要求。

2. “三 C”条件

“三 C”即在整个加工与流通过程中，对食品的小心（care）、清洁卫生（clean）、低温冷却（chilling），这是保证食品流通质量的基本要求。

3. “三 T”条件

“三 T”即著名的“T. T. T”理论，也就是冷冻食品在生产、储藏及流通各个环节中经历的时间（time）和经受的温度（temperature）对其品质的容许限度（tolerance）有决定性影响。其要点包括以下几方面。

（1）对每种易腐食品而言，在一定温度下，食品所发生的质量下降与所经历的时间存在确定的关系。以橘子为例，储藏的基准温度为－2℃时，在环境温度 5℃下存放 10d 时的质量降低为原来的 83%；而在 10℃下存放 10d，则质量降低为原来的 71%。

（2）冻结食品在储运过程中因时间-温度的经历而引起的品质降低是累积的，也是不可逆的，但与经历的顺序无关。例如，把相同的冻结食品分别放在两种场合冻藏：一种先在－10℃下储藏 1 个月，然后在－30℃下储藏 6 个月；另一种先在－30℃下储藏 6 个月，然后在－10℃下储藏 1 个月，两种方式储藏 7 个月后的品质下降是相等的。

（3）对大多数冻结食品来说，都符合 T. T. T 理论，温度越低，品质变化越小，储藏期越长。

4. “三 Q”条件

“三 Q”即冷藏链中设备的数量（quantity）协调、设备的质量（quality）标准一致以及快速（quick）的作业组织。冷藏设备的数量协调就是能保证食品总处在低温环境中。因此，要求预冷站、各种冷库、冷藏汽车、冷藏船、冷藏列车等都按照食品货源货流的客观需要，相互协调发展。设备的质量标准一致，是指各环节的标准应当统一，包括温度、湿度、卫生以及包装等条件。快速的作业组织，是指生产部门的货源组织、车辆准备与途中服务、换装作业的衔接、销售部门的库容准备等应快速组织并协调配合。

二、食品冷链的关键控制环节

（一）原料处理

食品原料应进行挑选、解冻、清洗（干燥）、去皮，剔除腐烂、病、虫、异常、畸形、其他感官性状异常的，去除不可食用部分。畜禽类、果蔬类、水产类原料应当分池清洗，确保清洗后在粗加工场所沥干，禽蛋在使用前应对外壳进行清洗，必要时进行消毒。盛装沥干的容器不得与地面直接接触，以防止食品受到污染。

（二）快速冷却及温度控制

确保食品烧熟后在短时间内将其中心温度降至 10℃。食品烹饪热加工后宜立即进行冷却（或热分装后立即进行冷却），保证在短时间内将食品中心温度降至 10℃以下。

冷链是在保持一定温度的条件下，通过一系列不间断的环节把对温度敏感的产品从生产商运输到消费者。环境条件包括温度、湿度、震动以及光照等。在这些限制因素中，温度是一个主要的考虑因素，因为温度对产品的品质有着巨大的影响作用。如果一些冷冻食物的温度超出一定限制后，食物品质会急剧地下降，同时增加了食物中毒的风险。对于冷冻食品而言，把0℃设为储存的极限温度是非常严格的规定，这是因为仅仅超过0℃些许度数，微生物就会滋生。

在蔬菜、水果的冷链中，对刚刚采摘的蔬菜、水果进行预冷处理对保障其品质有着至关重要的作用。农产品采摘后，在最短的时间内将其温度由30℃左右的初始温度在数小时甚至更短的时间内迅速降至0～15℃之间，这一过程就是预冷。梨在采摘后24h内进行预冷，则在0℃下储藏5周不会产生腐坏现象，而采摘后96h才进行预冷的梨，同样在0℃下储藏5周就会发生30%的腐坏。由此可见预冷的重要作用。

简而言之，温度对食品在流通过程中的品质变化速度有着重要的影响。一般来说，环境温度每升高10℃，食品品质的下降速度增快大概1倍。换句话说，环境温度每降低10℃，食品品质的降低速度就减慢1倍左右。因此，温度是冷链运输中必须要监控的重要因素。

（三）解冻及调理热加工

解冻是冻结食品的温度回升至冻结点以上的过程，是冻结的逆过程。解冻的目标是恢复食品原有状态和特性。原则上要求品质变化或数量损耗最小。最常见质量问题包括质地、稠度、色泽以及汁液流失等。解冻越往深层，解冻速度越慢，应尽快通过－5～－1℃，此温度范围为最大冰晶融解带。解冻介质一般不超过10℃。

非流体食品的解冻比冻结要缓慢。冷冻没有杀死所有的微生物，只是抑制了它们的活动，解冻时的温度变化有利于微生物的活动和理化变化的加强。果蔬解冻后，由于组织结构受损伤而使内容物流出，这样就有利于微生物活动而导致食品败坏。因此，冷冻食品在食用之前要进行解冻，解冻后应立即食用或加工利用，而不应长期放置。如速冻蔬菜解冻后，一般要经过煮制调味后食用。冷冻蔬菜的组织解冻后有较大的变化不适于过度的热处理，因此烹调的时间以短为宜。速冻果品解冻后即可食用，解冻后不能久置，最好当日内消费完，即使在低温下也不能放太长时间。

调理热加工需要控制加热时间、中心温度。热加工前应认真检查待加工食品，发现有腐败变质或者其他感官性状异常的，不得进行加工。热加工的食品应能保证加热温度的均匀性。需要熟制的应烧熟煮透，其加工时食品中心温度应不低于70℃。热加工后的食品应与生制半成品、原料分开存放，熟制的食品与未熟制的食品分开存放，避免受到污染。非操作人员不得擅自进入冷却及加工场所，冷却设备内壁和用于冷却设备及冷却场所内的专用工具、容器用前应消毒，不得放置易造成交叉污染的食品及物品。

（四）食品冷藏运输

冷藏运输是食品链中必不可少的一个重要环节，由冷藏运输设备完成。确保食品在低于10℃的条件下进行储存、运输。冷藏运输设备是指本身能提供并维持一定的低温环境，用以运输冷藏冷冻食品的设施及装置，包括冷藏汽车、铁路冷藏车、冷藏船和冷藏集装箱等。冷藏运输包括食品的中、长途运输及短途送货，它应用于冷链中食品从原料产地到加工基地及商场冷藏柜之间的低温运输，也应用于冷链中冷冻食品从生产厂到消费地之间的批量运输，以及消费区域内冷库之间和消费店之间的运输。

对冷藏运输设备的要求如下。

拓展阅读 8-1
不同食品运输中的质量安全控制措施

(1) 产生并维持一定的低温环境，保持食品的低温。

(2) 隔热性好，尽量减少外界传入的热量。

(3) 可根据食品种类或环境的变化调节温度。

(4) 制冷装置在设备内所占用的空间尽可能地小。

(5) 制冷装置重量轻，安装稳定，安全可靠，不易出事故。

(6) 运输成本低。

(五) 食品冷链销售的质量安全

冷链不仅要求食品在适宜的温度下加工、运输，而且要求在适宜的温度下销售。

1. 进货要有质量确认制度

食品在进货时要有质量确认制度，主要是温度确认。对于生鲜易腐食品要确认其在运输和储藏过程中始终保持在0～4℃环境中，速冻食品在－18℃以下。如果进货时食品已经在不适温度下存放了较长时间，食品升温较高，冷冻食品是已经解冻的质量低下的产品，那么势必会影响食品质量，难以保证销售过程中的食品安全。另外，从2004年1月1日起，上市的大米、小麦粉、食用植物油、酱油和醋五类食品必须加贴(印)质量安全认证(QS)标志；从2007年3月1日起，对2007年1月1日后生产的茶叶、糖果制品、葡萄酒及果酒、啤酒、黄酒、酱腌菜、蜜饯、炒货食品、蛋制品、可可制品、焙炒咖啡、水产加工品、淀粉及淀粉制品13类食品，上市时必须加贴(印)QS标志。

2. 适宜的温度下销售

为保证食品的安全性和食品出厂时的品质，要求销售过程必须在较低的温度下进行。经营销售冷藏和冷冻食品的商店、超市、食品专营店，必须具备冷藏和冷冻设备，使冷藏食品中心温度控制在0～4℃之间，冷冻食品的中心温度控制在－18℃以下。敞开式冷藏柜由于冷气强制循环，在开启处形成一种气幕，取货、进货都很方便。

销售陈列柜是菜场、副食品商场、超级市场等销售环节的冷藏设施，目前已成为冷链建设中的重要环节。它要求具有制冷和隔热装置，能保证食品处于适宜的温度下，又能很好地展示其外观，便于顾客选购。销售陈列柜根据陈列食品种类可分为冷冻食品用和冷藏食品用两类；根据结构形式，销售陈列柜可分为散开式和封闭式两种。

3. 销售柜中的食品周转要快

冷藏食品一旦运送到零售商店，在放入零售冷藏柜之前往往要先在普通仓库进行短暂的储存周转，陈列的商品要经过事先预冷。冷冻和冷藏食品在销售商店留的时间越短越好，陈列柜内的食品周转要快，绝不能将销售柜当作冷藏库或冷冻库使用，否则升温过高和温度波动频繁会严重影响食品质量。一般而言，速冻食品可在销售柜中存放15d左右。

4. 防止温度的波动

产品从冷藏库转移到陈列柜时，在室温下停放的时间不能太长。食品在陈列中的存放位置对温度也有重要影响，位置之间的温差可达5℃左右，越靠近冷却盘管和远离柜门的地方温度越低。销售陈列柜的另一个主要作用是给消费者提供可见和易取的方便性，故陈列柜大部分时间都是开的，其冷量会不断损失；另外，柜中的照明也需要消耗额外的冷量，因此，制冷系统必须满足冷量的损失和照明所消耗的冷量，陈列食品时的灯光亮度要适宜，不宜过强，尽量防止温度的波动。

5. 保证售出的食品具有一定时间的保质期

要注意食品的保质期，一方面不能销售超过保质期的食品，另一方面销售出去的食品应具有一定时间的保质期，以免消费者购回食品后因不能及时食用而造成损失。储存在冷藏柜中的食品要经常轮换，实行食品先进先出的原则，让较早放入的食品尽先被消费者买走，以确保食品在冷藏柜中的存放时间不超过最佳保质期。

6. 注意销售过程中的卫生管理，防止食品污染

食品从业人员的健康直接关系到广大消费者的健康，所以必须按规定加强食品从业人员的健康管理。食品从业人员不仅要在思想上牢固地树立卫生观念，而且要在操作中保持个人的清洁卫生，这是防止食品污染的重要防护手段之一。

7. 加强对销售陈列柜的管理

食品展卖区要按散装熟食品区、散装粮食区、定型包装食品区、蔬菜水果区、速冻食品区和生鲜动物性食品区等分区布置，防止生、熟食品，干、湿食品间的污染。从业人员应当按规范操作，销售过程中应轻拿轻放，避免损坏食品的销售包装；冷藏柜不能装得太满；结霜不能太厚，应定期除霜；要定期检查柜内的温度，及时清扫货柜；把温度计放在比较醒目的位置，让消费者容易看到陈列柜中的温度值。速冻陈列柜一般标有堆装线以保持食品品质，故食品堆放时不应超过堆装线。

（六）食品的冷链消费的质量安全

食品流通的最后一个环节就是消费过程。消费过程包括人们的生活消费和食品企业的原料利用。对食品的正常消费应包括即时消费以及在消费前和消费过程中的临时储存。在食品消费过程中，为保持食品的质量和安全，要注意将食品放在适宜的环境条件下，还要注意各种不同食品正确的食用和烹调方法。消费者一旦从市场购买了食品，那么食品流通就进入消费阶段。

1. 购买新鲜优质的食品

食品被购买后，即使有适宜的储藏场所，如冰箱、冰柜或者小型储藏库，也只能保持原有质量，并不能改善其质量。因此，为了保证食品的质量安全，购买时应注意以下几点。

（1）由于温度是保持食品品质的关键，因此购买时要仔细观察存放食品的货框温度是否在食品的适宜保藏温度下。

（2）要选择形状完整、包装完好、新解冻的食品，速冻食品要选择质地坚硬、包装纸（袋）无破损、包装袋内侧冰、霜少的食品，千万不能买解冻后的食品。

（3）要看清食品的生产日期或保质期，生产日期不宜距离购买日期过长，另外还应验看产品检验合格证。

(4) 速冻陈列一般标有堆装线以保持食品的品质，故不要购买超过堆装线的速冻食品。

2. 食品消费中的质量安全控制

食品购买后如果不立即食用，应将其放在适宜的环境条件下，特别是冷藏或冷冻食品，必须将它们快速放入冰箱或冰柜中。食品被带回家的过程及将食品放入冰箱冰柜之前存放的时间较长，会在很大程度上影响到食品的货架期。冰箱中的冷藏温度一般在 0～5℃，不过通过隔离设计可以形成不同的储存区，可保持不同的温度。

目前，在消费阶段保持低温的设备主要是家用冰箱和冰柜等。家用冰箱在我国大城市日趋普及，为食品消费中的保护和完善冷链提供了条件。因此，食品的家庭消费实际上就是消费者从市场买回食品后放入冰箱、冰柜中短暂储藏，维持其品质及其合理食用的过程。

冰箱的温度管理对保持食品质量有着重要的作用，但即使在−18℃的低温下冻结储藏的食品，不同种类的储藏期也各不相同，而且随着储藏时间的延长，食品的品质也会发生变化。为了加强对冰箱的温度管理，应尽量减少冰箱门开启的次数，防止温度波动过大。

3. 勿让食品超过保质期

在食品消费阶段，因为冰箱本身温度不很均匀，所以只是做临时的短期储藏，不宜进行长期储藏。冰箱中的食品要分类，要先进先出，一次进入冰箱、冰柜的食品不要太多，如果发现有超过保质期的食品千万不要食用，冰箱中超过保质期的鲜乳、酸奶，开盖后冷藏超过 7d 的果汁饮料等都不能食用。

对于食品的储藏期不能控制得太机械，因为储藏期的长短不但受食品本身的品质、种类的限制，而且也受冰箱诸因素的限制，例如，冰箱的制冷能力、箱内温度状况、箱内食品的堆装方式、冰箱门的密封性能等都会对食品储藏期的长短产生影响。所以，为了使冰箱储藏的食品保持好的质量和营养成分，储存时要了解食品的储藏期限，尽早在储藏期内食用完。例如脂肪多的食品最好在 1 周内食用完，维生素 C 含量高的食品宜在 2 周内食用完。

4. 一次未消费完食品的再储藏

食品尽量一次消费完，如果消费不完，如番茄酱、大桶装饮料、茶叶等，最好还保持原有包装，置于适宜的储藏条件下以保持其原有品质。对于易变质的乳粉等散食品，在开袋或开罐消费过程中，要注意对开封的食品进行适当的密封，以防止吸潮氧化变质，储存温度最好在 25℃以下，相对湿度 75%以下。

5. 经常消毒杀菌以保证冰箱、冰柜内清洁卫生

家用冰箱、冰柜由于放置的食品种类很多，常常会带入很多微生物和病菌，所以应定时清洗和消毒，以防止交叉污染。没有包装的散装食品，如没有包装的各种蔬菜或肉品等，一定要进行适当的包裹，包裹后可防止串味和相互之间产生不良影响。

6. 勿损坏食品的包装

食品在购买之后和消费之前尽量不要损坏食品的原有包装，以防止食品遭受微生物的污染而腐败变质。例如，鲜切食品、方便菜肴等易腐食品，大都采用了贴体保鲜包装，购买后应尽快食用，食用之前请勿损伤包装，以免加快其腐烂变质。

三、冷链食品质量控制方法

目前,国内外主要的冷链质量管理方法是构建食品冷链质量控制体系。目前,国内外比较流行的食品质量控制体系有作业规范体系(GMP)、卫生标准操作流程(SSOP)以及危害分析与关键控制点管理体系(HACCP)等。这三种管理体系对于食品冷链物流质量的控制所起的作用各不相同,所控制对象和解决方法也各有不同,见表8-1。

表8-1　食品质量控制的三种体系管理

管理体系	GMP	SSOP	HACCP
控制对象	普通卫生要求,包括厂房环境、设施与设备、操作人员、加工工序等	重点卫生要求,可以涉及全部加工设施和各个区域	特定的加工工艺步骤
涉及危害	食品生产加工过程的大部分危害	与食品生产加工过程有关的环境和人员相关的危害	与产品本身和加工工艺步骤有关的危害
解决方法	静态控制,通过检测方法判断产品是否合格	动态控制,包括确定控制对象、监控、纠偏、记录审核	动态控制,确定危害与控制点、监控、纠偏、记录审核

HACCP管理体系与其他传统的食品质量控制体系相比具有很明显的优势。

1. HACCP管理体系结构严谨科学

HACCP管理体系的结构包括危害分析与关键点控制,在实施过程中可以实现从始至终的质量控制,而且还可以及时预测未来可能发生的食品质量危害,包括来自生物、化学以及物理等方面的危害,是最具严谨结构的管理体系。

2. HACCP管理体系高效、经济控制食品质量

HACCP体系一旦建立起来,便可以对冷链食品的整个生产与流通销售的质量进行控制,最直接地减少各个环节企业的有关质量体系独立投入。冷链过程中可以对所有关键程序进行统一监控与管理,这样就可以达到高效管理质量、有效降低管理成本的目的。

3. HACCP管理体系丰富了食品冷链质量管理理论

HACCP体系是对我国冷链食品质量控制方法的补充,预防控制的手段使冷链相关企业质量控制更加科学、有效。传统的冷链食品质量控制体系已经不能满足冷链物流日益发展的需要,更不能有效地保证冷链食品的安全性。HACCP管理体系从采购供应初始到最后销售全程地将食品质量紧密联系在一起,有效地为食品的安全性提供了保障,同时丰富了我国食品冷链质量管理体系的内涵。

综上所述,HACCP体系具有适用性强、节约性强、系统性强等特点,已经成为当前国际公认的可以有效保障食品安全的管理体系,对冷链食品相关企业、消费者以及政府监管机构都产生了巨大的影响。

四、典型冷链食品的质量控制

(一)冷链乳制品的质量控制体系

1. 奶源供应与采购环节

1)奶农

奶农是整个乳制品冷链的第一个参与者,是乳制品冷链的源头。奶农负责喂养奶牛和奶源供应，乳制品质量问题会发生在奶牛疾病防控与挤奶的操作过程中，这些环节将直接影响整条乳制品冷链的质量。奶农参与乳制品质量安全控制的第一步，在整个乳制品冷链过程中起着至关重要的作用。

牛奶被挤出后，必须很快冷却到4℃以下进行保存，直至运到乳品厂。如果冷却环节中断，牛乳中的微生物将开始繁殖，并产生酶类。尽管以后的冷却能够阻止其继续发展，但牛乳质量已经下降。牧场的挤奶条件必须符合卫生要求，挤奶设备避免空气进入。病牛的乳不能和健康牛的乳混合在一起出售。使用过抗生素的奶牛产的乳必须与其他乳分开，不能用于发酵乳生产。

牛乳在收购前已经变质的主要原因包括：①设备清洗不彻底和卫生条件差；②收购不及时；③冷链不完善；④好坏牛乳混在一起。

2）奶站

奶站的食品安全问题首先体现在检测技术的落后，这有可能产生不合格奶。奶站要对牛乳的新鲜程度和卫生质量进行检测。收购鲜乳时的常规检测包括以下几方面。

（1）感官评定，包括牛乳的滋味、气味、清洁度、色泽等。

（2）理化指标，包括含脂率、蛋白质含量、杂质度、冰点、酒精试验、酸度、温度、相对密度、pH、抗生素残留量等。

（3）微生物指标，主要是指细菌总数。其他如体细胞数、芽孢数、耐热芽孢数及嗜冷菌数等，在需要时也要进行检验。有些细菌是非常有害的，所以不仅要强调细菌总数，而且要特别重视嗜冷菌数。在低温下嗜冷菌的生长会超过乳酸菌，引起牛乳变质，这就是冷藏牛乳受时间限制的原因。

另外，乳房炎乳中既有大量的细菌，又含有较多的体细胞。目前很多发达国家已采取检测体细胞数的方法，以防止乳房炎乳混入原料乳中。有些国家规定牛乳中体细胞数不得超过500 000个/ml，否则定为乳房炎乳。

2. 乳制品生产加工环节

乳制品生产加工环节的质量影响因素是多方面的，其主要影响指标有以下几个。

1）加工工艺

操作不规范会使得乳制品在加工过程中产生有害微生物污染，如在灭菌、发酵、包装等过程中操作不当产生的微生物会导致乳制品的变质。未经处理的牛乳储存在大型立式储奶罐中，储奶罐容积为25 000～150 000L，储量大的奶罐仅限于特大乳品厂中使用。较小的储存罐常常安装在室内，较大的则安装在室外。露天大罐是双层结构的，壁与壁之间带保温层。

2）加工设备

设备出现故障，如渗漏，化学物会混入乳制品中，最终会影响乳制品的安全；设备故障还会导致乳制品温度与湿度变化，进而影响乳制品品质。

3）清洗消毒

加工设备杀菌消毒不完全，会导致在加工过程中产生污染，一旦清洗消毒不符合规范就出现乳制品质量安全风险。

4）生产环境

微生物污染，时间、温度与湿度控制不当是乳制品产生质量风险的主要原因，无菌、安全的生产环境是乳制品加工环节重要的条件，因此无论是生产还是清洁都必须在符合标准的环境下进行。

3. 流通销售环节

冷链物流手段落后，不仅会导致乳制品在流通销售过程中出现微生物污染，时间过长，温度、湿度变化导致乳制品品质变化，而且会出现二次污染等现象。这些因素都会使乳制品产生严重的质量问题。牛乳运输中不允许高于10℃。如储奶罐中无搅拌装置，则脂肪会从牛乳中分离出来，导致牛乳不能均匀一致。搅拌须平稳，剧烈地搅拌会导致牛乳中混入空气，并使脂肪球破裂、脂肪游离，从而在脂肪酶作用下分解。

此外，冷链质量监控体系的构建是保障乳制品冷链质量安全的基础。乳制品质量安全控制体系主要包括以HACCP质量管理体系为主的内部监控以及政府为辅的外部监管。根据乳制品冷链质量危害因子构建的HACCP体系，结合政府部门的外部监管，可以有效地建立乳制品冷链契约机制，控制乳制品冷链物流质量风险。

（二）冷链肉制品的质量控制

肉制品生产流通的过程，也正是肉制品质量链形成的过程。肉制品生产流通的每个环节，都影响着肉制品质量。由于肉制品本身的制造工艺简单，其对周围环境要求具有特殊性，物流过程的管控标准成为影响肉制品品质的主要因素。

1. 养殖环节

严格来讲，养殖环节并不属于冷链物流的范畴，但是，基于质量链链式结构完整性考虑，本书将养殖环节的相关操作也纳入研究的范围之内。肉制品质量的控制，最直接也是最有效的方法就是从源头抓起。养殖环节是影响肉制品品质的决定性环节，只有在养殖环节就注意质量管控，才能真正保证肉制品的品质。养殖过程中的质量主要包括喂养食物质量、养殖环境质量、养殖设施设备质量、养殖人员质量等。其中，喂养食物质量主要包括养殖不同阶段所喂养的饲料、水源是否合格；养殖环境质量主要指养猪场周围的自然环境以及养殖场本身的地理位置和水土等；养殖设施设备质量是指猪圈的构成位置是否合理，喂养的食槽等是否干净以及温湿度控制、免疫消毒等设备是否齐备；养殖人员质量主要指养殖场的管理人员和饲养员的基本情况，包括是否健康、敬业等生产加工环节。

2. 生产加工环节

肉制品的生产加工环节是肉制品质量形成的关键环节，屠宰车间和加工车间的温湿度环境，屠宰加工人员的健康状况，加工设备等要素，都不同程度地影响着肉制品的品质。其中，屠宰前、屠宰过程中都需要专业的检疫人员进行肉制品的检疫，这是消除肉制品质量隐患、避免不健康肉制品流入市场的必要手段；加工设备和加工工艺是生产出安全肉制品的前提，加工设备和加工工艺会影响到肉制品的品质指标及生物指标，如按照不同肉质分割肉制品，速冻排酸加工都可以改善肉制品的品质。评价肉新鲜度的指标包括感官评价、pH、挥发性盐基氮、硫代巴比妥酸及菌落总数等。同时，评价肉储藏过程中的品质指标还包括色度、失水率、质构及组织微观结构等。

第二节　冷链食品包装质量及技术指标

食品包装材料及容器因与食品直接接触，已成为食品安全控制的重要环节之一。在食品冷链物流配送中，使用的包装材料主要有纸、塑料、金属、玻璃等，其中以成本低廉、质优美观的塑料应用居多。塑料产品化学稳定性较好，但在聚合工艺中可能有氯乙烯、苯乙烯等单体残留，同时在聚合物加工过程中加入的稳定剂、增塑剂、抗氧化剂、着色剂等添加剂也存在一定毒性，这些添加剂在与食品长期接触过程中可能会迁移到食品尤其是酸性液态食品中，也可能在冷链食品加工或再加热过程中迁移至食品中。其他材料也存在类似的安全问题，如包装纸加工过程中的碱液和氯元素残留问题、玻璃重金属铅超标问题等。此外，在冷链物流配送环节，包装材料处于低温状态和振动过程中，材料的机械性能尤其是防破裂性能比正常配送的要求也要高一些。

一、食品冷链物流包装质量控制

（一）原材料质量控制

根据食品冷链物流包装材料及其加工工艺特点，其安全性能评价指标及要素主要包括以下几方面。

1. 机械性能

机械性能主要是指在冷链配送中的低温和振动状态下，包装材料的抗冲击力和低温状态下的拉断力、拉伸强度、剥离强度、耐刺穿性等方面的性能，用于评价该包装材料用以保护食品在低温配送和装卸过程中抵抗外界破坏能力的性能。

2. 阻隔性能

阻隔性能是指包装材料的阻水阻气功能，是衡量包装材料品质和安全的重要指标，只有达到一定要求的阻隔性能才能防止食品在配送过程中受外界水或气体的侵扰，其中尤以防止冷链配送过程中的冷媒污染最为关键。

3. 材料安全性

材料安全性是包装材料本身的安全性指标，如材料本身的毒理学评价指标、包装材料是否含有毒有害的重金属或有机化合物等。

4. 溶剂残留

冷链物流食品包装材料在生产过程中使用了各种有机溶剂，其成品中常见的溶剂残留包括甲苯、乙酸乙酯、丁酮等，这些残留溶剂容易迁移至食品中，危及食品安全。

5. 迁移性能

迁移性能是评价冷链物流包装材料流失的有毒有害物质流入食品程度的指标，迁移程度除了跟包装材料本身的性质和有毒有害物质含量有关外，还与接触食品的状态（如液相比例、油脂含量、酒精浓度等）和环境条件（如温度、振动、时间等）有关。

6. 密封性能

冷链物流食品在低温配送过程中与冷媒（冰袋、冰盒或冷风等）接触紧密，若包装材料的热封性或整体密封性达不到要求，则会使冷媒污染食品，带来风险。另外，若密封性不好，食品中的水分易挥发，造成干耗，严重影响产品品质。

（二）化学添加剂的控制

在生产加工中，必须按 GB 9685—2016 食品安全国家标准严格控制化学物质添加量和选用品种，并建立生产工艺监控制度和工艺监控参数条件。生产中使用的添加剂、助剂、油墨、黏合剂的基本信息和风险物质的控制措施要清晰，品种和添加量均应建立明确的明细控制方案，其控制信息能明确对产品安全性进行判断。选择使用高纯度的油墨原料可减少迁移物的种类，选用相对分子质量（$>$1 000）的原料可增加迁移的难度，避免或减少小分子量物质的迁移。添加剂尽量选取聚合添加剂及固化添加剂，并增加其交联密度，在无法避免迁移的情况下也应选择特定迁移量高的限定物或是毒性已知和有健全毒理数据的物质。对于油墨安全规范中尚未作出规定的物质或是在生产、储存过程中降解、变质的物质也可能对人身健康造成危害，应该加强相关基础研究，进行必要的风险评估，在法规标准上完善现有体系，有针对性地出台各种条件下食品包装油墨的迁移法规，进一步规范国内市场油墨安全采购指南。推荐采用无苯无酮环保型油墨，以水为溶剂的水基油墨，以毒性排序最小的乙醇为溶剂的醇性油墨和无溶剂、在一定波长紫外光照射下能光固化的油墨。

（三）重金属元素控制

纸质包装材料中常见的有害残留污染物除了荧光增白剂、病原微生物、有机挥发性溶剂类物质、增塑剂及有机氯化合物等外，还有重金属残留，主要是在包装的制造过程中添加的各种造纸助剂、印刷用油墨等都易使纸质材料受到重金属物质（主要是铅、镉）的污染，采用此包装可能会导致重金属迁移到食品中。因此，要在采购和生产工艺中控制劣质油墨、涂料的使用，以及使用 GB 9685—2016 国家标准目录中的品种和控制配方量。

（四）生产过程控制

生产过程质量控制是减少包装产品污染不可漏缺的管理环节。如在日常加工过程中，机器不良运行可能造成包装产品污染，如机器传动性能不良而导致的溅油；机器的某些部件脏污；机器的某些部件非正常运转等，都容易使产品被污染；所以应对生产设备进行定期的检修及维护，建立规范化、标准化的生产方式和管理机制，确保生产机器时刻保持洁净、稳定的工作状态，避免食品包装产品在印刷和印后加工的过程中发生污染。在印刷时，如果印刷油墨溶剂挥发性能差、联结度低，则容易出现印迹过底现象，使印品背面附着油墨，造成污染。印刷时要对喷墨用量进行严格控制，并选用快干、易固着和耐磨的油墨进行印刷。做好生产现场的卫生及防虫害控制，加工车间配备必要的消毒杀菌设施。

（五）库房及运输控制

企业原辅料、成品（半成品）及包装材料应分别存放在与之规模相适应的库房中，不得产生交叉污染，并有明确标识，做好防漏、防潮、防尘、防虫、防鼠及其他防害措施。库房内的温度、湿度符合原辅料存放要求，库房整洁卫生、通风良好、地面平滑。运输工具、包装均要卫生，做好防污染措施。

（六）建立食品安全预警机制

目前，食品生产行业亟待建立完善的食品纸质包装材料预警机制和危险事件处理体系，建立食品纸质包装材料安全预警机制。从企业源头抓起，减少出现食品安全事故后或经由媒体曝光后才开始处理的情况。对于已发生的食品安全事故，除对当事人严肃依法查处外，还应实行倒追责任制。加大对售假者的惩罚力度，杜绝违法犯罪者的侥幸心理。同时，可对现有监管体系进行进一步的整理细化，明确监管职责，建立完善的监管执法体系。此外，应对食品安全标准进行统一，提高相关检测手段，完善食品安全检测系统。

（七）完善食品包装材料安全性标准

进一步完善食品包装材料的安全性标准需建立以风险评估为基础的科学性标准制定程序，加强食品标准的风险评估基础性研究。随着科学技术的发展，市场上涌现出很多新型食品包装材料，需要对其进行深入研究，根据食品安全法规、食品卫生学、食品毒理学等学科分析网络数据反馈等一系列风险评估结果确定其安全性。目前我国整体风险评估工作基础薄弱，尚未建立完善的监测体系和暴露量评估体系，以风险评估为基础的标准制定工作未得到很好的落实。应加快全国范围内的风险评估体系建设，建立暴露量监测和评价模型及有害物质残留迁移或者物理接触污染包装内的食品的基础研究，建立以风险评估结果为依据的标准制定程序。

（八）加强食品检测方法

一些新型的食品包装材料并未纳入法律法规规定的范围内，在管理和检测时没有统一的标准，不利于规范和管理。由于我国食品包装材料检测方面的基础研究相对薄弱，食品包装安全材料的法律法规还存在很多空白，这在食品包装材料安全性的检测方面体现得十分明显。相对来说食品包装需要检测的项目少，检验要求较低，而且很多食品包装材料中的有害物质含量低，检测比较困难，甚至一些有害物质没有标准的检测方法。在检测时，由于检测方法、手段、环境及技术等的限制，检测结果会受到诸多因素的干扰，一些不法企业可能利用这些漏洞以次充好，甚至将可能会对人体造成伤害的包装材料运用到食品包装中去。加强食品检测方法的研究对提高食品包装材料的质量监控能力具有重要意义。

二、食品包装的卫生检测标准

食品生产行业相关专业人员应根据产品品质、储运环境选择合理的包装材料；了解包装材料的质量要求，并通过检验反馈改进包装。我国已制定食品包装国家卫生标准40多项，分析方法标准30多项，初步形成了一套食品包装卫生标准体系，新修订的GB5009.156—2016涵盖了各类食品供应链物流中包装材料和制品的浸泡试验预处理，包括聚乙烯、聚丙烯、聚苯乙烯、聚氯乙烯以及塑料复合材料等。国家食品安全风险评估中心将食品接触材料污染物中的芳香族伯胺、光引发剂、矿物油、邻苯类增塑剂列为食品风险监测高关注物质。

1. 有害物质迁移

根据食品包装的用途，分别用蒸馏水、4%乙酸、65%或20%乙醇、正己烷（分别模拟水性、酸性、醇性、油性食品）对食品包装材料浸泡后进行蒸发残渣量、高锰酸钾消耗量、重金属（以铅计）含量和脱色试验。

2. 溶剂残留量

《包装用塑料复合膜、袋干法复合、挤出复合》（GB/T 10004—2008）对溶剂残留进行了规定。北京《奥运会食品安全包装、储运执行标准和适用原则》以及国家质检总局目前实施的《食品用塑料包装、容器和工具等制品生产许可审查细则》也对溶剂残留作出了必检的规定。今后新制定的国家或行业食品包装标准都会将把溶剂残留列入必检项目。

3. 甲苯二胺

食品软包装材料大多是复合包装材料，因此由胶黏剂导致的甲苯二胺的潜在危害不可忽视，《复合食品包装袋卫生标准》（GB 9683—1988）将其规定为必检项目。

4. 邻苯二甲酸酯类

拓展阅读 8-2
食品冷链包装质量安全性评价体系层次模型

一般人容易在塑胶制品中接触到邻苯二甲酸酯类，很多食物在包装加工、加热的过程中都可能造成 DEHP 的溶出且渗入食物中。卫生部办公厅于 2011 年 6 月发布的《卫生部办公厅关于通报食品及食品添加剂中邻苯二甲酸酯类物质最大残留量的函》规定，食品容器、食品包装材料中使用邻苯二甲酸酯类物质，应当严格执行《食品容器、包装材料用添加剂使用卫生标准》（GB 9685—2008）规定的品种、范围和特定迁移量或残留量，不得接触油脂类食品和婴幼儿食品，食品、食品添加剂中的邻苯二甲酸二(2-乙基)己基酯（DEHP）、邻苯二甲酸二异壬酯（DINP）和邻苯二甲酸二正丁酯（DBP）最大残留量分别为 1.5mg/kg、9.0mg/kg 和 0.3mg/kg。

第三节　冷链食品加工包装的溯源

民以食为天。近些年层出不穷的食品安全问题，引发了社会各界广泛的关注。食品安全问题频出，百姓的餐桌没有了安全的保障。例如，肯德基使用不合格鸡肉作为原料加工销售；镉超标大米大肆售卖；肉毒杆菌超标的奶粉原料进口到中国生产销售；竹鼠肉冒充羊肉制作羊肉片、羊肉串；石家庄大量私人窝点生产注水牛肉，使得石家庄市内几乎买不到不注水的牛肉；塑化剂事件；上海染色馒头事件；味千拉面勾兑骨汤事件；海南毒豇豆事件；麦当劳使用过期原料加工食品；地沟油事件；速冻食品中金黄球菌超标；牛奶三聚氰胺事件等。

为了从根本上解决食品安全问题，将追溯系统引入食品供应链中或成为行之有效的良方。利用先进的技术手段，从源头开始到最终销售为止，真实准确有效地记录食品在每一个环节相应的环境、操作和状态，进而实现从源头对食品的安全状况的整体监控以及跟踪和追溯。这样才能使每一位消费者通过追溯系统轻松地确定购买食品的安全性，百姓的餐桌也就有了安全的保证。

一、食品追溯概述

食品(包括食用农产品)信息可追溯制度是借助计算机现代信息网络技术和传统的登记记录制度，追踪溯源食品在市场流通中的来龙去脉，以提高市场对食品安全的控制能力，发现问题可及时追回并能惩罚责任人。

世界各国对“食品可追溯性”的定义大同小异，国际食品法典委员会对“可追溯性”的定义为：食品市场各个阶段的信息流的连续性保障体系。欧盟委员会 2000 年 1 月颁布《食品安全白皮书》，要求“从农田到餐桌”全过程必须明确所有相关的生产经营者责任。2002 年欧盟颁布 178/2002 号法令，规定每一个农产品企业必须对其生产加工和销售过程中所使用的原料、辅料及相关材料提供保证措施与数据，确保其安全性和可追溯性，在必要时召回产品。

上海市人民政府法制办公室 2014 年 7 月 1 日发布的《上海市食品安全信息追溯管理办法(草案)》中对食品可追溯定义为：食品生产经营者将食品来源及流向、供应商资质、检验检测结果等食品安全相关信息，利用信息化技术方式上传至本市食品安全信息追溯系统，形成信息链，确保食品原产地可追、去向可查证、责任可通究，并进一步明确定义中溯源的食品(粮食及制品，畜肉及制品、禽类、乳品、食用油、水产品，酒类以及经市人民政府批准的其他类别的食品)和从事生产经营者范围(食品生产加工企业、屠宰加工场、进口食品企业、食品批发市场和标准化菜市场的场内经营者，超市、大卖场、中型以上食品店、食品储运配送单位、集体用餐配送单位、中央厨房、学校食堂、中型以上饭店)。

构建追溯系统的主要目的在于，能够对最终产品的产销过程(包括从原料采购到食品加工、储运、代理销售直至消费者手中)进行无疏漏、全方位的跟踪；给消费者提供食品生产流程各环节的详细信息，使得食品供应链每个环节做到标准清晰、责任明确，便于回溯追查与监控，保障食品的安全。食品冷链各运营商利用追溯系统相互协调，将会更本质地反映出冷链运行中的不安全问题，包括不完善的合同问题，从而准确掌握食品信息，有效规避企业风险。

总的来说，食品冷链追溯至少要实现两项功能：跟踪(tracking)和追溯(tracing)。跟踪是指从原材料采购至最终产品交付，在冷链中跟踪保鲜产品自上游至下游的运行路径；追溯则是指冷链中识别一个或一批产品自采购供应至交付客户手中，整条供应链源头的过程，核心是通过记录、标签或标识等载体回查任意环节中该实体的属性、批号、应用和发票数据等信息。因此，食品冷链追溯系统可以发挥以下作用。

(1) 通过建设 EAN · UCC 系统(全球统一标识系统)，加强对食品质量的监督与控制。

(2) 通过食品冷链追溯体系的建设，实时查询冷鲜食品的源头信息，精准定位各个节点产品质量负责人，形成食品安全壁垒，迫使有安全隐患的企业退出市场，保护节点企业信誉，明确冷链各企业责任。

(3) 完善的档案、数据管理便于企业屏蔽危害与风险，增加链条透明度，通过追溯管理将冷链各环节风险降至最低水平。

(4) 消费者能够通过终端查询系统对食品的来源、种植、生产、加工、运输等情况进行查询，充分了解食品信息，并决定是否购买。

(5) 通过建立与国际接轨的标准标识体系，追溯系统实现对冷链各个环节的追溯，提高了食品来源的可靠性和信息传输处理速度，为企业信息化和电子商务应用奠定基础。

二、食品追溯相关技术

冷链食品安全追溯系统相关技术包括物联网、射频识别技术、移动GIS技术、传感器技术和视频监控技术。

（一）物联网

1. 物联网的概念

物联网是指借助互联网技术，利用无线射频识别技术(RFID)、红外感应器、全球定位系统(GPS)、激光扫描器等信息传感设备，按约定的标准通信协议等相关设备技术，把任何物品与互联网相连接，进行信息交换和通信，以实现智能化识别、定位、跟踪、监控和管理的一种技术网络系统。

目前物联网正处于快速发展的阶段，依然是一项正在研究的系统，许多组织和机构都从不同角度对物联网作出了解读，但都没有对物联网系统进行标准化的定义。也就是说，事实上标准的物联网技术应用模型并不存在。本书构建的物联网技术应用模型只是参考了物联网的简单构件，本节将比较这两种技术体系框架，以确定这种构建是否合理。

2. 物联网的技术体系框架

目前研究领域对于物联网有不同的争论，部分人认为物联网不存在自身的架构，都是其他领域应用的集成；另一部分人认为物联网拥有自身的架构，只是涉及多个领域。物联网虽然涉及了许多诸如通信、控制、计算机、电子信息及网络等技术，但是没有一套架构，单靠技术絮乱地进行拼凑也没法构建一套实用的物联网系统。在融合了多套体系(如传感器网络体系)的基础之上，通过深入的探讨，物联网能够形成拥有自身特点的可供行业参考的模型。目前普遍观点认为，物联网至少应有三层架构，从上到下依次是：应用层、网络层以及感知层。其中应用层主要负责将采集到的信息进行分析处理，并以人们能够识别的界面如食品、图像、语音等形式展现出来；网络层主要是由传感器网络、Internet以及通信网络等部分组成的；感知层是采集信息的硬件设备，包含了最底层的标签、传感器网络等器件，以此来完成对目标的参数采集，录入设备之中，再由采集软件商进行进一步处理。而从技术体系的角度来看，主要有应用层技术、网络层技术、公共技术及感知层技术这四个方面，上述的几个层次涉及了物联网系统的各个层面。

结合食品冷链物流行业的特征可知，物联网的本身功能填补了冷链行业所需要的信息采集、监控、分析、处理等功能，食品从生产到运输直到消费者手上，都能够进行有效的监管，消费者能够自主方便地进行监控，推动了冷链产业的发展。信息产业的高速发展，改变了人们传统的交互方式，人物交互已经成为可能，人们可通过传感器、互联网等手段收集信息、处理信息，能够更智能化地实现人类感知的延伸，在食品冷链行业中，更能发挥出它的优势。

（二）射频识别技术

1. 射频识别技术概述

射频识别技术也称为无线射频识别技术，是一项利用射频信号通过空间耦合（交变磁场或电磁场）实现无接触信息传递并通过所传递的信息达到自动识别目的的技术。射频识别技术是20世纪90年代开始兴起并逐渐走向成熟的一种自动识别技术，它结合了无线电、芯片制造及计算机等学科知识，借助射频信号技术，利用信号的信息编码技术，进行无线传输，将信息转化为数字信号进行发射，并根据数字识别技术和通信协议，获得编码，并将这些编码送到后台计算机数据管理系统进行处理，实现对静止或移动的目标物体进行自动识别的行为，如图8-1所示。

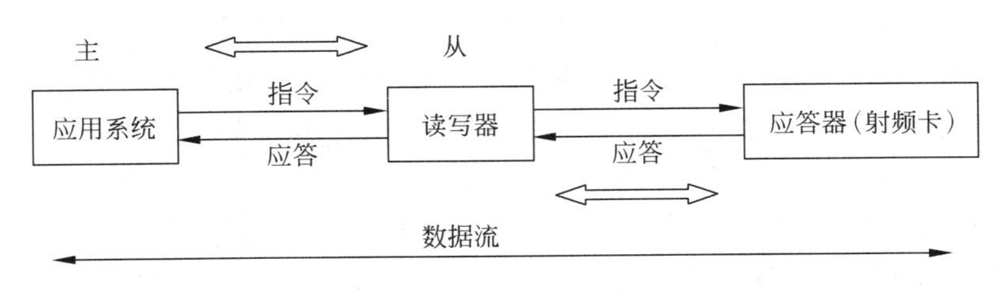

图8-1　射频识别技术示意图

2. 射频识别技术系统构成

射频识别技术系统由电子标签、读写器及计算机数据管理系统三大部分构成，是在射频识别技术的基础之上，运用了大量数据库的技术，形成了一个由许多感应器及RFID标签组成的Internet为基础的庞大的信息记录网。在这个庞大的信息网络中，系统能够实现对物体的识别、追踪、定位并触发相应事件的处理。

电子标签是RFID系统中储存相关信息的电子装置，由若干芯片以及其他电子元器件组成，具有唯一的标识码，能够准确记录数据信息，一般放在需要识别的物体上就行。电子标签由天线、控制模块、存储器、收发模块四部分组成。读写器是一个能够读写电子标签内的数据信息的设备，一般由天线、控制模块、视频模块、接口模块四部分组成，市场上常见的读写器主要有手持式和固定式两种。计算机数据管理系统的主要任务是控制读写器进行写卡的操作、存储和处理有关数据信息。

3. 射频识别技术工作原理

RFID技术在使用中，电子标签放在物体表面或者内部，然后在进入读写器的覆盖范围内，电子标签开始通过接收电子读写器发出的指令，将存储卡上的数据按照要求利用电磁波发射出来，读写器的接收器接收电磁波能量，读出自己之前发出需求所要的信息并记录下来。

4. 射频识别技术特点及优势

射频识别技术有许多特点及优势，具体如表8-2所示。

表 8-2　射频识别技术特点及优势

特　　点	优　　势
读取方便快捷	数据的读取无须光源，甚至可以透过外包装来进行
识别距离远	有效识别距离更大，采用自带电池的主动标签时，有效识别距离可达到 30m 以上
识别速度快	标签一进入磁场，读写器就可以即时读取其中的信息，能够批量读取多个标签
信息容量大	数据容量最大的二维条形码(PDF417)，最多也只能存储 2 725 个数字；若包含字母，存储量则会更少；RFID 标签则可以根据用户的需要扩充到数十 KB
能够在恶劣环境中使用	其无线电通信方式，使其可以应用于粉尘、油污等高污染环境和放射性环境
使用寿命长	其封闭式包装使得其寿命大大超过印刷的条形码
标签数据可动态更改	利用编程器可以写入数据，从而赋予 RFID 标签交互式便携数据文件的功能，而且写入时间相比打印条形码更少
更好的安全性	不仅可以嵌入或附着在不同形状、类型的产品上，而且可以为标签数据的读写设置密码保护，不容易仿制等，从而具有更高的安全性
动态实时通信	标签以每秒 50～100 次的频率与读写器进行通信，只要 RFID 标签所附着的物体出现在解读器的有效识别范围内，皆可对其位置进行动态的追踪和监控

5. 一维条码、二维条码技术、射频识别技术的比较

射频识别技术是一项新技术，与目前普遍使用的一维条码、二维条码技术在自动识别、抗干扰能力、数据容量更新能力、远距离读取能力、安全性、读写能力等各个方面相比都有很大进步。但是目前基于技术发展的水平、成本控制等诸多方面的因素，许多技术还需要时间来进行改进，因此从现在许多行业使用的情况来看，仍然以一维条码、二维条码技术为主。下列从读取数量、信息承载体、抗干扰能力、数据容量、远距离读取能力、数据更新能力、安全性、读写能力、使用成本等多方面对 RFID 技术与一维条码、二维条码进行详细对比。如表 8-3 所示。

表 8-3　一维条码、二维条码和 RFID 技术功能比较

功　　能	一维条码技术	二维条码	RFID 技术
数据容量	最小，约 100bit	1 KB	最大，约 128KB
读取数量	被动式地手工一次一个读取	被动式地手工一次一个读取	一次多个，可同时自动瞬间读取大量信息
远距离读取能力	必在读取光光束范围内	必在读取光光束范围内	读取光束从几厘米到数米范围内都可以读取或更新
数据更新能力	数据不可更新	数据不可更新	数据可反复更新

续表

功　能	一维条码技术	二维条码	RFID 技术
编码安全性	公开的编码规则，任何人都可以生成，条码信息的载体为纸张，其内容易损毁或伪造		完全保密的编码规则，电子信息经由密码保护，其内容不易被伪造或变造
读写能力	仅能读取无法写入	仅能读取无法写入	可读取可写入
读写方向	必对准条形码进行扫描	必对准二维码进行扫描	不需看到，处于 RFID 系统信息发送/读取范围即可
读取方便性	读取标签可视，清晰，任何相容扫描器皆可读取	可以用扫描器直接读取	置于物品表面或隐藏在包装内，专业设备读取数据
编码安全性	较低	保密性高(可加密)	相对于条码安全性较高
对环境的适应性	条形码污损将无法读取	污损不过 50%可破译出完整信息	污损环境下仍然可以读取数据
数据准确性	需要靠人工读取，有人为操作带来失误的可能	要靠人工读取，有人为操作带来失误的可能	RFID 可自动传递数据，便于货物追踪与保管
设备要求	激光+高精度摄像头	微光+高弱度摄像头	需要专业的数据采集设备
体积	需配合纸张的固定尺寸和印刷品质设计外观	需配合纸张的固定尺寸和印刷品质设计外观	小型化、多样化
信息载体	纸，塑料薄膜，金属表面	纸，塑料薄膜，金属表面	芯片
成本	低	低	高

（三）移动 GIS 技术

移动 GIS 技术(geographic information system，地理信息系统)利用 GIS 技术以移动互联网为支撑，智能手机或平板电脑为终端，结合北斗、GPS 或基站等信息化的技术手段进行定位服务。它是继桌面 GIS、WEBGIS 之后又一新的技术热点。移动 GIS 技术能够实现对移动物体进行定位。它集中了三大技术于一体，这三项技术分别是 GIS、GPS、移动通信技术，移动通信主要承载数据无线传输，如图 8-2 所示。

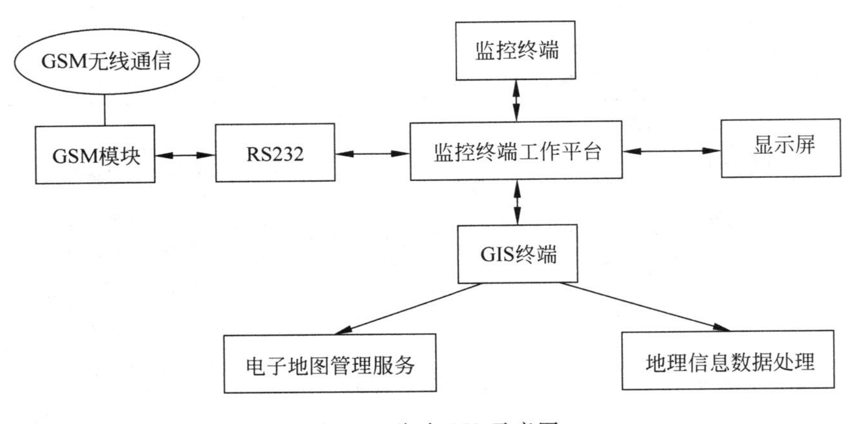

图 8-2　移动 GIS 示意图

1. GIS 系统构成

常见的 GIS 系统要支持对空间数据的采集、管理、处理、分析、建模和显示等功能，主要由三部分构成，分别为系统硬件、系统软件和空间数据，具体内容见表 8-4。

表 8-4　GIS 系统构成

内　容	属　性	核心技术
系统硬件	包括计算机与一些外部设备及网络设备等各种硬件设备，用以存储、处理、传输和显示地理信息或空间数据，是地理信息系统的承载物，是系统功能实现的物质基础	主要有 GIS 主机（包括计算机主机服务器到桌面工作站）、GIS 外部设备（包括数字化仪、扫描仪和全站型测量仪等输入设备）、输出设备（绘图仪、打印机和高分辨率显示装置等）、GIS 网络设备（包括网桥、路由器和交换机等）及数据存储与传送设备
系统软件	系统软件是地理信息系统进行数据处理的软件系统，是这个系统的核心，包括采集、存储、加工、回答用户问题的计算机件环境	主要提供系统的前台操作界面和后台处理单元，也包括承载系统的操作系统和驱动程序。用于执行 GIS 功能的各种操作，主要有数据输入、数据处理、数据库管理、空间分析和图形用户界面等，按其功能划分主要有 GIS 专业软件、数据库软件、系统管理软件等
空间数据	空间数据是地理信息系统的基本数据，是系统所要处理的所有数据的集合，包括当前地理位置数据信息、标志物具体属性数据信息、地理几何数据信息和定位时间数据信息等，是构成系统的应用基础，它具体描述地理实体的空间特征、属性特征和时间特征。在 GIS 系统中，空间数据以结构化的形式存储在计算机中	包括基础软件和数据库软件。基础软件是地理信息系统的其他软件环境，包括数据库软件和图形平台。数据库软件用来管理当前地理位置数据信息，包括地理位置的地形等图形数据和标志物所具有的属性数据信息

2. GIS 系统原理

GIS 的原理是利用 GPS 设备对物体进行全球定位，并将定位的相关信息传输到计算机上，利用硬件的处理能力对信息进行处理，将地理分布信息按照空间的分布原理在显示器上现实出来，并按照标注的格式输入进行各方面的运用，以实现达到应用需求的目的，主要功能有检索、更新、绘图等，它是一项综合性的应用系统。

（四）传感器技术

1. 温湿度传感器技术

温湿度传感器技术的核心是温湿度传感器，这种设备和装置的作用是将环境中的温度、湿度等信息转换为电信号，便于数据处理。但要注意选择测量范围、选择测量精度与传统测湿方法的关系等问题。目前市场上主流的温湿度传感器通常测量和监控的是相对湿度和温度。

2. 口传感器技术

口传感器技术的核心是口传感器，这种设备利用的是网络技术、传感技术，通过无线或者有线传输控制信号，实现设备的打开和关闭。

3. 传感器组网技术

传感器组网技术的思想是利用传感器相应设备，依据一定的原理和规律将其组成有机整体，形成综合网络(图 8-3)。

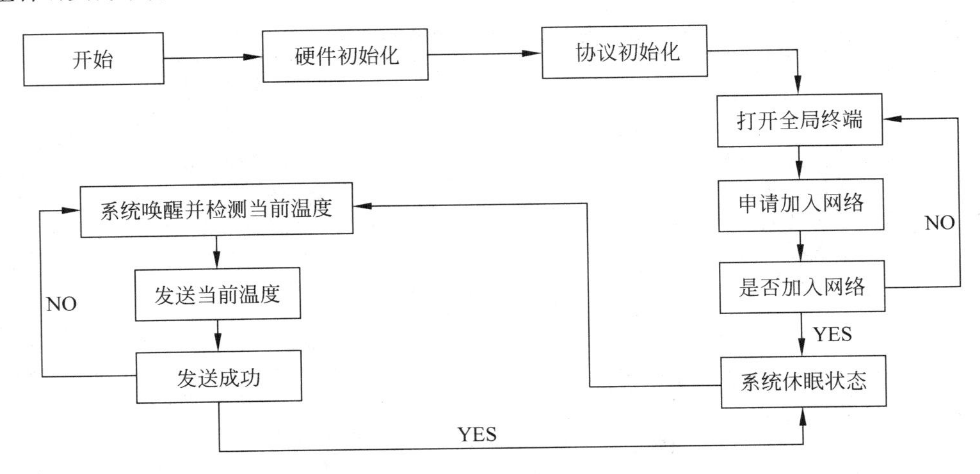

图 8-3　传感组网技术流程

组网的目的是将各传感器设备采集的信息进行集成，通过分析集成的信息资源，实现有效的控制。根据信息流的形式，传感器的组网结构可分成级联式、集中式、分布式和组合式。传感器设备在网络中只是执行信息采集的功能，作为一个个单独的节点，同时也必须受控于系统，而信息组合网则是各个传感器之间进行信息交互的桥梁。传感器通过自己的感知能力，将现场的数据收集好通过综合网传送给特定的系统。

(五) 视频监控技术

视频监控技术是利用视频监控技术探测、监视设防区域，实时显示、记录现场图像，检索和显示历史图像的电子技术或网络技术。目前视频监控技术已经能够实现智能网络监控功能。

视频压缩技术是制约视频监控技术的一个重要因素。一般视频文件所占用的硬盘空间比较大，在视频存储过程中，消耗的硬件资源比较多，为了能够利用更小的空间存更多的数据，必须要利用视频压缩技术，通过该项技术，减少视频中的无用数据，控制文件大小，以能够用更短的时间进行传输。在视频压缩的过程中，需要有效的算法对视频数据进行压缩处理，解压是对压缩的视频文件进行还原处理。一般情况下，越复杂的视频文件压缩算法，解压占用的时间也越长。

第四节　冷链食品标准及法规

冷链食品生产加工的全过程需要遵守冷链食品生产通用卫生标准、特定食品的产品标准、食品添加剂标准、冷链食品包装标准、冷链食品物流标准以及一系列的食品安全卫生标准和相应检验标准。掌握冷链食品的标准及法规，需首先了解我国食品的法律法规体系框架及食品标准的分类。为此，本节将对食品法律法规、食品标准和冷链相关的标准及法规进行论述。

一、冷链食品相关法规概况

随着冷链行业的高速发展，制冷设备的市场也被大大打开。值得期待的前景带来了极大的机遇，但同时制冷设备企业也面临挑战。冷链设备行业复苏迹象明显，2013 年下半年行业订单回暖幅度较大。当前我国 GDP（国内生产总值）年均保持较高增长，人均收入快速上升，城镇化率达 50%～60%；冷链食品需求快速释放；冷链行业的相关政策法规出台，行业规范化发展等，种种迹象表明，冷链行业已经步入高速发展期。

拓展阅读 8-3

我国食品标准法规

目前，中国制冷学会正在从技术层面和操作层面来制定冷链相关标准。而这两方面的标准，都将划分为冷冻和冷藏两个方面。这四个标准将涵盖大量的冷链相关标准并对其进行系统的梳理。这样，可以解决原来标准零星分布在各行业和领域的问题。

从 2010 年开始，国家部委及各级政府相继出台各项政策，鼓励刺激冷链物流发展。2011 年 8 月，物流业迎来了被誉为物流“国九条”的《关于促进物流业健康发展政策措施的意见》，从宏观的体制改革到具体的发展举措，该意见涉及税收、土地资源、公路收费、物流管理体制、行业资源整合、技术创新应用、资金扶持以及产品物流九大方面，冷链物流又一次在国家重要文件中被提及，据不完全统计，2011—2012 年出台的冷链相关政策规范达 11 项。

2015 年两会召开，李克强总理提出加强流通体制改革，加强生鲜食品的批发、加工和冷链物流等现代物流的建设，努力降低冷链成本。食品冷链物流问题被国家重点关注。

自 2010 年《农产品冷链物流发展规划》颁布起，冷链物流得到了高速发展。初始几年发展还比较平缓，如今却如火如荼，以食品冷链物流为主，冷链产业的相关国家扶持计划和产业发展等政策相继颁布，使我国食品冷链物流在法律规范、行业标准等方面转型升级，我国的食品冷链物流发展逐步加快。

二、冷链食品相关标准及法规

冷链食品生产加工的全过程需要遵守冷链食品生产通用卫生标准、特定食品的产品标准、食品添加剂标准、冷链食品包装标准、冷链食品物流标准，以及一系列的食品安全卫生标准及相应检验标准。本部分着重对各类冷链食品加工及物流相关标准加以总结。

1. 速冻食品相关标准

关于速冻食品的标准共有 11 项，其中国家标准 2 项，速冻食品加工处理政府间特设工作组颁布 CAC 标准 1 项，中国商业联合会推荐标准 5 项，地方推荐标准 2 项，国家质量监督检验检疫总局出台商检标准 1 项，具体如下。

《食品安全国家标准 速冻食品生产和经营卫生规范》(GB 31646—2018)。

《速冻食品生产 HACCP 应用准则》(GB/T 25007—2010)。

《速冻食品加工和处理操作规范》(CAC/RCP 8—1976)。

《速冻食品生产管理规范》(SB/T 10699—2012)。

《速冻食品术语》(SB/T 11073—2013)。

《速冻食品物流规范》(SB/T 10827—2012)。

《加工食品销售服务要求　速冻食品》(SB/T 10825—2012)。

《速冻食品二维条码识别追溯技术规范》(SB/T 10824—2012)。

《速冻食品制造、肉制品及副产品加工行业企业安全生产风险分级管控体系实施指南》(DB37/T 3341—2018)。

《速冻食品制造、肉制品及副产品加工行业企业生产安全故隐患排查治理体系实施指南》(DB37/T 3342—2018)。

《出口速冻食品质量安全控制规范》(SN/T 2907—2011)。

2. 冷链果蔬产品相关标准

截至2019年,关于冷链果蔬产品的标准共有30项,其中国家标准1项,地方标准13项,中华全国供销合作总社颁布其他国内标准6项(GH/T),农业部推荐标准1项(NY/T),团体标准9项,具体如下。

《新鲜水果、蔬菜包装和冷链运输通用操作规程》(GB/T 33129—2016)。

《双孢蘑菇　冷藏及冷链运输技术规范》(NY/T 2117—2012)。

《青椒冷链物流保鲜技术规程》(GH/T 1129—2017)。

《蒜薹冷链物流保鲜技术规程》(GH/T 1130—2017)。

《油菜冷链物流保鲜技术规程》(GH/T 1131—2017)。

《蓝莓冷链流通技术操作规程》(GH/T 1228—2018)。

《甜樱桃冷链流通技术规程》(GH/T 1238—2019)。

《枇杷冷链流通技术规程》(GH/T 1272—2019)。

《果蔬冷链物流操作规程》(DB12/T 3014—2018)。

《果蔬冷链物流操作规程》(DB13/T 3014—2018)。

《农产品冷链物流　果蔬储运指南》(DB14/T 1538—2017)。

《鲜枣冷链物流技术规程》(DB14/T 1379—2017)。

《梨冷链运输技术规程》(DB13/T 2009—2014)。

《黄桃冷链物流技术规程》(DB31/T 985—2016)。

《水蜜桃冷链物流技术规程》(DB31/T 986—2016)。

《赣南脐橙适温冷链物流技术规程》(DB36/T 896—2015)。

《芹菜冷链流通技术规程》(DB37/T 3766—2019)。

《黄秋葵冷链流通技术规程》(DB37/T 3808—2019)。

《农产品冷链物流服务质量规范　果蔬》(DB37/T 2112—2019)。

《番茄采后商品化处理及冷链运输操作技术规程》(DB45/T 1620—2017)。

《生鲜农产品城市冷链物流技术规范.第一部分:果蔬》(DB510100/T 221.1—2017)。

《花椰菜冷链物流技术规程》(T/NTJGXH 042—2018)。

《黄秋葵冷链物流技术规程》(T/NTJGXH 041—2018)。

《荠菜冷链物流技术规程》(T/NTJGXH 040—2018)。

《重庆脐橙冷链作业规范》(T/CQLC 002—2019)。

《保鲜花椒冷链作业规范》(T/CQLC 003—2018)。

《白萝卜冷链作业规范》(T/CQLC 004—2019)。

《果蔬冷链物流技术规范》(T/DAWS 0003—2019)。

《蔬果类冷链物流操作规范》(T/HZBX 018—2018)。

《生鲜果蔬冷链物流操作规范》(T/CDZX 003—2019)。

3. 冷链水产品相关标准

截至 2019 年,关于冷链水产品的标准共有 15 项,其中国家标准 1 项,地方标准 9 项,团体标准 4 项,物资管理推荐标准 1 项(WB/T),具体如下。

《水产品冷链物流服务规范》(GB/T 31080—2014)。

《水产品冷链专列运输操作规范》(DB45/T 1695—2018)。

《冷冻水产品流通冷链管理技术规范》(DB44/T 1430—2014)。

《水产品冷链物流技术与管理规范》(DB43/T 698—2012)。

《水产品冷链物流服务规范》(DB32/T 2666—2014)。

《水产品冷链物流服务规范》(DB37/T 2115—2012)。

《冻水产品流通冷链技术操作规程》(DB31/T 231—1999)。

《水产品冷链物流操作规程》(DB12/T 3015—2018)。

《水产品冷链物流操作规程》(DB13/T 3015—2018)。

《小龙虾冷链物流服务标准》(DB42/T 1490—2018)。

《水产品类冷链物流操作规范》(T/HZBX 019—2018)。

《海产品冷链物流管理规范》(T/SYWLXH 0010—2019)。

《鲜活水产品冷链物流技术规范》(T/FSAS 19—2018)。

《水产品冷链物流技术规范》(T/DAWS 0001—2019)。

《活体海产品冷链物流作业规范》(WB/T 1100—2018)。

4. 冷链畜产品相关标准

截至 2019 年,关于冷链畜产品的标准共有 10 项,其中国家标准 1 项,农业部推荐标准 1 项(NY/T),地方标准 4 项,团体标准 3 项,物资管理推荐标准 1 项(WB/T),具体如下。

《畜禽肉冷链运输管理技术规范》(GB/T 28640—2012)。

《生鲜畜禽肉冷链物流技术规范》(NY/T 2534—2013)。

《畜禽肉冷链物流操作规程》(DB12/T 3013—2018)。

《冷却肉冷链运输追溯规程》(DB41/T 1846—2019)。

《畜禽肉冷链物流操作规程》(DB13/T 3013—2018)。

《生鲜农产品城市冷链物流技术规范第 2 部分:畜禽肉》(DB510100/T 221.2—2017)。

《畜禽肉类冷链物流操作规范》(T/HZBX 020—2018)。

《冷藏乳制品冷链物流作业规范》(T/CQLC 001—2019)。

《畜禽肉冷链物流技术规范》(T/DAWS 0002—2019)。

《肉与肉制品冷链物流作业规范》(WB/T 1059—2016)。

5. 农产品及其他食品冷链相关标准

截至2019年，关于冷链农产品的标准共有4项，其中地方标准3项，团体标准1项，另检索到其他冷链食品标准4项，包括2项商业推荐标准及2项团体标准，具体如下。

《农产品冷链物流配送中心建设与运营规范》(DB12/T 709—2016)。

《农畜产品冷链运输技术与服务规范》(DB15/T 1364—2018)。

《农产品冷链温度的控制要求与采集规范》(DB37/T 3491—2019)。

《速冻糯玉米冷链物流技术规程》(T/NTJGXH 022—2018)。

《主食冷链配送良好操作规范》(SB/T 10678—2012)。

《冷藏调制食品》(SB/T10648)。

《自动售贩机冷链鲜食餐品制作、配送及食用管理规范》(T/CCA 008—2018)。

《校园食品配送中心冷链管理规范》(T/GDFCA 015—2019)。

6. 食品冷链包装及技术相关标准

截至2019年，关于冷链食品包装的标准共有5项，均为团体推荐标准。关于冷链技术的标准共有6项，其中国家标准2项，地方标准2项，团体标准2项，具体如下。

《食品冷链用塑料软包材》(T/TJWL 003—2018)。

《食品冷链用蓄冷剂》(T/TJWL 004—2018)。

《食品冷链用塑料蓄冷包》(T/TJWL 001—2018)。

《食品冷链用塑料蓄冷板》(T/TJWL 002—2018)。

《食品生产流通冷链包装、运输与储藏规范》(T/GDFPT 0001—2019)。

《冷链温度记录仪》(GB/T 35145—2017)。

《条码技术在农产品冷链物流过程中的应用规范》(GB/T 36080—2018)。

《食品生产流通　第2部分:冷链技术与管理规范》(T/DLQG 2002.2—2018)。

《冷链物流 低温食品温控技术与管理规范》(T/DGSWLHYXH 001—2018)。

《食品冷链技术与管理规范》(SZDB/Z 41—2011)。

《社区生鲜冷链智能终端建设规范》(DB13/T 5066—2019)。

7. 冷链物流相关标准

截至2019年，关于冷链物流的标准有很多，共有34项(各类冷链食品物流相关标准除外)，其中国家标准3项，地方标准20项，团体标准10项，商业推荐标准1项，具体如下。

《冷链物流分类与基本要求》(GB/T 28577—2012)

《食品冷链物流追溯管理要求》(GB/T 28843—2012)。

《冷链物流信息管理要求》(GB/T 36088—2018)。

《食品生产流通冷链产品召回与追溯管理规范》(T/GDFPT 0003—2019)。

《冷链物流　低温食品履历追溯管理规范》(T/HZBX 017—2018)。

《食品冷链物流技术管理规范》(T/SYWLXH 0007—2018)。

《食品生产流通冷链分拣与配送规范》(T/GDFPT 0002—2019)。

《冷链物流　温湿度控制要求与温度测定方法》(T/DAWS 0004—2019)。

《冷链物流服务规范》(T/DGSWLHYXH 002)。

《冷链物流冷库技术规范》(T/DGSWLHYXH 003)。

《冷链物流　冷库》(T/HZBX 014—2019)。

《冷链物流　运输车辆》(T/HZBX 015—2019)。

《冷链物流　保温容器》(T/HZBX 013—2018)。

《低温食品冷链物流履历追溯管理规范》(DB12/T 3017—2018)。

《冷链物流　冷库技术规范》(DB12/T 3010—2018)。

《冷链物流　温湿度要求与测量方法》(DB12/T 3012—2018)。

《冷链物流　运输车辆设备要求》(DB12/T 3011—2018)。

《冷链物流　保温容器技术要求》(DB12/T 559—2019)。

《冷链物流技术要求》(DB22/T 2468—2016)。

《低温食品冷链物流履历追溯管理规范》(DB13/T 3017—2018)。

《跨境电商冷链物流管理要求》(DB44/T 2188—2019)。

《食品冷链物流储存、运输、销售温度控制要求》(DB35/T 1805—2018)。

《食品冷链物流多温共配技术与管理规范》(DB35/T 1800—2018)。

《食品冷链物流技术与规范》(DB31/T 388—2007)。

《食品冷链物流技术与管理规范》(DB13/T 1177—2010)。

《冷链物流服务规范》(DB51/T 1588—2013)。

《冷链物流　温湿度要求与测量方法》(DB13/T 3012—2018)。

《冷链物流　冷库技术规范》(DB13/T 3010—2018)。

《冷链物流　运输车辆设备要求》(DB13/T 3011—2018)。

《冷链物流配送中心作业规范》(DB44/T 1696—2015)。

《冷链物流用木质托盘使用要求》(DB42/T 1296—2017)。

《冷链物流企业运作规范》(DB22/T 2226—2014)。

《食品冷链宅配服务规范》(DB11/T 1622—2019)。

《冷链配送低碳化评估标准》(SB/T 11151—2015)。

三、冷链食品相关标准案例

图 8-4 展示了一项食品冷链物流技术管理地方标准《食品冷链物流技术与管理规范》(DB13/T 1177—2010，河北)的重要部分，以供参考。该标准规定了术语和定义、冷链流程、冷藏运输、冷藏储存、批发交易、配送加工、销售终端、质量管理、召回要求。标准适用于食品从供货方冷藏库到接收地销售终端验收全过程冷链物流。

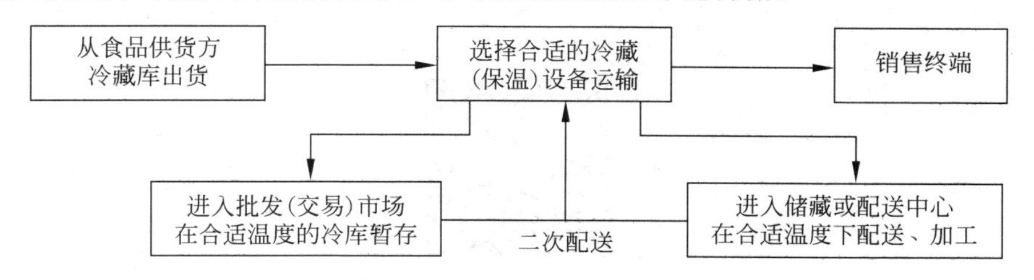

图 8-4　食品冷链流程

资料来源：摘自《食品冷链物流技术与管理规范》(DB13/T 1177—2010，河北)

【本章小结】

食品冷链按食品从加工到消费顺序分为低温加工、低温储藏、低温运输、低温销售、低温消费。实现冷链的条件包括“三 P”条件、“三 C”条件、“三 T”条件、“三 Q”条件。食品冷链物流包装质量控制包括原材料质量控制、化学添加剂的控制、重金属元素控制、生产过程控制、库房及运输控制、建立食品安全预警机制、完善食品包装材料安全性标准、加强食品检测方法。原材料质量控制的安全性能评价指标包括机械性能、阻隔性能、材料安全性、溶剂残留、迁移性能、密封性能。食品包装的卫生检测主要以有害物质迁移、溶剂残留量、甲苯二胺、邻苯二甲酸酯类等为考察标准。

冷链食品安全追溯系统相关技术包括物联网、射频识别技术、移动 GIS 技术、传感器技术、视频监控技术。

【本章习题】

一、名词解释

1. 机械性能
2. 阻隔性能
3. 材料安全性
4. 迁移性能
5. 食品可追溯性
6. 物联网
7. 移动 GIS 技术

二、简答题

1. 简述食品冷藏链的关键控制环节。
2. 简述 HACCP 管理体系与食品质量控制体系相比的优势。
3. 简述食品包装原材料质量控制的安全性能评价指标。
4. 简述射频识别技术(RFID)工作原理。
5. 简述 GIS 系统原理。
6. 传感器技术包括哪些内容?

【即测即练】

参 考 文 献

[1] 鲍琳，周丹. 食品冷藏与冷链技术[M]. 北京：机械工业出版社，2019.

[2] 鲍琳. 食品冷冻冷藏技术[M]. 北京：中国轻工业出版社，2016.

[3] 蔡莹，董芬丽. 速冻果蔬包装技术[J]. 机电信息，2005(10)：26-28.

[4] 陈慧芝. 基于智能包装标签的典型生鲜配菜新鲜度无损检测的研究[D]. 无锡：江南大学，2019.

[5] 陈守江. 食品工厂设计[M]. 北京：中国纺织出版社，2014.

[6] 戴晋，张运栋，秦素研. 2019—2025年中国冷链食品行业市场及竞争发展趋势研究报告(完整版)[M]. 深圳：深圳市盛世华研企业管理有限公司，2019.

[7] 刁小琴，关海宁，张润光，等. 减压处理对菜花贮期生理效应的影响[J]. 食品科学，2011，32(2)：302-304.

[8] 丁杰. 图析饮品、乳品包装全分类[J]. 食品开发，2017(5)：56-57.

[9] 董同力嘎. 食品包装学[M]. 北京：科学出版社，2015.

[10] 高红艳，莫蓓红，刘振民. 奶酪的包装材料及应用[J]. 食品研究与开发，2014(6)：133-136.

[11] 顾林. 食品机械与设备[M]. 北京：中国纺织出版社，2016.

[12] 郭润姿，百阳，寇晓虹，等. 减压储藏对番茄果实抗氧化物质和抗氧化酶的影响[J]. 食品工业科技，2013，34(8)：337-341.

[13] 郜海燕，陈杭君，穆宏磊，等. 生鲜食品包装材料研究进展[J]. 中国食品学报，2015，15(10)：1-10.

[14] 贺丽霞，王敏，黄忠民. 质构仪在我国食品品质评价中的应用综述[J]. 食品工业科技，2011(9)：446-449.

[15] 华泽钊，李云飞，刘宝林. 食品冷冻冷藏原理与设备[M]. 北京：机械工业出版社，1999.

[16] 黄瑜. 纳米 TiO_2 保鲜包装材料的研究进展[J]. 包装与食品机械，2012，30(4)：58-61.

[17] 黄颖为. 包装机械结构与设计[M]. 北京：化学工业出版社，2007.

[18] 金文，杜鹃. 制冷技术与工程应用[M]. 北京：化学工业出版社，2019.

[19] 蒋爱民，张兰威，周佺. 畜产食品工艺学[M]. 3版. 北京：中国农业出版社，2019.

[20] 蒋馨漫. 基于可持续理念下陆运活鲜水产品包装设计研究[J]. 绿色包装，2020(4)：71-74.

[21] 孔保华，陈倩. 肉品科学与技术[M]. 3版. 北京：中国轻工业出版社，2018.

[22] 李红. 食品化学[M]. 北京：中国纺织出版社，2015.

[23] 李家庆. 果蔬保鲜手册[M]. 北京：中国轻工业出版社，2003.

[24] 李学德. 高科技下的农产品冷链物流[M]. 北京：现代出版社，2019.

[25] 李云飞. 食品冷链技术与货架期预测研究[M]. 上海：上海交通大学出版社，2014.

[26] 廉鲁. 市场上常见的水产品包装[J]. 中国包装工业，2004(12)：12-13.

[27] 刘兴华. 食品安全保藏学[M]. 北京：中国轻工业出版社，2015.

[28] 刘庆润. 气调包装在水产品保鲜中的应用现状及最新发展趋势[J]. 中国水产，2009(4)：60-63.

[29] 林芳栋. 原料乳安全检测技术研究[D]. 成都：西华大学，2011.

[30] 林志民. 冷冻食品加工技术与工艺配方[M]. 北京：科学技术文献出版社，2009.

[31] 龙娅,胡文忠,萨仁高娃,等. 鲜切果蔬精准保鲜包装技术的研究进展[J]. 食品与发酵工业, 2019, 45(12):249-256.
[32] 孟一. 食品冷加工工艺[M]. 北京:机械工业出版社,2018.
[33] 庞凌云, 詹丽娟, 李瑜, 等. 不同减压处理对圣女果储藏品质的影响[J]. 食品与发酵工业, 2012, 38(4): 224-227.
[34] 沈媛. 我国水产品流通过程中的质量安全影响因素分析[D]. 上海:上海海洋大学,2014.
[35] 宋作玲,邱晓雨,徐杰. 基于 RFID 技术的第三方冷链物流信息平台构建[J]. 物流技术,2016, 35(10): 12-14.
[36] 生吉萍,王健健. 冷链物流体系中果蔬产品质量安全问题与对策[J]. 食品科学技术学报, 2013, 31(6): 10-14.
[37] 孙洁,陶宁萍. 气调保鲜包装技术在水产品加工中的应用[J]. 中国水产,2006(8):68-69.
[38] 孙智慧. 包装机械[M]. 2 版. 北京:中国轻工业出版社, 2017.
[39] 陶维忠. 无菌包装与水产品深加工制品保藏[J]. 科学养鱼,2004(8):64-65.
[40] 王博, 李光乐, 林茂, 等. 减压储藏保鲜技术优点及问题探析[J]. 广东农业科学, 2012, 39(2): 79-82.
[41] 王建飞, 郭本恒, 刘志东, 等. 乳品包装材料安全性的研究进展[J]. 食品工业科技, 2012(12): 383-386.
[42] 王如福,李汴生. 食品工艺学概论[M]. 北京:中国轻工业出版社,2006.
[43] 王聘, 郜海燕, 周拥军, 等. 减压处理对新疆白杏果实软化和细胞壁代谢的影响[J]. 农业工程学报, 2012, 28(16):254-258.
[44] 王淑琴, 颜廷才, 李江阔. 减压储藏对朝阳大平顶枣衰老软化影响的研究[J]. 食品科技, 2010, 35(10): 60-65.
[45] 汪利虹. 冷链物流管理[M]. 北京:机械工业出版社,2019.
[46] 谢如鹤. 冷链运输原理与方法[M]. 北京:化学工业出版社,2013.
[47] 谢新艺,薛华育. 高阻隔性塑料材料在食品包装中的应用[J]. 塑料包装,2008,18(1):42-44.
[48] 许占林. 中国食品与包装工程装备手册[M]. 北京:中国轻工业出版社,2000.
[49] 许学勤. 食品工厂机械与设备[M]. 2 版. 北京:中国轻工业出版社, 2018.
[50] 许小亮. 非自营冷链物流模式下食品质量控制研究[D]. 天津:天津理工大学,2016.
[51] 杨清. 冷链物流运营管理[M]. 北京:北京理工大学出版社,2018.
[52] 杨福鑫. 食品包装学[M]. 北京:印刷工业出版社,2012.
[53] 杨方,胡方园,景电涛,等. 水产品活性包装和智能包装技术的研究进展[J]. 食品安全质量检测学报,2017,8(1):6-12.
[54] 殷涌光. 食品加工机械与设备[M]. 北京:化学工业出版社, 2007.
[55] 岳喜庆. 畜产食品加工学[M]. 北京:中国轻工业出版社,2014.
[56] 赵丽芹. 园艺产品储藏加工学[M]. 2 版. 北京:中国轻工业出版社,2009.
[57] 张凤宽. 畜产品加工学[M]. 郑州:郑州大学出版社, 2011.
[58] 赵镭, 刘文, 汪厚银. 食品感官评价指标体系建立的一般原则与方法[J]. 中国食品学报, 2008, 8(3): 121-124.
[59] 张军合. 食品机械与设备[M]. 北京:中国科学技术出版社, 2012.
[60] 张裕中. 食品加工技术装备[M]. 2 版. 北京:中国轻工业出版社,2007.
[61] 张国全. 包装机械设计[M]. 北京:文化发展出版社, 2013.
[62] 张一鸣. 食品工厂设计[M]. 2 版. 北京:化学工业出版社, 2016.

[63] 张国农. 食品工厂设计与环境保护[M]. 2 版. 北京:中国轻工业出版社. 2015.
[64] 章建浩. 食品包装[M]. 北京:科学出版社,2019.
[65] 章建浩. 食品包装大全[M]. 北京:中国轻工业出版社,2000.
[66] 周光宏. 畜产品加工学[M]. 2 版. 北京:中国农业出版社,2011.
[67] 祝钧,苏醒,张晓娟,等. 纳米包装材料在果蔬保鲜中的应用[J]. 食品科学,2008,29(12):766-768.

教学支持说明

▶▶课件与教学大纲

尊敬的老师：

您好！感谢您选用清华大学出版社的教材！为更好地服务教学，我们为采用本书作为教材的老师提供教学辅助资源。该部分资源仅提供给授课教师使用，请您直接用手机扫描下方二维码完成认证及申请。

任课教师扫描二维码
可获取教学辅助资源

▶▶样书申请

为方便教师选用教材，我们为您提供免费赠送样书服务。授课教师扫描下方二维码即可获取清华大学出版社教材电子书目。在线填写个人信息，经审核认证后即可获取所选教材。我们会第一时间为您寄送样书。

任课教师扫描二维码
可获取教材电子书目

清华大学出版社

E-mail: tupfuwu@163.com　　网址：http://www.tup.com.cn/
电话：010-83470332 / 83470142　　传真：8610-83470107
地址：北京市海淀区双清路学研大厦B座509室　　邮编：100084